離散群

離散群

大鹿健一

岩波書店

まえがき

幾何学的対象を研究する際に，群は自然に現れる．最も素朴で自然な例は，位相空間に対して基本群を考えることである．特に空間 X の高次元のホモトピー群が消えているとき，すなわち非球面的であるときは，基本群を調べることと X を調べることに密接な関係があることは，古くから知られていた．また3次元多様体論や，結び目理論においては，基本群を通じて組合せ群論における諸々の研究と位相幾何学的研究が不可分の関係にあった．逆に組合せ群論においては，群に対してそれを基本群として持つ複体を考えることが，純粋に代数的に議論を行うよりも，簡単で見通しのよい議論をするために有効であることが，明らかになっていた．組合せ群論の基礎となった，Dehn や Nielsen の仕事はこうした発想に支えられている．

このような研究の過程で，部分群を考えることと，被覆空間を考えることが対応したり，準同型を考えることが連続写像を考えることに対応したりという具合に，群と幾何学的対象を考えることの等価性は，暗黙のうちに認められていた．この群と空間の関係が，群自体を幾何学的対象としてとらえ直すことによって，明らかな形になったのは，1980 年代に現れた Gromov の理論の枠組みの中でのことである．群は，古典的に知られていた Cayley グラフを考えることにより，そのものが幾何学的対象，すなわち距離空間となる．Gromov はそれまで Mostow の剛体性定理や，Margulis の理論で用いられていた，擬等長写像の概念を使い，群とそれがココンパクトで真性不連続にはたらく空間が，擬等長の意味でほとんど同じものと見なせることを示した．これはいわば群論の幾何学化であり，この手法を通じて，空間，特に多様体に対して定義されてきた諸々の概念を群に対して適用することが可能になった．

本書ではこの Gromov による幾何学的群論の精神を要として，幾何学的対象として現れる無限群に関する理論を解説する．柱となる主題は3つあり，上述の精神により，群に対してその負曲率性を定義した，Gromov の双曲的

群の理論，Epstein らによって計算機が演算を支配できる群として定式化された オートマティック群の理論，そして Lie 群の離散群の中で最も豊富な理論を持つ Klein 群論である．

　これらの理論に共通することは，いずれも扱う対象と手法が，正曲率よりは，負曲率的性質を持っていることである．Klein 群は本物の負の定曲率の空間に作用する群であるから，それを扱うのには当然負定曲率多様体，すなわち双曲多様体を相手にすることになる．双曲的群は Klein 群より遥かに一般的な対象であるが，双曲多様体に対して使う議論と非常によく似た議論を展開することができる．オートマティック群はさらに対象が広がっており，曲率が 0 というべきものも含んでいるのであるが，双曲的群とオートマティック群の関連を考える議論では，双曲多様体と非常によく似た発想をする．いわばこれらの理論には共通して，負曲率の幾何学とでもいうべき思考法が基盤にある．本書を通じて，様々な対象と結果の底にある，この思考法を感じ取ってもらえれば幸いである．

　本書は筆者が東京工業大学，北海道大学，佐賀大学で行った講義，および Surveys in Geometry 95 での講演を下敷きにしている．上記の数学教室の皆様と Survey in Geometry 95 の主催者深谷賢治，小島定吉両氏に，この場を借りてお礼申し上げる．またお世話になった岩波書店編集部の皆様に感謝する．そして最後に，仕事の進まない筆者を精神的に支えてくれた，妻良子に感謝したい．

　　　1998 年 10 月

　　　　　　　　　　　　　　　　　　　　　　　　　　大 鹿 健 一

　追記

　本書は，岩波講座『現代数学の展開』の 1 冊であった「離散群」を単行本としたものである．単行本化に際して，誤植を訂正した．また，講座の際より学問的な進展があったため，第 4 章の一部と「今後の方向と課題」を新たにし，参考文献についても追加を行ったが，他の部分については原則として講座と同様の内容である．

　　　2008 年 5 月　　　　　　　　　　　　　　　　　　　　　著者記す

理論の概要と展望

本書では，無限群を幾何学的な対象として扱い，まえがきに述べたように，双曲的群，オートマティック群，Klein 群の理論を展開する．

19 世紀以来無限群論では，生成元と関係子を用いて群を表すことにより研究する，いわゆる組合せ群論の手法が用いられていた．第 1 章においては，この組合せ群論のごく基礎的な部分を復習した後に，$\mathbb{R}$-樹と，Kurosh, Grushko の定理を学ぶ．$\mathbb{R}$-樹は第 2 章で扱う双曲的測地空間の極端な例である．$\mathbb{R}$-樹への群の等長的作用は幾何学的群論の重要な研究対象の 1 つである．また曲面群の $\mathbb{R}$-樹への作用との関連で，第 4 章で重要な役割を演ずる，測度付葉層構造を定義する．Kurosh, Grushko の定理は双方とも組合せ群論の代表的な結果である．ここでは Stallings による，位相幾何学的な証明を与える．第 4 章の 3 次元多様体論を扱う部分で，これらの定理は応用される．

第 2 章においては，Gromov による双曲的群の理論を扱う．まず距離空間に対して Gromov 積を定義し，それを用いて，双曲的であるという性質を定義する．次に測地空間においてはこの双曲的という性質は「すべての三角形が薄い」ということと同値であることを見る．これにより，距離空間が双曲的であることの，幾何学的意味が理解される．さらに微分幾何で用いられてきた比較定理の手法により，断面曲率が負の定数で上から抑えられた空間は，Gromov の意味で距離空間として双曲的であることを見る．群の Cayley グラフを距離空間とみなすことにより，群が双曲的であるということが定義される．最後に双曲的であることは，群が有限表示で，線型の等周不等式が成立することと同値であることを見る．

第 3 章では Epstein 等により定義されたオートマティック群を学ぶ．オートマトンの基礎理論を復習した後，オートマティック性を定義する．特に双曲的群がオートマティックであることを示し，さらに双曲的群は測地語全体を許容される語とするオートマティック構造を持つ群として，特徴付けられることを見る．

第4章では $PSL_2\mathbb{C}$ の離散部分群である Klein 群の理論を解説する．ここでは Thurston 以降に取り入れられた，双曲多様体を用いた理論展開をする．極限集合，幾何的有限性などの基本的概念を定義した後，Margulis の定理，Ahlfors, Sullivan のそれぞれの有限性定理などを学ぶ．有限性定理も，ここでは3次元多様体論を用いた幾何学的な証明を与える．幾何的有限群に対応した3次元双曲多様体の幾何的性質を見た後，Bers の方法により，幾何的無限群の構成を行う．構成された群の幾何的無限性の証明には Bonahon による位相幾何学的議論を用いる．

目　次

まえがき ･････････････････････････ *v*
理論の概要と展望 ･･････････････････ *vii*

第1章　無限群の基礎的な概念 ･･･････ *1*

§1.1　有限生成群，有限表示群 ･･････････ *1*
　(a)　群の生成系と関係による表示 ･････ *1*
　(b)　自由積，融合積，HNN 拡大 ･･････ *2*
§1.2　Cayley グラフ，語距離，擬等長写像 ････ *4*
§1.3　Dehn 図式，等周不等式 ････････････ *5*
§1.4　ℝ-樹とその上の群作用 ･････････････ *8*
§1.5　Kurosh の定理，Grushko の定理 ･････ *10*
　要　約 ････････････････････････････ *14*

第2章　双曲的群 ･･････････････････ *15*

§2.1　Gromov の双曲的距離空間 ･･･････ *15*
§2.2　測地空間の双曲性 ･･･････････････ *17*
§2.3　単連結負曲率多様体の双曲性 ･････ *25*
　(a)　比較三角形，比較角 ･････････････ *25*
　(b)　Alexandrov の比較定理 ･･････････ *29*
　(c)　負曲率多様体の双曲性の証明 ･････ *30*
§2.4　擬等長写像と双曲性 ･･････････････ *32*
　(a)　擬測地線分とその安定性 ･････････ *32*
　(b)　Lipschitz 擬等長写像による双曲性の保存 ････ *36*
　(c)　擬等長写像による双曲性の保存 ･･･ *38*
§2.5　双曲的群の定義と例 ･･････････････ *40*

- (a) 双曲的群の定義 ・・・・・・・・・・・・・・・ 40
- (b) 離散群の作用 ・・・・・・・・・・・・・・・・ 41

§2.6 無限遠境界 ・・・・・・・・・・・・・・・・・・ 45
- (a) 無限遠境界の構成 ・・・・・・・・・・・・・・ 45
- (b) 測地線と無限遠境界 ・・・・・・・・・・・・・ 51
- (c) 視境界 ・・・・・・・・・・・・・・・・・・・ 54

§2.7 Rips 複体 ・・・・・・・・・・・・・・・・・・・ 56

§2.8 等周不等式 ・・・・・・・・・・・・・・・・・・ 58
- (a) 双曲性から線型の等周不等式を導く ・・・・・・ 59
- (b) 線型等周不等式から双曲性を導く ・・・・・・・ 61

要約 ・・・・・・・・・・・・・・・・・・・・・・・・ 64

第3章 オートマティック群 ・・・・・・・・・・・ 65

§3.1 有限オートマトン,正規語 ・・・・・・・・・・ 65
- (a) 有限オートマトンの定義 ・・・・・・・・・・・ 65
- (b) 論理演算による正規性の保存 ・・・・・・・・・ 70

§3.2 オートマティック群の定義と基本的性質 ・・・ 72
- (a) オートマティック群の定義 ・・・・・・・・・・ 72
- (b) 生成系の取り替え ・・・・・・・・・・・・・・ 75

§3.3 双曲的群のオートマティック構造 ・・・・・・ 78

§3.4 測地オートマトンと双曲的群 ・・・・・・・・ 81

要約 ・・・・・・・・・・・・・・・・・・・・・・・・ 90

第4章 Klein 群 ・・・・・・・・・・・・・・・・・ 91

§4.1 Klein 群の定義と例,幾何的有限群 ・・・・・・ 91
- (a) Klein 群の定義と基本的性質 ・・・・・・・・・ 91
- (b) 極限集合 ・・・・・・・・・・・・・・・・・・ 94
- (c) 簡単な Klein 群の例 ・・・・・・・・・・・・・ 97
- (d) 最近点写像 ・・・・・・・・・・・・・・・・・ 98
- (e) 幾何的有限 Klein 群の定義 ・・・・・・・・・・ 102

（f）擬等角変形 ・・・・・・・・・・・・・・・・・・・ *104*

§4.2　双曲多様体の位相構造 ・・・・・・・・・・・ *105*
　（a）Margulis の補題 ・・・・・・・・・・・・・・・ *105*
　（b）Scott のコンパクト芯 ・・・・・・・・・・・・ *109*
　（c）McCullough の相対的芯 ・・・・・・・・・・ *122*
　（d）Sullivan の有限性定理と Ahlfors の有限性定理 ・・・ *130*
　（e）幾何的有限 Klein 群の幾何学的性質 ・・・・・・ *137*

§4.3　幾何的無限群 ・・・・・・・・・・・・・・・・ *139*
　（a）Teichmüller 空間 ・・・・・・・・・・・・・・ *140*
　（b）表現の発散と長さ ・・・・・・・・・・・・・ *143*
　（c）極限表現の離散性 ・・・・・・・・・・・・・ *148*
　（d）Bers の境界群 ・・・・・・・・・・・・・・・ *151*
　（e）境界群の幾何的無限性 ・・・・・・・・・・・ *155*

　要　　約 ・・・・・・・・・・・・・・・・・・・・ *182*

今後の方向と課題 ・・・・・・・・・・・・・・・・・ *183*

参考文献 ・・・・・・・・・・・・・・・・・・・・・ *187*

索　　引 ・・・・・・・・・・・・・・・・・・・・・ *193*

無限群の基礎的な概念

この章においては，まずいわゆる組合せ群論(combinatorial group theory)で使われてきた，基本的な概念と結果について，あまり深入りせずに述べる．より詳細な結果，および省略された証明は，巻末の参考文献を参照してほしい．その後，後に使われる重要な概念の1つである，$\mathbb{R}$-樹とその上の等長変換について基礎的な部分を解説する．最後に Kurosh の定理と Grushko の定理の位相幾何学的証明を与える．

§1.1 有限生成群，有限表示群

(a) 群の生成系と関係による表示

ここでは群表示に関する基本的な概念を定義する．まず次の生成系，有限生成群の定義を思いだそう．

定義 1.1 群 G の部分集合 S があり，G の任意の元が S の元の積として表せるとき，S は G の**生成系**(generator system)であるという．有限な生成系を持つ群を**有限生成群**(finitely generated group)という． □

群 G が有限生成系 S を持てば，S の元を独立な生成元として得られる自由群 $F(S)$ にその語の表す G の元を対応させることによって得られる全射準同型 $p_S: F(S) \to G$ がある．この写像 p_S の核 $\mathrm{Ker}\, p_S$ を**関係集合**(the set of relators)と呼ぶ．ここで $F(S)$ は，S の元とその逆元とを使って表される語

のうち既約なもの，すなわち $s \in S$ と s^{-1} が隣り合わないようなもの全体の集合と同一視できることに注意しよう．ただし単位元は空な語に対応していると考える．

定義 1.2 群 G について，その有限生成系 S があり，$\mathrm{Ker}\, p_S$ が $F(S)$ のある部分集合 R を含む最小の正規部分群になっているとき，$G = \langle S | R \rangle$ と表す．特に R が有限集合 $\{w_1, \cdots, w_n\}$ にとれるとき，G は**有限表示群**(finitely presented group)であるといい，$G = \langle S | w_1 \cdots w_n \rangle$ と表す．このような表示を G の有限表示という．この表示に関して $w_1, \cdots, w_n$ を**関係子**(relators)という． □

定義から明らかなように，関係子のそれぞれの共役をとっても再び関係子になる．特に関係子として，**巡回既約**(cyclically reduced)なもの，すなわち w_j を $F(S)$ の元として標準的に S の元の積で表したとき，その 1 番目の元と最後の元が互いに逆元でないようなものをとれる．

定義 1.2 はある生成系 S に関する条件であって，別の生成系については何もいっていないことに注意してほしい．しかしながら次に述べるように実は有限表示性は有限生成系の選び方によらない．

命題 1.3 G を有限表示群とする．このとき，G の任意の有限生成系 S' について，$\mathrm{Ker}\, p_{S'} \subset F(S')$ は正規部分群として有限生成である． □

証明は 1 つの群の異なる表示同士は Tietze 変換という操作で移り合うことを使うが，ここでは省略する．

(b) 自由積, 融合積, HNN 拡大

すでに他書でも遭遇しているであろうが，自由積とは Abel 群における直積の概念に対応する，非可換群における基本的操作である．

定義 1.4 G_1, G_2 を群とする．このとき次の性質を持つ群 G と準同型写像 $\iota_1 : G_1 \to G$, $\iota_2 : G_2 \to G$ が(準同型と可換な)同型を除いて唯一存在する．

(性質) 任意の群 H と準同型写像 $f_i : G_i \to H$ $(i = 1, 2)$ に対して，準同型写像 $g : G \to H$ で，$g \circ \iota_i = f_i$ $(i = 1, 2)$ となるものが唯一存在する．

このような群 G を G_1, G_2 の**自由積**(free product)といい，$G_1 * G_2$ で表す． □

直観的な表現をすると，G_1 と G_2 の自由積とは G_1 の元と G_2 の元に何の関係もないと仮定して，G_1 と G_2 によって生成される群のことである．van Kampen の定理により，2 つの弧状連結位相空間 X_1, X_2 を 1 点で張り合わせてできる空間の基本群は，$\pi_1(X_1)$ と $\pi_1(X_2)$ の自由積に同型である．（例えば松本[18]参照．）自由積を一般化した概念として次の融合積がある．

定義 1.5 G_1, G_2, H を群として，単射準同型写像 $j_1 : H \to G_1$, $j_2 : H \to G_2$ が与えられているとする．このとき次の性質を持つ群 G と準同型写像 $\iota_1 : G_1 \to G$, $\iota_2 : G_2 \to G$ が（準同型と可換な）同型を除いて唯一存在する．

（性質）　任意の群 K と準同型写像 $f_i : G_i \to K$ $(i = 1, 2)$ で $f_1 \circ j_1 = f_2 \circ j_2$ を満たすものに対して，準同型写像 $g : G \to K$ で，$g \circ \iota_i = f_i$ $(i = 1, 2)$ となるものが唯一存在する．

このような群 G を G_1, G_2 の H 上の**融合積**(amalgamated free product)といい，$G_1 *_H G_2$ と表す．この表し方は H から G_1, G_2 への単射準同型を明示していないので厳密さを欠くが通常使われる記法である． □

融合積とは直観的には，$G_1 \cap G_2 = H$ であるような群について，その他に G_1, G_2 の元には何の関係もないとして，G_1, G_2 で生成される群のことである．van Kampen の定理との関連では，次のような状況を考えればよい．X_1, X_2 が弧状連結位相空間で，$X_1 \cap X_2 = Y$ も弧状連結で，Y から X_1, X_2 への包含写像は基本群の上の単射を導くとする．このとき $X_1 \cup X_2$ の基本群は $\pi_1(X_1) *_{\pi_1(Y)} \pi_1(X_2)$ に等しい．

最後に HNN 拡大の定義を思い起こそう．

定義 1.6 G, H を群として，2 つの単射準同型 $j_1, j_2 : H \to G$ が与えられているとき，G の拡大となる群 G' と $t \in G' \setminus G$ で $\forall g \in G$, $j_2(g) = tj_1(g)t^{-1}$ となり次の性質を持つものが，t を保つ同型を除いて一意的に存在する．

（性質）　群 G から群 K への準同型 $f : G \to K$ と，K の元 k で，$f \circ j_2(h) = k(f \circ j_1(h))k^{-1}$ がすべての $h \in H$ について成立するものに対して，G' から K への準同型写像 ϕ で，$\phi \circ \iota = f$ （ここで，$\iota : G \to G'$ は包含写像）および $\phi(t) = k$ を満たすものが唯一存在する．

G' を $G *_H$ と表し，G の H 上の **HNN**(Higman-Newmann-Neumann)拡

大(HNN extension)と呼ぶ。

§1.2 Cayley グラフ，語距離，擬等長写像

G を有限生成群とし，S を G の有限生成系とする．以降議論を簡略にするため，$S^{-1}=S$，すなわち $x\in S \Rightarrow x^{-1}\in S$ となっていると常に仮定する．また $F(S)$ において，$x\in S$ の逆元と $x^{-1}\in S$ は同一視することにする．

定義 1.7 群 G の有限生成系 S に関する **Cayley グラフ**(Cayley graph) $\Gamma(G,S)$ とは以下のようなものである．
 (i) $\Gamma(G,S)$ の頂点の集合は G に等しい．
 (ii) 2つの頂点 $x,y\in G$ は，ある $g\in S$ によって，$x=yg$ となるとき，辺によってつながれる．

Cayley グラフには次のようにして距離を入れる．

定義 1.8 Cayley グラフ $\Gamma(G,S)$ の各辺の長さを1として，距離を2点を結ぶ弧の長さの最小値として定義する．この距離を頂点，すなわち群 G に制限したもののことを群 G 上の S に関する**語距離**(word metric)と呼ぶ．とくに単位元からの語距離を**語長**(word length)といい ℓ_S で表す．

これが距離の公理を満たすことは自明であろう．

Cayley グラフの距離および語距離は明らかに生成系の選び方によっている．しかし以下に示すように，生成系を取り替えることは，距離空間としての本質的構造を変えない．

定義 1.9 距離空間 X,Y について，写像 $f:X\to Y$ が**擬等長**(quasi-isometry)であるとは，ある定数 K,ϵ があり，
$$K^{-1}d(x_1,x_2)-\epsilon \leq d(f(x_1),f(x_2)) \leq Kd(x_1,x_2)+\epsilon$$
となることをいう．

補題 1.10 S_1,S_2 を群 G の生成系とする．このとき Cayley グラフ $\Gamma(G,S_1)$ から $\Gamma(G,S_2)$ への擬等長写像で頂点全体の集合，すなわち G 上では恒等写像であるものが存在する．

［証明］まずある $K\geq 1$ があり，G 上の恒等写像が G に S_1 に関する語距

離を入れたものから，S_2 に関する語距離を入れたものへの $(K,0)$-擬等長写像になっていることを見よう．G の元の G への左からの積は，語距離について等長的であるから，$K^{-1}\ell_{S_1}(\gamma) \leqq \ell_{S_2}(\gamma) \leqq K\ell_{S_1}(\gamma)$ $(\forall \gamma \in G)$ となることを示せばよい．さていま $K_1 = \max\{\ell_{S_1}(s) \mid s \in S_2\}$ とおこう．G の元 γ を S_2 の元の $\ell_{S_2}(\gamma)$ 個の積 $s_1 \cdots s_{\ell_{S_2}(\gamma)}$ で表し，各項 s_i を $\ell_{S_1}(s_i)$ 個の S_1 の元の積で表し，代入する．こうして得た語の長さは $K_1 \ell_{S_2}(\gamma)$ 以下なので，$\ell_{S_1}(\gamma) \leqq K_1 \ell_{S_2}(\gamma)$ を得る．

次に $K_2 = \max\{\ell_{S_2}(s) \mid s \in S_1\}$ とし，S_1 と S_2 を入れ替え，前段落の議論を行えば，$\ell_{S_2}(\gamma) \leqq K_2 \ell_{S_1}(\gamma)$ を得る．よって G の恒等写像を S_1 の語距離を入れた G から S_2 の語距離を入れた G への写像として捉えたものを $id_{1,2}$ と表せば，$id_{1,2}$ は $(\max\{K_1, K_2\}, 0)$-擬等長である．

G から $\Gamma(G, S_j)$ の頂点への自然な包含写像を ι_j で表そう．明らかに ι_j は G に S_j による語距離を入れたものから，$\Gamma(G, S_j)$ への等長埋め込みになる．次に $\Gamma(G, S_j)$ から G への写像 ρ_j を，各点 $p \in \Gamma(G, S_j)$ を p から最も近い頂点に対応する G の元に送る写像とする．（そのような点が 2 つあるときは，どちらを選んでもかまわない．）すると各辺の長さが 1 であることから，任意の p, q に対して，$d_{\Gamma(G, S_j)}(p, q) - 1 \leqq \ell_{S_j}(\rho_j(p)^{-1} \rho_j(q)) \leqq d_{\Gamma(G, S_j)}(p, q) + 1$ が成立する．

擬等長写像の合成は擬等長なので，$\iota_2 \circ id_{1,2} \circ \rho_1$ は $\Gamma(G, S_1)$ から $\Gamma(G, S_2)$ への頂点上では恒等的な擬等長写像となっている．∎

§1.3 Dehn 図式，等周不等式

G を有限生成群として，有限表示 $\langle S | R \rangle$ を持つとする．R の各元は巡回既約と仮定しておき，R の元の巡回共役および逆元は再び R の元であると仮定する（§1.1 参照）．S 上の語 w について，$p_S(w) = 1$，すなわち w が G の単位元を表したとする．定義より $F(S)$ より G へ p_S で写したときの核は R で生成される正規部分群であるから，S 上の既約な語達 $v_1, \cdots, v_k$ と $r_i \in R$ $(i = 1, \cdots, k)$ があり，$F(S)$ の元として，

$$\tag{1.1} w = \prod_{i=1}^{k} v_i r_i v_i^{-1}$$

と表せる．

定義 1.11 $w \in F(S)$ で，$p_S(w) = 1$ となるものについて，式(1.1)のような表示で，最短のものを考え，その k を w の**組合せ的面積**(combinatorial area)という． □

この概念をより幾何学的に考えよう．

以下のようにラベル付 2 次元 CW 複体 $K(S, R)$ を作る．0 胞体は 1 点 p のみよりなっているとする．S に属する各生成元 s に対して 1 胞体 e_s^1 を用意し，e_s^1 の両端点を p に貼り付ける．これが 1 骨格 $K^1(S, R)$ になる．1 胞体 e_s^1 にはラベル s と向きを与えておく．ただし e_s^1 と $e_{s^{-1}}^1$ は同じものとする．次に R の元 r に対して，2 胞体 e_r^2 を用意する．ここで巡回共役で移り合う元に対しては，別の胞体を用意しないことにする．r を S の元の積として表し，∂e_r^2 をその表示の順にラベルの付いた 1 胞体達を通るように $K^1(S, R)$ に貼り付ける．ただし e_s^1 を与えられた向きどおりに通るときは s，反対向きに通るときは，s^{-1} のラベルであると解釈する．このようにしてできた複体を $K(S, R)$ とする．van Kampen の定理により明らかに G と $\pi_1(K(S, R))$ は自然に同型である．

さて今 $F(S)$ の元 w が G で単位元を表していたとしよう．円板 D を考え，∂D の 1 胞体分割で，w の文字が時計回りにその順序に並んでいるようにラベルが付けられたものを考える．∂D から $K^1(S, R)$ への連続写像 f^1 を ∂D の各 1 胞体を $K^1(S, R)$ の対応したラベルがついた 1 胞体に（向きを込めて）写すように定める．w が単位元を表すことから，$f(\partial D)$ は $K(S, R)$ で可縮である．よって f^1 は D 全体からの連続写像 $f: D \to K(S, R)$ に拡張する．

ここで f をホモトピーで動かして，f^{-1} が D の胞体分割を導き，f が胞体写像であるようにできる．さらに D の各 2 胞体についてその境界は f で写すと $F(S)$ の既約な語を表しているようにできる．このようにして得られた D の胞体分割を w の **Dehn 図式**(Dehn diagram)という．簡単にわかるように(1.1)のような表示は，Dehn 図式を与え，逆に Dehn 図式は(1.1)のよう

な表示を与える．組合せ的面積は w の Dehn 図式の 2 胞体の数の最小値に他ならない．

定義 1.12 $w \in F(S)$ の組合せ的面積を $A(w)$ と表すとき，1次関数 f で任意の $w \in F(S)$ について $A(w) \leq f(|w|)$ となるものが存在すれば，G は線型の**等周不等式**(isoperimetric inequality)を満たすという．ここで $|w|$ は w の語の長さを表す．同様に f が 2 次関数にとれれば，2 次の等周不等式，指数関数にとれれば指数的等周不等式を満たすという． □

補題 1.13 上の定義は生成系 S を固定して行ったが，線型(あるいは 2 次，指数的)の等周不等式等を満たすという性質は生成系のとり方によらない． □

この補題は1つの有限表示群の2つの表示は Tietze 変換で移り合い，Tietze 変換は組合せ的面積に1次関数を合成した変換を導くことよりわかる．詳細は読者に委ねる．

定義 1.14 有限表示 $G = \langle S | R \rangle$ が **Dehn 表示**(Dehn presentation)であるとは，$w \in F(S)$ が単位元を表すならば，ある $r \in R$ があって，w のなかに $|r|$ の半分より長い r の部分語が含まれているようになっていることである． □

補題 1.15 群 G が Dehn 表示を持つなら，G は線型の等周不等式を満たす．

[証明] $G = \langle S | R \rangle$ が Dehn 表示であるとする．R は巡回共役について閉じているとしてよい．$w \in F(S)$ を $p_S(w) = 1$ となる語とする．Dehn 表示の定義と，R が巡回共役について閉じていることから，$r \in R$ があり，$r = r_1 r_2$, $|r_1| > |r_2|$ と表され，$F(S)$ で，$w = w_1 r_1 w_2$ となっている．すると $w = (w_1 r_2^{-1} w_2)(w_2^{-1} r_2 r_1 w_2)$ と書け，$w_2^{-1} r_2 r_1 w_2$ は R の元の共役で，かつ $|w_1 r_2^{-1} w_2| < |w|$, $p_S(w_1 r_2^{-1} w_2) = 1$ である．よって，帰納的にこの議論を行えば，w が R の元の共役の $|w|$ 個以下の積で表せる．従って，$f(x) = x$ とすればこの表示の組合せ的面積 $A(w)$ が $f(|w|)$ で抑えられるので，G は線型の等周不等式を満たす． ∎

§1.4 $\mathbb{R}$-樹とその上の群作用

$\mathbb{R}$-樹はいわば曲率が $-\infty$ の多様体の普遍被覆とでもいうべきもので，その上の群作用を研究することは，離散群論の重要なテーマの一つである．まず $\mathbb{R}$-樹を定義しよう．

定義 1.16（$\mathbb{R}$-樹） 距離空間 (X,d) を考える．任意の 2 点 $x,y \in X$ に対して，x と y を結ぶ単純弧が(パラメータの変換を除いて)唯一存在し，その弧の長さが $d(x,y)$ になっているとする．このとき (X,d) は $\mathbb{R}$-樹であるという． □

すぐに次のことがわかる．

命題 1.17 $\mathbb{R}$-樹は可縮である．

[証明] (T,d) を $\mathbb{R}$-樹として，1 点 $p \in T$ を固定する．各点 $x \in T$ に対し p と x を結ぶ，長さが $d(p,x)$ である単純弧を $s_x : [0, d(p,x)] \to T$ と表そう．ホモトピー $H : T \times [0,1] \to T$ を $H(x,t) = \alpha_x((1-t)d(p,x))$ とすれば，これは恒等写像から 1 点 p への定値写像へのホモトピーを与える． ■

$\mathbb{R}$-樹の例を 3 つあげる．最初の例は $\mathbb{Z}$-樹と呼ばれるべきものである．

例 1.18 X を 1 次元単体的複体とする．X の辺の長さをすべて 1 として，2 点の距離をそれらを結ぶ径の長さの最小値として，X を距離空間にすると，これは $\mathbb{R}$-樹になっている． □

$\mathbb{R}$-樹は一般には局所コンパクトでないことに注意しよう．例えば簡単に次のような例を考えることができる．

例 1.19 $\mathbb{R}^2 = \{(x,y)\}$ において，2 点 $(x_1,y_1),(x_2,y_2)$ の間の距離を $x_1 \neq x_2$ なら $|y_1|+|y_2|+|x_1-x_2|$，$x_1 = x_2$ なら $|y_1-y_2|$ によって定める．この距離空間において，測地線分は x-軸 $\{(x,0) \mid x \in \mathbb{R}\}$ 内の線分と，任意の固定された x_0 に対して，y-軸に平行な線 $\{(x_0,y) \mid y \in \mathbb{R}\}$ に含まれる線分である．簡単にわかるように，この距離空間は $\mathbb{R}$-樹になるが，x-軸上の点で，局所コンパクトでない． □

次の例は Klein 群論において重要な役割を演じる．

まず Riemann 面上の**測度付葉層構造**(measured foliation)について説明し

§1.4 ℝ-樹とその上の群作用 —— 9

よう．S を向き付け可能な種数 2 以上の閉曲面とする．S 上の余次元 1 の葉層構造で，負の階数の特異点を許したものを考える．すなわち特異点では，葉は 3 又以上に分岐しているとする．葉層構造上に，葉に横断的な弧に対して，葉に平行なアイソトピーで不変な正値測度(横断的測度)が入っているとき，この葉層構造を測度付葉層構造という．

横断的測度を別のいい方で説明しよう．S 上の葉層構造について，S の局所座標系 (U_i, ϕ_i) ($\phi_i : U_i \to \mathbb{R}^2$ で，座標変換 $\phi_{i,j} = \phi_j \circ \phi_i^{-1} : \phi_i(U_i \cap U_j) \to \phi_j(U_i \cap U_j)$ が同相であるもの)で，次のようなものがとれるとき，その葉層構造は測度付葉層構造になる．U_i が特異点を含まないときは，S 上の葉層構造は ϕ_i によって，$\mathbb{R}^2$ の x-軸に平行な直線全体が $\phi_i(U_i)$ に誘導する葉層構造へ写る．U_i が特異点を含むときは，U_i に含まれる特異点は唯一つで，ϕ_i によって原点に写り，葉層構造は $\mathbb{R}^2$ を $\mathbb{C}$ とみなしたときの $\Im z^{p/2} = \mathrm{const}$ で定義される葉層構造に写る．ただしここで p は 3 以上の整数であり，特異点で葉は p 又に分岐している．各座標 $\phi_i(U_i)$ 上の葉層構造には次のようにして，横断的測度を入れる．U_i が特異点を含まないときは，$|dy|$ を積分することによって定まる横断的測度を入れる．U_i が特異点を含み，葉層構造が $\Im z^{p/2} = \mathrm{const}$ により定義されているときは，$|d(\Im z^{p/2})|$ で(原点を除いて)定義される横断的測度を入れる．これらの局所座標の横断的測度が，座標変換によって保たれているとするとき，S 上の測度付葉層構造が定義されたとみなす．

例 1.20 S を種数 2 以上の閉曲面として，$\mathcal{F}$ を S 上の測度付葉層構造とする．$p : \mathbb{H}^2 \to S$ を双曲平面による S の普遍被覆とする．$\mathcal{F}$ を $\mathbb{H}^2$ に引き戻すことによって得られる，$\mathbb{H}^2$ の測度付葉層構造を $\tilde{\mathcal{F}}$ と表そう．X を $\tilde{\mathcal{F}}$ の葉全体の集合とする．$l_1, l_2 \in X$ に対して，$d(l_1, l_2)$ を l_1 の点と l_2 の点を結ぶ弧の $\tilde{\mathcal{F}}$ の横断的測度に関する長さの下限とする．このとき，(X, d) は距離空間になり，ℝ-樹であることがわかる．(証明は読者に委ねる．Poincaré の回帰性定理と Euler–Poincaré の定理を使う．) さらに $\mathbb{H}^2$ に $\pi_1(S)$ が被覆変換群として作用し，それが $\tilde{\mathcal{F}}$ の構造を測度を込めて保つことから，(X, d) に $\pi_1(S)$ が等長変換として作用することがわかる． □

この逆が次の意味で成り立つことが知られている．非自明な ℝ-樹 Y に，

$\pi_1(S)$ が等長的で自由に作用しているとき, Y の部分樹で, ある S 上の測度付葉層構造から上の方法で得られる $\mathbb{R}$-樹に, $\pi_1(S)$ の作用に関して同変的に等長であるものが, 存在する. 自由に作用するという条件はより一般に, $\mathbb{R}$-樹の任意の 1 点でない弧の安定化群が, Abel 群の有限拡大であるという条件に緩められる(Skora の定理).

§1.5 Kurosh の定理, Grushko の定理

この章の最終節では, 組合せ群論の基本的な結果である, Kurosh の定理と Grushko の定理を紹介する. これらは後の Klein 群の章で使われる.

まず Kurosh の定理を述べよう.

定理 1.21(Kurosh) G を自由積分解 $G = G_1 * \cdots * G_m$ を持つ群とする. $H \subset G$ を部分群とすると, H は自由積分解 $H = F * \left(\prod_q^* H_q \right)$ で, F は自由群であり, 各 H_q は $G_1, \cdots, G_m$ のいずれかの部分群に共役であるようなものを持つ. (ここで $\prod^*$ は自由積を表す.)

[証明] まず基本群が G であるような 2 次元 CW 複体 X を以下のように作る. 最初に各 G_j $(j = 1, \cdots, m)$ に対して, 基点 x_j を 0 胞体とし, $\pi_1(X_j, x_j) \cong G_j$ となる 2 次元 CW 複体を作る. 次に基点 x_0 を用意して, x_0 と x_j を辺 e_j で結ぶ. そこで, X を $e_1, \cdots, e_m$ と $X_1, \cdots, X_m$ の和とすれば, 明らかにこれは CW 複体で, van Kampen の定理より, $\pi_1(X, x_0) = \pi_1(X_1) * \cdots * \pi_1(X_m) \cong G$ となる.

$H \subset G \cong \pi_1(X, x_0)$ に対応する X の被覆 CW 複体を $p: \tilde{X} \to X$ とし, $\tilde{x}_0 \in p^{-1}(x_0)$ を $p_\#(\pi_1(\tilde{X}, \tilde{x}_0)) = H$ となるようにとる. ただし $p_\#$ は p が基本群間に誘導する準同型を表すこととする. 各 X_j について, $p^{-1}(X_j)$ の連結成分を $\tilde{X}_j^1, \tilde{X}_j^2, \cdots$ とする. また $p^{-1}(e_j)$ を E_j と表すことにしよう. $E_j \cap \tilde{X}_j^i$ は, 点 $x_j = e_j \cap X_j$ に p で写る 0 胞体よりなっている. 今それぞれの $\tilde{X}_j^i$ の 1 骨格中に $E_j \cap \tilde{X}_j^i$ を含む極大樹 T_j^i をとる.

そこで $Y = \bigcup_j \left(E_j \cup \bigcup_i T_j^i \right)$ とおこう. 明らかに Y は連結である. $Y \cap \tilde{X}_j^i =$

§1.5 Kuroshの定理, Grushkoの定理 —— 11

T_j^i かつ $\tilde{X} = Y \cup \bigcup_{j=1}^{m} \bigcup_i \tilde{X}_j^i$ であるから,van Kampen の定理より,$\pi_1(\tilde{X}) = \pi_1(Y) * \left(\prod_{i,j}^* \pi_1(\tilde{X}_j^i)\right)$ となる.Y は $\tilde{X}$ の1骨格内にあるので,$\pi_1(Y)$ は自由群であり,$\pi_1(\tilde{X}_j^i) \cong p_\#(\pi_1(\tilde{X}_j^i))$ は $\pi_1(X_j)$ の部分群に共役なので,$F = \pi_1(Y)$ とし,$\pi_1(\tilde{X}_j^i)$ 達を H_q とすれば,求める H の自由積分解が得られる. ∎

Kurosh の定理は次の自由積分解の一意性を導くことが重要である.

系 1.22 群 G が2つの自由積分解 $G_1 * \cdots * G_p$, $G_1' * \cdots * G_q'$ を持ち,各因子は自明でなく,(非自明な)自由積分解を持たないとする.このとき,2つの分解は順序を除いて同型である.すなわち,$p = q$ で,p 元の置換 σ があり,$\forall i, G_i \cong G_{\sigma(i)}'$ となる.

[証明] 定理 1.21 より,各分解の無限巡回群以外の因子はもう片方の分解の因子の部分群に共役である.いま分解 $G_1 * \cdots * G_p$,$G_1' * \cdots * G_q'$ について,必要なら順番を付け替えて,それぞれ $G_1, \cdots, G_s$,$G_1', \cdots, G_t'$ までは無限巡回群でなく,それ以降の因子は無限巡回群であるとしよう.

すると $i = 1, \cdots, s$ について,G_i はある $j = 1, \cdots, t$ に対する G_j' の部分群 H_j' の共役 $uH_j'u^{-1}$ に等しいはずである.一方 G_j' は,ある $i' = 1, \cdots, s$ に対する $G_{i'}$ の部分群 $H_{i'}$ の共役 $vH_{i'}v^{-1}$ に等しい.よって,G_i は $vuH_{i'}u^{-1}v^{-1}$ の部分群であることになる.自由積の定義から簡単にわかるように,これは $i' = i$ かつ $vu \in G_i$ であることを導く.すると,$vuH_iu^{-1}v^{-1} \subset G_i$ であるから,$H_i = G_i$ となり,G_j' と G_i は同型になる.このようにして,$s = t$ で $G_1, \cdots, G_s$ と $G_1', \cdots, G_t'$ は順序を変えれば各因子が共役で,特に $G_i \cong G_i'$ にできることがわかった.

さらに,G_i が G_i' に共役であることから,$G_1 * \cdots * G_s$ で生成される正規部分群は,$G_1' * \cdots * G_s'$ で生成される正規部分群に等しく,それで商をとった群,すなわち $G_{s+1} * \cdots * G_p$ と $G_{s+1}' * \cdots * G_q'$ は同型でなくてはならず,無限巡回群である因子の個数も同じであることがわかる. ∎

次に Grushko の定理を述べる.

定理 1.23 (Grushko) G を自由積分解 $G_1 * \cdots * G_m$ を持つ群とする.F を

有限生成自由群として，$\phi: F \to G$ を全射準同型とする．このとき，F の自由積分解 $F = F_1 * \cdots * F_m$ で，$\phi(F_i) = G_i$ $(i=1,\cdots,m)$ となるものがとれる．
□

この定理は次の系を導く．

系 1.24 $G_1, \cdots, G_m$ を有限生成群とし，n_i を G_i を生成する最少の生成元の個数とする．このとき $G = G_1 * \cdots * G_m$ を生成する最少の生成元の個数は $n_1 + \cdots + n_m$ である．

［証明］ G を生成する最少の生成元の個数を n とすると，$n \leq n_1 + \cdots + n_m$ は自明である．このとき n 元生成自由群 F_n から G への全射準同型 $\phi: F_n \to G$ が存在する．定理 1.23 より，F_n は自由積 $H_1 * \cdots * H_m$ に分解され，$\phi(H_i) = G_i$ となっている．F_n は有限生成自由群で，$H_1, \cdots, H_m$ はその自由積因子なので，これらは有限生成自由群で，その階数を $r_1, \cdots, r_m$ とすれば，$n = r_1 + \cdots + r_m$ となる．n_i の定義より $n_i \leq r_i$ なので，$n \geq n_1 + \cdots + n_m$ が得られ，等号が示された．■

［定理 1.23 の証明］ まず各 G_i $(i=1,\cdots,n)$ について，2 次元 CW 複体 X_i で，0 胞体 x_i を基点とした基本群が G_i に同型であるようなものを作っておく．$x_1, \cdots, x_n$ を 1 点 x に同一視してできる 2 次元 CW 複体を X とすれば，van Kampen の定理より，明らかに $\pi_1(X, x) \cong G$ である．

F の階数を r として，$s_1, \cdots, s_r$ を生成元とする．いま r 個の単純閉曲線 $C_1, \cdots, C_r$ を用意する．$\phi(s_j)$ $(j=1,\cdots,r)$ は G の元であるから，$G_1, \cdots, G_n$ の元の積で書けるが，その積の長さが最小になるようにとり，それを $g(j)_1 \cdots g(j)_{m_j}$ と表そう．このとき各 $g(j)_l$ $(l=1,\cdots,m_j)$ は単位元ではなく，$g(j)_l$ と $g(j)_{l+1}$ は異なる因子に入っていることに注意しよう．いま単純閉曲線 C_j 上に m_j 個の頂点をとり，C_j を m_j 個の弧に分割する．頂点には番号をつけ，$v(j)_1, \cdots, v(j)_{m_j}$ と表し，$v(j)_l$ と $v(j)_{l+1}$ の間の弧を $a(j)_l$ と表すことにする ($m_j + 1$ は 1 であると解釈する)．$v(j)_1$ を C_j の基点とすることにする．$C_1, \cdots, C_n$ の基点 $v(1)_1, \cdots, v(n)_1$ を 1 点 v に同一視して，ブーケ Y を作る．上で作った $C_1, \cdots, C_n$ の弧への分解により，Y には 1 次元 CW 複体の構造が入る．

§1.5 Kurosh の定理, Grushko の定理 —— 13

いま Y から X への胞体写像 $f: Y \to X$ をすべての頂点は x に写され, $f(a(j)_l)$ が X で $g(j)_l$ を表す閉弧で端点以外では x を通らないものに写るようにとる. ($g(j)_l$ は因子の元であるから, ある X_i の閉弧で表されるので, このような閉弧は存在する.) このとき $f^{-1}(x)$ はちょうど Y の頂点集合に等しく, また $f_\# = \phi$ であることに注意しよう. 以下で帰納的に 2 次元 CW 複体 Y_i ($i = 0, 1, \cdots$), $Y_0 = Y$ と胞体写像 $f_i: Y_i \to X$ を次の条件を満たすように作る.

(i) $Y_i \subset Y_{i+1}$ は変位レトラクトになっている.

(ii) Y_i の頂点はすべて Y に属する.

(iii) すべての i につき, $f_i^{-1}(x)$ は 1 骨格に含まれ, その各成分は頂点を必ず 1 つは含み, 単連結になっている.

(iv) $f_{i+1}|Y_i$ は f_i に等しい.

(v) $f_{i+1}^{-1}(x)$ の連結成分の数は $f_i^{-1}(x)$ の連結成分の数より小さい.

$f^{-1}(x)$ は有限集合なので, ある i_0 について, $f_{i_0}^{-1}(x)$ は連結になりこの構成が止まる.

それでは上のような Y_i, f_i が帰納的に構成できることを示そう. それには条件を満たす Y_i, f_i が構成されており, $f_i^{-1}(x)$ が連結でないとき, Y_{i+1}, f_{i+1} が構成できることを見ればよい. Y_i の辺径(edge path) γ で, $f_i^{-1}(x)$ の異なる成分を結び, $f_i(\gamma)$ が零ホモトピックになるものを**消滅径**と呼ぶことにしよう. まず消滅径が存在することを見よう.

γ を Y_i 内の任意の辺径とする. γ の端点は Y_i の頂点なので, Y に入っている. γ の始点を a とする. $f_i(\gamma)$ は X の閉弧であるから, ある $\pi_1(X, x) \cong G$ の元 ζ を表す. ϕ は全射であったから, $\eta \in F$ で, $\phi(\eta) = \zeta$ となるものがとれる. $\pi_1(Y, a) \cong F$ で, $f_\# = \phi$ だったから, a を基点とする Y の閉辺径 β で η^{-1} を表すものがとれる. すると $f_{i\#}(\gamma\beta) = 1$ であるから, $\gamma\beta$ は消滅径になっている.

消滅径の中で辺の数が最少のものを γ とし, その辺の数を p としよう. いま Y_i の外に 2 胞体 e_{i+1}^2 を用意する. e_{i+1}^2 の境界を $p+1$ 個の辺 $c_0, \cdots, c_p$ に分割する. $\partial e_{i+1}^2 \setminus \mathrm{Int}\, c_0$ を $c_1 \cup \cdots \cup c_p$ が辺径 γ を表すように Y_i に貼り合わせる.

こうして Y_i を含む2次元 CW 複体ができたので，それを Y_{i+1} とする．

次に f_{i+1} を定義しよう．f_{i+1} は Y_i 上では f_i に等しいとする．2胞体 e_{i+1}^2 では，まず $f_{i+1}(c_0)=x$ とすると，∂e_{i+1}^2 での f_{i+1} が定まる．$f(\gamma)$ が零ホモトピックであることより，$f(\partial e_{i+1}^2)$ は零ホモトピックであるので，それを e_{i+1}^2 に連続胞体写像になるように拡張することができる．さらに $f_{i+1}|e_{i+1}^2$ が c_0 以外では x に横断的であるようにしておけば，$f_{i+1}^{-1}(x)\cap e_{i+1}^2$ は互いに交わらず，端点が $f_{i+1}^{-1}(x)\cap \partial e_{i+1}^2\setminus c_0$ にのった弧からなるとしてよい．($f_{i+1}^{-1}(x)\cap e_{i+1}^2$ の c_0 の両端を結ぶ成分および閉曲線成分はないように，f_{i+1} をとり直すことができる．) そのような弧 a をとると，a の両端を結ぶ $\partial e_{i+1}^2\setminus c_0$ の辺径は f_i で零ホモトピックな閉弧に写される．これは γ のとり方に矛盾する．よって $f_{i+1}^{-1}(x)\cap e_{i+1}^2=c_0$ である．Y_{i+1} で，γ の2端点は $f_{i+1}^{-1}(x)$ の同一成分に入っているので，$f_{i+1}^{-1}(x)$ の連結成分の数は $f_i^{-1}(x)$ のそれより1減る．f_{i+1} が他の条件を満たしていることは作り方より明らかであろう．

かくして，ある i_0 で $f_{i_0}^{-1}(x)$ が連結で単連結になるようにできた．このとき $Y_{i_0}\setminus f_{i_0}^{-1}(x)$ の連結成分を $Z_1,\cdots,Z_m$ とすると，各 $f_{i_0}(Z_q)$ $(q=1,\cdots,m)$ は $X_1,\cdots,X_n$ のいずれかに入っている．$f_{i_0}^{-1}(x)$ が単連結であることから，$\pi_1(Z_q)$ は $\pi_1(Y_{i_0})$ の中に包含写像から導かれる準同型で単射的に写されるので，自由群に同型である．また van Kampen の定理より，$F=\pi_1(Y_{i_0})=\pi_1(Z_1)*\cdots*\pi_1(Z_m)$ であり，$f_{i_0}(Z_q)$ は $X_1,\cdots,X_n$ のどれかに入っているから，$\phi(\pi_1(Z_q))$ は自由積分解 $G_1*\cdots*G_n$ の因子に含まれる．よって $F_1=\pi_1(Z_1),\cdots,F_m=\pi_1(Z_m)$ とすれば求める分解が得られる． ∎

《要約》

1.1 有限生成群，有限表示群，融合積，HNN 拡大の復習．

1.2 Cayley グラフの定義と生成系の選び方による擬等長不変性．

1.3 Dehn 図式と等周不等式の定義．

1.4 $\mathbb{R}$-樹の定義と重要な例．

1.5 Kurosh の定理，Grushko の定理の証明．

2

双曲的群

　この章ではGromovが導入した概念である，双曲的群(hyperbolic group)について解説する．Gromovはコンパクト負曲率多様体の基本群の持つ性質をCayleyグラフの幾何学的性質を用いて抽出し，一般的な有限生成群について双曲的という性質を定義した．双曲的群は後出のココンパクトKlein群の持つ多くの性質を共有している．ここではGromovによる距離空間の双曲性の定義からはじめて，双曲的群の基本的性質を学ぶ．

§2.1　Gromovの双曲的距離空間

以下この節中では，常に (X, d) は距離空間とする．

定義 2.1　$x, y, z \in X$ に対して，**Gromov積**(Gromov product) $(y|z)_x$ を

$$(y|z)_x = \frac{1}{2}\{d(y,x) + d(z,x) - d(y,z)\}$$

で定義する． □

　定義より直ちに，$(y|z)_x = (z|y)_x$, $(y|z)_x \geqq 0$（三角不等式より），$(y|x)_x = 0$, $(y|z)_x \leqq \min\{d(y,x), d(z,x)\}$ がわかる．

　Gromov積はEuclid平面の三角形を使えば，次のように解釈できる．Euclid平面に3辺の長さがそれぞれ $XY = d(x,y)$, $YZ = d(y,z)$, $ZX = d(z,x)$ であるような三角形 XYZ を描く．この三角形に内接円を描いたと

き，X から XY (または XZ) 上の内接点までの距離が $(y|z)_x$ に他ならない．

定義 2.2　$\delta \geqq 0$ について，x_0 を基点とする距離空間 (X, d) が，x_0 について **δ-双曲的**(δ-hyperbolic)であるとは，X の任意の 3 点 x, y, z について，
$$(x|y)_{x_0} \geqq \min\{(x|z)_{x_0}, (y|z)_{x_0}\} - \delta$$
が成立することである．　□

この定義は基点 x_0 のとり方によるわけであるが，次の命題で見るように，δ を取り替えれば，基点を交換しても双曲性は変わらない．

命題 2.3　(X, d) が基点 x_0 について δ-双曲的であるとする．このとき任意の $x_1 \in X$ について，X は基点 x_1 について 2δ-双曲的になっている．　□

この命題の証明のために次の補題を準備する．

補題 2.4　(X, d) が基点 x_0 について δ-双曲的なら，任意の 4 点 x, y, z, w に対して，
$$(x|y)_{x_0} + (z|w)_{x_0} \geqq \min\{(x|z)_{x_0} + (y|w)_{x_0}, (x|w)_{x_0} + (y|z)_{x_0}\} - 2\delta$$
が成り立つ．

[証明]　示したい不等式の両辺は，x, y および z, w について対称であるから，必要ならば，x, y および z, w を交換して，$(x|z)_{x_0} \geqq (x|w)_{x_0}$ かつ $(x|z)_{x_0} \geqq (y|z)_{x_0}$ であると仮定して議論すればよい．すると，δ-双曲性より，$(x|y)_{x_0} \geqq \min\{(x|z)_{x_0}, (y|z)_{x_0}\} - \delta \geqq (y|z)_{x_0} - \delta$ となる(後ろの不等式は上の仮定による)．同様に，$(z|w)_{x_0} \geqq \min\{(z|x)_{x_0}, (w|x)_{x_0}\} - \delta \geqq (x|w)_{x_0} - \delta$ となる．この 2 つを足し合わせれば，求める不等式を得る．　■

[命題 2.3 の証明]　x_1 を別の基点とする．前補題より，$(x|y)_{x_0} + (z|x_1)_{x_0} \geqq \min\{(x|z)_{x_0} + (y|x_1)_{x_0}, (x|x_1)_{x_0} + (y|z)_{x_0}\} - 2\delta$ となる．ここで両辺に，$\frac{1}{2}\{d(x, x_1) + d(y, x_1) + d(z, x_1) - d(x, x_0) - d(y, x_0) - d(z, x_0) - d(x_1, x_0)\}$ を足す．すると左辺は，$\frac{1}{2}\{d(x, x_1) + d(y, x_1) - d(x, y)\} = (x|y)_{x_1}$ となり，右辺は，$\min\{(x|z)_{x_1}, (y|z)_{x_1}\} - 2\delta$ となる．従って，X は基点 x_1 について，2δ-双曲的になる．　■

定義 2.5　距離空間 (X, d) が任意の基点について δ-双曲的であるとき，X は **δ-双曲的**であるという．ある $\delta \geqq 0$ について δ-双曲的な距離空間を単に**双曲的**(hyperbolic)という．　□

具体的な空間について双曲性を調べるには，次の双曲性の条件の言い替えが便利である．

命題 2.6 (X,d) が δ-双曲的であることと，次の条件は同値である．
（条件） X の任意の 4 点 x,y,z,w について，
$$d(x,y)+d(z,w) \leqq \max\{d(x,z)+d(y,w), d(x,w)+d(y,z)\}+2\delta$$
が成立する．

[証明] 条件の不等式は $d(x,y)+d(z,w) \leqq d(x,z)+d(y,w)+2\delta$ または $d(x,y)+d(z,w) \leqq d(x,w)+d(y,z)+2\delta$ が成立することを意味する．双方の不等式の両辺から $d(x,w)+d(y,w)+d(z,w)$ を引く．すると，$d(x,y)-d(x,w)-d(y,w) \leqq d(x,z)-d(x,w)-d(z,w)+2\delta$ または $d(x,y)-d(x,w)-d(y,w) \leqq d(y,z)-d(y,w)-d(z,w)+2\delta$ を得る．双方を -2 で割れば，$(x|y)_w \geqq (x|z)_w-\delta$ または $(x|y)_w \geqq (y|z)_w-\delta$，よって，まとめると，$(x|y)_w \geqq \min\{(x|z)_w,(y|z)_w\}-\delta$ となり，$(x,y,z,w$ は任意なので，$) X$ の δ-双曲性が導かれる．上の議論を逆に辿れば，条件の必要性も示せる． ∎

§2.2 測地空間の双曲性

前節では Gromov 積を使って一般の距離空間に対して双曲性を定義したが，この節では特に測地空間については，双曲性がきわめて幾何学的な条件で表せることを見る．

定義 2.7 距離空間 X 内の弧 $\alpha:[0,\lambda] \to X$ が**測地線分**（geodesic segment）であるとは，$[0,\lambda]$ から X への等長的な埋め込みになっていることである．すなわち任意の $s,t \in [0,\lambda]$ について，$d(\alpha(s),\alpha(t))=|s-t|$ となっていることである．混乱が生じない限り，測地線分の像のことも測地線分と呼ぶ．また $x,y \in X$ を結ぶ（ある）測地線分を $\overline{xy}$ で表す．（ただし $\overline{xy}(0)=x$ としている．） □

X が Riemann 多様体のとき，上の測地線分は通常の意味での測地線分にもなっているが，逆に Riemann 多様体の通常の測地線分は上の意味での測地線分とは限らない．Riemann 多様体の最短測地線分が上の意味での測地線

分になる.

定義 2.8 距離空間 (X, d) の任意の 2 点が測地線分で結べるとき,X は測地空間(geodesic space)であるという. □

測地空間は特に弧状連結であることに注意する.

例 2.9 完備連結 Riemann 多様体は測地空間である. $\mathbb{R}$-樹も測地空間である. □

以下測地空間における三角形に関する条件を定義し,それを用いて,前節で定義した双曲性と同値になるような幾何学的な条件を導く.

定義 2.10 x, y, z を距離空間 (X, d) の 3 点とする. このとき,3 本の辺からなり,中心に度数 3 の頂点(中心の頂点と呼ぶ)を持つ樹を,3 辺の長さがそれぞれ $(y|z)_x, (x|z)_y, (x|y)_z$ であるように作る. これを x, y, z に対する三脚(tripod)といい,T_{xyz} と表す. 三脚上には各辺に入った距離から,径距離を入れる. この距離を X の距離と区別するため以降 d_T で表すことにする. □

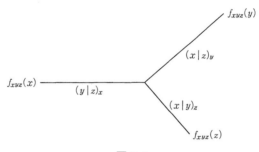

図 2.1

特に X が測地空間だとしよう. すると x, y, y, z, z, x をそれぞれ結ぶ測地線分 $\overline{xy}, \overline{yz}, \overline{zx}$ が少なくとも 1 つずつ存在するので,これらを合わせて,測地三角形 Δ_{xyz} が作れる. 三角形 Δ_{xyz} から三脚 T_{xyz} には,以下のようにして,辺ごとには等長的な写像が構成できる.

まず $d(x, y) = (y|z)_x + (x|z)_y$, $d(y, z) = (x|z)_y + (x|y)_z$, $d(z, x) = (x|y)_z + (y|z)_x$ であることに注意しよう. そこで,Δ_{xyz} から T_{xyz} への写像を,辺 $\overline{xy}$ を長さ $(y|z)_x$ と $(x|z)_y$ の辺の和に,辺 $\overline{yz}$ を長さ $(x|z)_y$ と $(x|y)_z$ の辺の和に,辺 $\overline{zx}$ を長さ $(x|y)_z$ と $(y|z)_x$ の辺の和にそれぞれ等長的に写すように

作れる．この写像は，Δ_{xyz} の 2 辺に制限しても全射であることに注意しよう．

ここで測地三角形について，δ-細と δ-狭という 2 つの条件を定義する．

定義 2.11 上の写像を $f_{xyz}\colon \Delta_{xyz}\to T_{xyz}$ と表す．このとき，三角形 Δ_{xyz} が **δ-細**(δ-thin, δ-fin(仏))であるとは，Δ_{xyz} 上の 2 点 u,v について，$f_{xyz}(u)=f_{xyz}(v)$ なら，$d(u,v)\leq\delta$ であることとする． □

定義 2.12 三角形 Δ_{xyz} に対して，$\max\limits_{u\in\overline{xy}}d(u,\overline{yz}\cup\overline{zx})$, $\max\limits_{u\in\overline{yz}}d(u,\overline{zx}\cup\overline{xy})$, $\max\limits_{u\in\overline{zx}}d(u,\overline{xy}\cup\overline{yz})$ の 3 つすべてが δ 以下のとき，Δ_{xyz} は **δ-狭**(δ-slim, δ-étroit(仏))であるという． □

三角形が δ-細であることと，Gromov 積の関係を見よう．

補題 2.13 $\Delta_{xyz}=\overline{xy}\cup\overline{yz}\cup\overline{zx}$ を測地三角形とする．このとき，
(i) $(y|z)_x\leq d(x,\overline{yz})$.
(ii) Δ_{xyz} が δ-細ならば，$d(x,\overline{yz})\leq (y|z)_x+\delta$ となる．

[証明] (i) w を $\overline{yz}$ 上の点で，$d(x,w)=d(x,\overline{yz})$ となるものとする．$f_{xyz}|(\overline{xy}\cup\overline{xz})$ は全射なので，$\overline{xy}\cup\overline{xz}$ の点 w' で，$f_{xyz}(w')=f_{xyz}(w)$ となるものがとれる．必要ならば y,z を取り替えて，$w'\in\overline{xy}$ と仮定してよい．w' は f_{xyz} で w と同じ点に写るので，$f_{xyz}(w')$ は中心の頂点より，$f_{xyz}(y)$ 寄りにある．従って，$d(x,w')=d_T(f_{xyz}(x),f_{xyz}(w'))\geq (y|z)_x$ となる．一方 $d(x,w')=d(x,y)-d(y,w')=d(x,y)-d(y,w)\leq d(x,w)$(三角不等式)$=d(x,\overline{yz})$ である．これらを合わせて，(i)の式を得る．

(ii) $p\in\overline{yz}, q\in\overline{xy}$ を f_{xyz} で T_{xyz} の中心の頂点に写る点とする．すると三角不等式より $d(x,\overline{yz})(\leq d(x,p))\leq d(x,q)+d(q,p)$ であるが，$d(x,q)=(y|z)_x$ であり，δ-細であることより，$d(q,p)\leq\delta$ であるので，(ii)の不等式を得る． ■

次に測地三角形に対して，2 種類の size の概念を導入する．

定義 2.14 測地三角形 Δ_{xyz} に対して，f_{xyz} で T_{xyz} の中心の頂点に写る 3 点を**内接 3 点**(inscribed triple)と呼ぶ．内接 3 点の集合の直径を Δ_{xyz} の in-size(taille interne(仏))と呼び，insize(Δ_{xyz}) と表す．$u\in\overline{xy}, v\in\overline{yz}, w\in\overline{zx}$ の条件の下での $\min(\operatorname{diam}\{u,v,w\})$ を Δ_{xyz} の minsize(taille minimum(仏))といい，minsize(Δ_{xyz}) と表す． □

補題 2.15 Δ を測地三角形とするとき,
$$\mathrm{minsize}(\Delta) \leqq \mathrm{insize}(\Delta) \leqq 4\,\mathrm{minsize}(\Delta).$$

［証明］ 定義から，$\mathrm{minsize}(\Delta) \leqq \mathrm{insize}(\Delta)$ は明らかである.

2 番目の不等式を証明しよう．三角形 Δ の 3 頂点を，x_1, x_2, x_3 として，$\delta = \mathrm{minsize}(\Delta)$, $\delta' = \mathrm{insize}(\Delta)$ とおく．$p_1 \in \overline{x_2 x_3}$, $p_2 \in \overline{x_3 x_1}$, $p_3 \in \overline{x_1 x_2}$ を内接 3 点とする．また $q_1 \in \overline{x_2 x_3}$, $q_2 \in \overline{x_3 x_1}$, $q_3 \in \overline{x_1 x_2}$ を minsize を実現する 3 点とする.

表記を簡略化するために (i, j, k) を $(1, 2, 3)$ の置換として，
$$a_i = d(x_j, x_k), \quad b_{i,k} = d(p_i, x_k), \quad c_{i,k} = d(q_i, x_k)$$
とおこう．すると，

$$(2.1) \qquad b_{i,k} = (x_i | x_j)_{x_k} = b_{j,k} = \frac{1}{2}(a_i + a_j - a_k)$$

を得る．また $b_{i,j}, c_{i,j}$ の定義と，$p_i, q_i \in \overline{x_j x_k}$ であることより，

$$(2.2) \qquad b_{i,j} + b_{i,k} = a_i = c_{i,j} + c_{i,k}$$

を得る．仮定より $d(q_i, q_j) \leqq \delta$ なので，三角不等式より，

$$(2.3) \qquad |c_{i,k} - c_{j,k}| \leqq d(q_i, q_j) \leqq \delta$$

となる．そこで，$2b_{i,k} = a_i + a_j - a_k$（式(2.1)より）$= c_{i,j} + c_{i,k} + b_{j,i} + b_{j,k} - c_{k,i} - c_{k,j}$（式(2.2)より）となるので，(2.1)の $b_{i,k} = b_{j,k}$ より，$c_{i,j} + c_{i,k} + b_{j,i} - b_{i,k} - c_{k,i} - c_{k,j} = 0$ となり，

$$(2.4) \quad |c_{i,k} - b_{i,k} - c_{k,i} + b_{k,i}| = |c_{i,j} - c_{k,j}| \leqq \delta \text{ (式(2.3)より)}$$

を得る．

次に (i, j, k) を $(1, 2, 3)$ の巡回置換として，$e_i = c_{i,j} - b_{i,j} = -(c_{i,k} - b_{i,k})$（後半の等式は(2.2)より）とおく．$p_i, q_i$ は $\overline{x_j x_k}$ にのっているので，$|e_i| = d(p_i, q_i)$ となる．一方(2.4)より，$|e_i + e_k| = |-e_i - e_k| \leqq \delta$ を得る．同様に (i, j, k) を巡回置換して，$|e_j + e_i| \leqq \delta$, $|e_k + e_j| \leqq \delta$ となる．そこで

$$|e_i| = \frac{1}{2}|e_i + e_j + e_i + e_k - e_j - e_k| \leqq \frac{1}{2}\{|e_j + e_i| + |e_i + e_k| + |e_k + e_j|\} \leqq \frac{3}{2}\delta$$

となる．これが j, k についても成立するので，$d(p_j, p_k) \leqq d(p_j, q_j) + d(q_j, q_k) +$

$d(q_k, p_k)$ において,第 1, 3 項は $\frac{3}{2}\delta$ で抑えられ,第 2 項は δ で抑えられる. 従って,$d(p_j, p_k) \leqq 4\delta$ を得,(i, j, k) を巡回置換すべてを動かせば,$\delta' \leqq 4\delta$ となる. ∎

以上に出てきた,三角形の δ-細性,δ-狭性,insize, minsize は次の定理で見るように,すべて X の δ-双曲性の定義と関連づけられる.

定理 2.16 (X, d) を測地空間とし非負実数 δ による次の 5 条件を考える.
(ⅰ) X は δ-双曲的である.(δ-hyp と略称)
(ⅱ) X の任意の測地三角形は δ-細である.(δ-thin と略称)
(ⅲ) X の任意の測地三角形は δ-狭である.(δ-slim と略称)
(ⅳ) X の任意の測地三角形の insize は δ 以下である.(δ-insize と略称)
(ⅴ) X の任意の測地三角形の minsize は δ 以下である.(δ-minsize と略称)

このときこれらの条件には次の関係がある.

- δ-hyp $\Rightarrow$ 4δ-thin
- δ-thin $\Rightarrow$ 2δ-hyp
- δ-thin $\Rightarrow$ δ-slim
- δ-slim $\Rightarrow$ 4δ-thin
- δ-thin $\Rightarrow$ δ-insize
- δ-insize $\Rightarrow$ δ-minsize
- δ-minsize $\Rightarrow$ 4δ-insize
- δ-insize $\Rightarrow$ δ-thin

従って上の 5 条件は δ をせいぜい 8 倍に調整すればどの 1 つからも別の 1 つを導ける.

[証明] δ-hyp $\Rightarrow$ 4δ-thin. $\Delta = \overline{xy} \cup \overline{yz} \cup \overline{zx}$ を δ-双曲的な X 内の測地三角形とする.三脚への写像 $f_{xyz}: \Delta \to T_{xyz}$ について,$u, v \in \Delta$ について $f_{xyz}(u) = f_{xyz}(v)$ として,$d(u, v) \leqq 4\delta$ が導かれることを見よう.必要なら x, y, z の名前を取り替えて,$u \in \overline{xy}, v \in \overline{zx}$ としてよい.いま,$f_{xyz}(u) = f_{xyz}(v)$ より $d(x, u) = d(x, v)$ なので,

それを d とおく．$f_{xyz}(u), f_{xyz}(v)$ は中心の頂点より $f_{xyz}(x)$ 寄りにあるので，

(2.5) $\qquad d \leqq (y|z)_x$

となる．また，$(u|y)_x = d = (v|z)_x$ である．δ-双曲性の仮定から，

$$(u|v)_x \geqq \min\{(u|y)_x, (y|v)_x\} - \delta \geqq \min\{(u|y)_x, (y|z)_x, (z|v)_x\} - 2\delta$$

で，$(u|y)_x = d$，$(y|z)_x \geqq d$（式(2.5)），$(z|v)_x = d$ だったので，$(u|v)_x \geqq d - 2\delta$ を得る．一方定義より，$(u|v)_x = d - d(u,v)/2$ であるから，$d - d(u,v)/2 \geqq d - 2\delta$ となり，$d(u,v) \leqq 4\delta$ を得る．

δ-thin $\Rightarrow$ 2δ-hyp.

X の任意の測地三角形は δ-細であるとして，$x_0, x_1, x_2, x_3 \in X$ を任意の4点とする．$(x_1|x_2)_{x_0} \geqq \min\{(x_1|x_3)_{x_0}, (x_2|x_3)_{x_0}\} - 2\delta$ を示すのが目的である．

$\min\{(x_1|x_3)_{x_0}, (x_2|x_3)_{x_0}\}$ を t とおこう．$(x_1|x_2)_{x_0} \geqq t$ なら求める不等式は元々成り立っているので，$(x_1|x_2)_{x_0} < t$ と仮定して議論を進めればよい．$x_1' \in \overline{x_0 x_1}$，$x_2' \in \overline{x_0 x_2}$，$x_3' \in \overline{x_0 x_3}$ を $d(x_0, x_i') = t$ $(i = 1, 2, 3)$ となるようにとる．t の定義より $j = 1, 2$ について $t \leqq (x_j|x_3)_{x_0}$ であるから，$d(x_0, x_j') \leqq (x_j|x_3)_{x_0}$ となる．よって三角形 $\Delta_{x_0 x_j x_3}$ から三脚への写像を考えれば，x_j' は中心の頂点より手前に写され，$f_{x_0 x_j x_3}(x_j') = f_{x_0 x_j x_3}(x_3')$ となる．$\Delta_{x_0 x_j x_3}$ が δ-細なので，$d(x_j', x_3') \leqq \delta$，さらに三角不等式より $d(x_1', x_2') \leqq 2\delta$ を得る．

$t > (x_1|x_2)_{x_0}$ と仮定したので，x_1', x_2' は $f_{x_0 x_1 x_2}$ で中心の頂点より先に写されるため，$y_j \in \overline{x_1 x_2}$ で，$f_{x_0 x_1 x_2}(y_j) = f_{x_0 x_1 x_2}(x_j')$ となる点がとれる．三角形 $\Delta_{x_0 x_1 x_2}$ が δ-細であることより，$d(y_j, x_j') \leqq \delta$ を得る．

そこで

$$\begin{aligned}
2\delta &\geqq d(x_1', x_2') \\
&\geqq d(y_1, y_2) - 2\delta \\
&= d(x_1, x_2) - d(x_1, y_1) - d(x_2, y_2) - 2\delta \\
&= d(x_1, x_2) - d(x_1, x_1') - d(x_2, x_2') - 2\delta \\
&= d(x_1, x_2) - \{d(x_1, x_0) - d(x_1', x_0)\} - \{d(x_2, x_0) - d(x_2', x_0)\} - 2\delta \\
&= 2t - 2(x_1|x_2)_{x_0} - 2\delta
\end{aligned}$$

となり，$(x_1|x_2)_{x_0} \geqq t - 2\delta$ を得る．

δ-thin $\Rightarrow$ δ-slim.

§2.2 測地空間の双曲性——23

三角形が δ-細なら各辺の点は三脚への写像で同一視される点との距離が δ 以下なので，明らかに δ-狭である．

δ-slim $\Rightarrow$ 4δ-thin.

X で 4δ-thin が成立していないとする．すると X の測地三角形 $\Delta = \overline{xy} \cup \overline{yz} \cup \overline{zx}$ と $u \in \overline{xy}, v \in \overline{xz}$ で，$f_{xyz}(u) = f_{xyz}(v)$，すなわち $d(x,u) = d(x,v) \leq (y|z)_x$ で，かつ $d(u,v) > 4\delta$ となるものがある．$d(x,u) = (y|z)_x$ の場合はそれよりわずかに x 寄りに u, v をとり直し，$d(x,u) = d(x,v) < (y|z)_x$ としてよい．このとき $d(v, \overline{xy}) = \min\{d(v, \overline{xu}), d(v, \overline{uy})\} \geq \min\{(x|u)_v, (u|y)_v\}$（後ろの不等式は補題 2.13(i) より）となる．一方 $2(x|u)_v = d(x,v) + d(u,v) - d(x,u)$ で，$d(x,v) = d(x,u)$ なので，これは $d(u,v)$ に等しい．また $2(u|y)_v = d(u,v) + d(y,v) - d(u,y) = d(u,v) + \{d(y,v) + d(x,v) - d(x,y)\}$ で，三角不等式より，$\{d(y,v) + d(x,v) - d(x,y)\} \geq 0$ なので，$2(u|y)_v \geq d(u,v)$. 従って，$d(v, \overline{xy}) \geq \dfrac{1}{2}d(u,v) > 2\delta$ となる．

特に $d(v,x) > 2\delta$ であるから，$p \in \overline{xv}$ で，$d(v,p) = \delta$ となる点が存在する．このとき三角不等式より，$d(p, \overline{xy}) \geq d(v, \overline{xy}) - d(v,p) > 2\delta - \delta = \delta$ となる．また $d(p, \overline{yz}) \geq d(x, \overline{yz}) - d(x,p) \geq (y|z)_x - d(x,p) > d(v,x) - d(x,p) \geq d(p,v) = \delta$（ただし 2 番目の不等式は補題 2.13(i) による）となる．よって $d(p, \overline{xy} \cup \overline{yz}) > \delta$ となるので，三角形 Δ_{xyz} は δ-狭でない．こうして δ-slim $\Rightarrow$ 4δ-thin の対偶が示された．

δ-thin $\Rightarrow$ δ-insize.

三角形が δ-thin なら，三脚の中心の頂点に写される点，すなわち内接 3 点は互いに δ 以下の距離にある．よってこの三角形の insize は δ 以下である．

δ-insize $\Rightarrow$ δ-minsize, δ-minsize $\Rightarrow$ 4δ-insize.

これらは補題 2.15 で示した．

δ-insize $\Rightarrow$ δ-thin.

X の任意の測地三角形の insize は δ 以下であるとする．測地三角形 $\Delta_{xyz} = \overline{xy} \cup \overline{yz} \cup \overline{zx}$ を考え，$u, v \in \Delta_{xyz}$ について，$f_{xyz}(u) = f_{xyz}(v)$ とする．このとき，$d(u,v) \leq \delta$ を示せばよい．必要なら x, y, z の名前を変えて，$u \in \overline{xy}$, $v \in \overline{zx}$ としてよい．$f_{xyz}(u) = f_{xyz}(v)$ であるから，$d(x,u) = d(x,v) \leq (y|z)_x$ であ

る. $t \in [0,1]$ について, y_t, z_t をそれぞれ $\overline{xy}, \overline{xz}$ 上の点で, $d(x, y_t) = t d(x, y)$, $d(x, z_t) = t d(x, z)$ となるものとする. いま $(y_t | z_t)_x$ を t の関数とみなすと連続で, $(y_0 | z_0)_x = 0$ だから, 中間値の定理より $(y_t | z_t)_x = d(x, u) = d(x, v)$ となる t が存在する. このとき $(y_t | z_t)_x = d(x, u) = d(x, v)$ より, u, v は測地三角形 $\Delta_{xy_t z_t}$ の内接点になっている. よって, $d(u, v) \leq \text{insize}(\Delta_{xy_t v_t})$ となる. 仮定より $\text{insize}(\Delta_{xy_t z_t}) \leq \delta$ であるから, $d(u, v) \leq \delta$ となり証明が完成した. ∎

元来の双曲性の定義より, これらの言い替えの方が, 具体的な空間の双曲性を調べるのには便利である.

例 2.17 n 次元双曲空間 $\mathbb{H}^n$ は n によらない定数 $\delta > 0$ があり, δ-双曲的である.

[証明] $\mathbb{H}^n$ の測地三角形はある全測地的面に含まれるので, $\mathbb{H}^2$ が双曲的であることを示せばよい. $\mathbb{H}^2$ の任意の測地三角形は Gauss–Bonnet の定理より面積が π で抑えられる. 従って三角形の内部に含まれる円の直径はある普遍的な定数で抑えられる. これは三角形の minsize がある普遍的な定数 $\delta > 0$ で抑えられることを意味する. ∎

一般に δ-双曲性の定数 δ 自体を問題にすることは, あまり意味がないが, $\delta = 0$ のときだけは, 以下に示すように特別な意味がある.

命題 2.18 測地空間について, $\mathbb{R}$-樹であることと, 0-双曲的であることは同値である.

[証明] 測地空間 X が $\mathbb{R}$-樹であるとしよう. $\mathbb{R}$-樹では 2 点を結ぶ単純弧は唯一つであるから, X の任意の測地三角形は, それに対応する三脚と等長的である. 従って, X は 0-細になる.

次に測地空間 X が 0-双曲的であるとして, X が $\mathbb{R}$-樹になることを背理法で示そう. X が $\mathbb{R}$-樹でなかったとすると, ある $x, y \in X$ をつなぐ単純弧 a, b で相異なるものがとれる. ここで少なくとも片方, a は測地線分であると仮定してよい. このとき任意の $\epsilon > 0$ に対して, a が b の ϵ-近傍に入っていることを証明しよう. a, b は単純弧なので, これは $a = b$ を導き矛盾する.

弧 b はある連続な単射 $\beta: [0,1] \to X$ の像である. そこで, b を有限個の $\epsilon/2$-開近傍 $U_1, \cdots, U_m$ で覆い, 区間 $[0,1]$ を細分する点 $0 = t_0 < t_1 < \cdots < t_m =$

1 が存在し，$\beta([t_i, t_{i+1}]) \subset U_i$ となるようにできる．$\beta(t_i)$ と $\beta(t_{i+1})$ を結ぶ測地線分をとり，それを c_i と表そう．$d_X(\beta(t_i), \beta(t_{i+1})) < \epsilon$ なので，c_i の長さは ϵ より短い．従って c_i の各点は弧 b から $\epsilon/2$ 以下の距離にある．

$c_0, \cdots, c_{m-1}$ をつないでできる区分的測地線分を c とする．c と a は同じ端点を持つので，これらと a を合わせると，測地 $m+1$ 角形になる．$\beta(t_i)$ と $\beta(1)$ をつなぐ測地線分を d_i とし（$d_{m-1} = c_{m-1}$ としておく），三角形 $\Delta_0 = c_0 \cup d_1 \cup a$，$\Delta_1 = d_1 \cup c_1 \cup d_2$，$\cdots$，$\Delta_{m-2} = d_{m-2} \cup c_{m-2} \cup d_{m-1}$ を考える．X が 0-双曲的であることより，X の三角形の 1 辺は残りの 2 辺の和集合上に乗っている．よって上の三角形 $\Delta_0, \cdots, \Delta_{m-2}$ を考えると，$a \subset c_0 \cup d_1 \subset c_0 \cup c_1 \cup d_2 \subset \cdots \subset c_0 \cup \cdots \cup c_{m-1} = c$ となり，a は c に含まれる．c_i は長さ ϵ の測地線分で，端点が b 上にあるので，c の各点は b から $\epsilon/2$ 以下の距離にある．従って，a の各点も b から $\epsilon/2$ 以下の距離にあり，特に b の ϵ-近傍に含まれることがわかる． ∎

§2.3 単連結負曲率多様体の双曲性

最初に述べたように，Gromov の双曲的距離空間の概念は，単連結負曲率多様体の持つ幾何学的性質を抽出して作ったものである．この節では元来の単連結負曲率多様体が Gromov の意味での双曲性を持っていることを前節の定理 2.16 を使って証明する．

(a) 比較三角形，比較角

Riemann 多様体の断面曲率を測地三角形の形で捉える手段として，いわゆる比較定理 (comparison theorem) がある．ここで扱うのは測地空間におけるその対応物である．

いま κ を正でない実定数とする．$\mathbb{H}_\kappa$ は定曲率 κ を持つ平面とする．すなわち $\kappa = 0$ なら Euclid 平面で，$\kappa < 0$ なら双曲平面の計量をスカラー倍したものである．

定義 2.19 X を測地空間とする．$\Delta = \overline{xy} \cup \overline{yz} \cup \overline{zx}$ を X の測地三角形と

する．$x^*, y^*, z^* \in \mathbb{H}_\kappa$ を頂点に持つ $\mathbb{H}_\kappa$ 内の測地三角形 Δ^* が，Δ の比較三角形(triangle of comparison)であるとは，$d_{\mathbb{H}_\kappa}(x^*, y^*) = d_X(x, y)$, $d_{\mathbb{H}_\kappa}(y^*, z^*) = d_X(y, z)$, $d_{\mathbb{H}_\kappa}(z^*, x^*) = d_X(z, x)$ であることである．Δ に対してその比較三角形は，各 $\kappa \leq 0$ ごとに等長変換で移り合うものを除いて，唯一つ存在する．さらに強く，比較三角形は Δ の頂点のみで決まり，頂点を結ぶ測地線分が 2 本以上あってもその選び方によらない．Δ から Δ^* への辺ごとの等長写像を比較写像(map of comparison)と呼ぶ．しばしば $w \in \Delta$ が比較写像で移る比較三角形の点を w^* で表す． □

定義 2.20 X を測地空間として，z を X の点とする．$g: [0, a] \to X$, $h: [0, b] \to X$ を測地線分で，長さをパラメーターとし(すなわち等長的埋め込みで) $g(0) = h(0) = z$ であるようなものとする．$s \in [0, a]$, $t \in [0, b]$ に対して，$g(s)$ と $h(t)$ を結ぶ測地線分 $\overline{g(s)h(t)}$ を選び，測地三角形 $\Delta(s, t) = g([0, s]) \cup \overline{g(s)h(t)} \cup h([0, t])$ を考える．$\Delta_\kappa^*(s, t)$ を $\mathbb{H}_\kappa$ における $\Delta(s, t)$ の比較三角形とする．このとき，z^* における $\Delta_\kappa^*(s, t)$ の角を $\alpha_{g,h}^\kappa(s, t)$ と表し，測地線分 g, h の比較角(angle of comparison)と呼ぶ． □

測地空間 X について，比較三角形，比較角を用いて次の 3 条件を考える．

条件 C X が条件 C_κ を満たすとは，X の任意の三角形 $\Delta = \overline{xy} \cup \overline{yz} \cup \overline{zx}$ と，点 $w \in \overline{xy}$ に対して，Δ の比較三角形 Δ^* を $\mathbb{H}_\kappa$ 内で考えると，$d_X(z, w) \leq d_{\mathbb{H}_\kappa}(z^*, w^*)$ が成立すること．

条件 A X が条件 A_κ を満たすとは，長さをパラメーターとした任意の測地線分 $g: [0, a] \to X$, $h: [0, b] \to X$ で，$g(0) = h(0)$ であるものに対して，比較角 $\alpha_{g,h}^\kappa(s, t)$ が，s, t 双方について，単調非減少関数であること．

条件 T X が条件 T_κ を満たすとは，X の任意の三角形 $\Delta = \overline{xy} \cup \overline{yz} \cup \overline{zx}$ と，点 $p \in \overline{xy}$, $q \in \overline{xz}$ について，Δ の $\mathbb{H}_\kappa$ 内の比較三角形 Δ^* を考えると，$d_X(p, q) \leq d_{\mathbb{H}_\kappa}(p^*, q^*)$ となること．

この 3 条件について次の定理が成立する．

定理 2.21 測地空間 X と $\kappa \leq 0$ について，条件 $C_\kappa, A_\kappa, T_\kappa$ はすべて同値である．

[証明] C_κ は T_κ の特殊な場合であるから，T_κ が C_κ を導くのは明らかで

§2.3 単連結負曲率多様体の双曲性

ある.

次に C_κ が A_κ を導くことを示す. X は C_κ を満たす測地空間とする. $z \in X$ と長さをパラメーターとする測地線分 $g:[0,a]\to X$, $h:[0,b]\to X$ で, $g(0)=h(0)=z$ となるものが与えられたとする. $s\in[0,a]$, $t\in[0,b]$ に対して, $\Delta(s,t)$ を $g([0,s])$ と $h([0,t])$ と $g(s), h(t)$ をつなぐ測地線分でできた三角形とする. $\alpha^\kappa(s,t)$ を $\mathbb{H}_\kappa$ における比較角とする. $\alpha^\kappa(s,t)$ が s, t 双方に関して, 単調非減少であることを示せばよい.

s, t の立場は同等であるから, s を固定し, $\tau \leq t$ のとき, $\alpha^\kappa(s,\tau) \leq \alpha^\kappa(s,t)$ であることを示せばよい. 三角形 $\Delta(s,t), \Delta(s,\tau)$ を考え, それぞれの比較三角形 $\Delta^*_\kappa(s,t), \Delta^*_\kappa(s,\tau)$ を $z, g(s)$ に対応する点 $z^*, g(s)^*$ を共有するように作る. 三角形 $\Delta^*_\kappa(s,t)$ で $h(\tau)$ に対応する点を $\widetilde{h(\tau)}^*$ と表し, $\Delta^*_\kappa(s,\tau)$ の $h(\tau)^*$ と区別しよう. そこで余弦定理を使って $\cos\alpha^\kappa(s,t), \cos\alpha^\kappa(s,\tau)$ を表す.

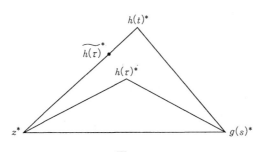

図 2.2

まず $\kappa=0$ の場合を考えよう. すると, $\Delta^*_0(s,\tau)$ を考えれば,

(2.6) $$\cos\alpha^0(s,\tau) = \frac{s^2+\tau^2-d_{\mathbb{H}_0}(g(s)^*, h(\tau)^*)^2}{2s\tau}$$

を得る. 一方 $\Delta^*_0(s,t)$ 内で $z^*, g(s)^*, \widetilde{h(\tau)}^*$ の作る三角形を考えれば,

(2.7) $$\cos\alpha^0(s,t) = \frac{s^2+\tau^2-d_{\mathbb{H}_0}(g(s)^*, \widetilde{h(\tau)}^*)^2}{2s\tau}$$

を得る. ここで, 条件 C_0 を三角形 $\Delta(s,t)$ と $h(\tau) \in h([0,t])$ に使えば, $d_{\mathbb{H}_0}(g(s)^*, \widetilde{h(\tau)}^*) \geq d_{\mathbb{H}_0}(g(s), h(\tau)) = d_{\mathbb{H}_0}(g(s)^*, h(\tau)^*)$ なので, 上の2式より, $\cos\alpha^0(s,t) \leq \cos\alpha^0(s,\tau)$, すなわち $\alpha^0(s,t) \geq \alpha^0(s,\tau)$ を得る.

次に $\kappa = -1$ のときを考える．$\kappa = 0$ の場合と同様の三角形を考え，双曲平面の余弦定理より，

$$(2.8) \quad \cos\alpha^{-1}(s,\tau) = \frac{\cosh s \cosh\tau - \cosh d(g(s)^*, h(\tau)^*)}{\sinh s \sinh\tau}$$

および

$$(2.9) \quad \cos\alpha^{-1}(s,t) = \frac{\cosh s \cosh\tau - \cosh d(g(s)^*, \widetilde{h(\tau)}^*)}{\sinh s \sinh\tau}$$

を得る．従って，前同様，条件 C_{-1} より，$\alpha^{-1}(s,t) \geq \alpha^{-1}(s,\tau)$ を得る．

一般に $\kappa < 0$ の場合は，$\mathbb{H}_\kappa$ は双曲平面の計量をスカラー倍したものであるから，余弦定理を使った式 (2.8), (2.9) は長さを表す項を定数倍した形で成立する．従って $\kappa = -1$ の場合と同様にして，α^κ の単調非減少性が示せる．

次に A_κ が T_κ を導くことを証明する．X は A_κ を満たすと仮定して，$\Delta = \overline{xy} \cup \overline{yz} \cup \overline{zx}$ を X の測地三角形とする．$p \in \overline{xy}$, $q \in \overline{xz}$ を任意の 2 点とする．Δ^* を $\mathbb{H}_\kappa$ における Δ の比較三角形とする．我々の目的は $d_X(p,q) \leq d_{\mathbb{H}_\kappa}(p^*, q^*)$ を示すことである．

さて $\overline{xp}, \overline{xq}$ を $\overline{xy}, \overline{xz}$ 上にとり，三角形 $\Delta_0 = \overline{xp} \cup \overline{xq} \cup \overline{pq}$ を考える．Δ_0 の $\mathbb{H}_\kappa$ における比較三角形 Δ_0^* を x, p に対応する点が，それぞれ Δ^* 上の x^*, p^* であるように作り，q に対応する点を q_0^* で表す．ここで $\alpha = \angle y^* x^* z^* = \angle p^* x^* q^*$ および $\alpha_0 = \angle p^* x^* q_0^*$ と定義すると，A_κ の条件より，$\alpha \geq \alpha_0$，従って，$\cos\alpha \leq \cos\alpha_0$ となる．そこで前同様の余弦定理を三角形 $x^* p^* q^*$ と三角形 $x^* p^* q_0^*$ に用いると，$d_{\mathbb{H}_\kappa}(x, q^*) = d_{\mathbb{H}_\kappa}(x, q_0^*)$ なので，右辺で異なる項は $d_{\mathbb{H}_\kappa}(p^*, q^*)$ と $d_{\mathbb{H}_\kappa}(p^*, q_0^*)$ のみで，$d_{\mathbb{H}_\kappa}(p^*, q^*) \geq d_{\mathbb{H}_\kappa}(p^*, q_0^*)$ を得る．$d_X(p,q) = d_{\mathbb{H}_\kappa}(p^*, q_0^*)$ なので，$d_X(p,q) \leq d_{\mathbb{H}_\kappa}(p^*, q^*)$ が示された． ■

定義 2.22 測地空間 X が上の 3 条件 $C_\kappa, A_\kappa, T_\kappa$ のいずれか 1 つ，従ってすべてを満たすとき，X は **CAT$_\kappa$** 空間であるという． □

命題 2.23 $\kappa < 0$ について CAT$_\kappa$ 空間は双曲的である．

[証明] $\kappa < 0$ のとき，$\mathbb{H}_\kappa$ は双曲平面の計量をスカラー倍したものなので，双曲的である．従って，ある κ のみによる定数 $\delta > 0$ があり，$\mathbb{H}_\kappa$ の測地三角形は δ-細である．いま X を CAT$_\kappa$ 空間であるとして，Δ を X の測地三角

形として,Δ^* を $\mathbb{H}_\kappa$ における Δ の比較三角形とする.すると Δ^* が δ-細であることと,性質 T_κ より,Δ も δ-細であることがわかる. ∎

(b) Alexandrov の比較定理

単連結負曲率多様体の双曲性を示すのに基本となる Riemann 幾何での結果は,次に示す Alexandrov の比較定理である.

定理 2.24(Alexandrov) M を完備単連結 Riemann 多様体で,すべての点で断面曲率が $\kappa < 0$ で抑えられているとする.Δ を M の測地三角形として,a, b, c をその 3 頂点とする.Δ の $\mathbb{H}_\kappa$ における比較三角形 Δ^* を考えたとき,$\angle c^*a^*b^* \geqq \angle cab$,$\angle a^*b^*c^* \geqq \angle abc$,$\angle b^*c^*a^* \geqq \angle bca$ となる. ∎

この定理を証明するのに次の 2 つの結果を使う.

定理 2.25(Hadamard–Cartan) M は前定理のような Riemann 多様体とする.$p \in M$ について,$\exp_p : T_pM \to M$ を指数写像とする.(ここで T_pM は p における M の接空間を表す.)

このとき,$\exp_p$ は C^∞-微分同相写像である. ∎

定理 2.26(Rauch) M, N を同次元の定理 2.24 のような Riemann 多様体で,M の各点の断面曲率は,N の断面曲率の下限以下であるとする.$p \in M$,$q \in N$ を考え,T_pM から T_qN への Riemann 計量に関する内積を保つ同型写像 $i : T_pM \to T_qN$ をとる.$\gamma : [0, t_0] \to T_pM$ を滑らかな曲線として,$\gamma' = \exp_p \circ \gamma : [0, t_0] \to M$,$\gamma^* = \exp_q \circ i \circ \gamma : [0, t_0] \to N$ によって曲線 γ', γ^* を定義する.すると,$\mathrm{length}_M \gamma'[0, t_0] \geqq \mathrm{length}_N \gamma^*[0, t_0]$ となる. ∎

上の 2 つの定理の証明は,例えば Klingenberg [17] を参照されたい.

[定理 2.24 の証明] 上の 2 つの定理を使って定理 2.24 を証明しよう.

三角形 abc の各頂点の立場は同等なので,$\angle bac$ のみについて考える.点 a における接空間 T_pM を考える.定理 2.25 より $\exp_a$ の逆写像 $\log_a$ が M 全体で定義される.$\log_a$ による三角形 abc の像を $\tilde{\Delta}$ と表し,3 頂点の像を $\tilde{a}, \tilde{b}, \tilde{c}$ で表そう.すると,$\overline{\tilde{a}\tilde{b}} = \log_a(\overline{ab})$,$\overline{\tilde{a}\tilde{c}} = \log_a(\overline{ac})$ であり,$\mathrm{length}_{T_pM}(\log_a \overline{ab}) = \mathrm{length}_M \overline{ab}$,$\mathrm{length}_{T_pM}(\log_a \overline{ac}) = \mathrm{length}_M \overline{ac}$,また,$\angle bac = \angle \tilde{b}\tilde{a}\tilde{c}$ となっている.

さて, $a^* \in \mathbb{H}_\kappa$ を任意にとり, 内積を保つ同型写像 $\iota: T_a M \to T_{a^*} \mathbb{H}_\kappa$ を固定する. すると, $\exp_{a^*}(\iota(\overline{ab}))$, $\exp_{a^*}(\iota(\overline{ac}))$ は測地線分になっていて, 長さはそれぞれ $\text{length}_M(\overline{ab})$, $\text{length}_M(\overline{ac})$ に等しい. また a, b に $a^*, b^* = \exp_{a^*}(\iota(\tilde{b}))$ を対応させて, 三角形 abc の比較三角形 $a^* b^* c^*$ を作る. 一方 $c' = \exp_{a^*}(\iota(\tilde{c}))$ とおこう. 測地線分 $\overline{bc}$ は $\exp_{a^*} \circ \iota \circ \log_a$ によって, b^* と c' を結ぶ曲線に移るが, 定理 2.26 より, その長さは $\text{length}_M(\overline{bc})$ 以下である. 従って
$$\text{length}_{\mathbb{H}_\kappa}(\overline{b^* c'}) \leqq \text{length}_M(\overline{bc}) = \text{length}_{\mathbb{H}_\kappa}(\overline{b^* c^*})$$
となる. すると余弦定理より, $\angle b^* a^* c^* \geqq \angle b^* a^* c'$ であり, ι が内積を保つことより, $\angle b^* a^* c' = \angle bac$ なので, $\angle b^* a^* c^* \geqq \angle bac$ が示せた. ∎

(c) 負曲率多様体の双曲性の証明

Alexandrov の定理を用いて本節で目標とする次の定理を証明しよう.

定理 2.27 M を完備単連結 Riemann 多様体で, すべての点の断面曲率が $\kappa < 0$ 以下であるとする. このとき M は CAT_κ を満たす. 従って特に, M は双曲的である. □

証明に入る前に次の補題を示しておこう.

補題 2.28 $\kappa \leqq 0$ と仮定する. T を $\mathbb{H}_\kappa$ 内の a, b, c, d をこの順で頂点とする四角形とする. $\mathbb{H}_\kappa$ に三角形 $a'b'c'$ を $d(a', b') = d(a, b)$, $d(b', c') = d(b, c)$, $d(a', c') = d(a, d) + d(d, c)$ となるように作る. いま, $\angle cda \geqq \pi$ と仮定すると,
$$\angle dab \leqq \angle c'a'b', \quad \angle abc \leqq \angle a'b'c', \quad \angle bcd \leqq \angle b'c'a'$$
となる.

[証明] 三角不等式より $d(a', c') \geqq d(a, c)$ である. 従って余弦定理を三角形 abc と $a'b'c'$ に使って, $\cos \angle abc \geqq \cos \angle a'b'c'$, すなわち $\angle abc \leqq \angle a'b'c'$ を得る.

$\angle dab$ と $\angle bcd$ に関する不等式は以下の同じ手法で示せる. まず $\angle dab$ について考える. 辺 $\overline{ab}$ を固定し, $d(a, c(t)) = d(a, c)$, $d(b, d(t)) = d(b, d)$, $d(c(t), d(t)) = d(c, d)$ を満たす動点 $c(t), d(t)$ を考える. さて, d を $\overline{ac}$ について線対称に移した点を $\hat{d}$ としよう. 明らかに $d(a, d) = d(a, \hat{d})$, $d(c, d) = d(c, \hat{d})$ である. そこで今 $c(t), d(t)$ は t に関して連続に $[0, 1]$ を動くものとして, $c(0) =$

§2.3 単連結負曲率多様体の双曲性 —— 31

$c(1) = c$, $d(0) = d$, $d(1) = \hat{d}$ となり $\angle d(t)ab$ が単調増加するように動かすことを考える．すると連続性より，ある $t_0 \in [0,1]$ について，$a, d(t_0), c(t_0)$ は一直線に並ぶ．このとき $d(a, c(t_0)) = d(a, d(t_0)) + d(c(t_0), d(t_0)) = d(a, d) + d(c, d) = d(a', c')$ となる．よって，三角形 $a'b'c'$ と三角形 $abc(t_0)$ は等長である．これより，$\angle dab \leq \angle d(t_0)ab = \angle c(t_0)ab = \angle c'a'b'$ となる．

$\angle bcd$ に関する不等式は，同じ議論を辺 $\overline{bc}$ を固定して行えばよい． ∎

[定理 2.27 の証明]　多様体 M が性質 A_κ を満たすことを示す．いま $g: [0,a] \to M$, $h: [0,b] \to M$ を長さをパラメーターとする測地線分で，$g(0) = h(0) = z \in M$ とする．$\mathbb{H}_\kappa$ における比較角 $\alpha_{g,h}^\kappa(s, t)$ が単調非減少であることを証明すればよい．すなわち $s \in [0, 1]$, $0 \leq t \leq t' \leq b$ を考え，$\alpha_{g,h}^\kappa(s, t) \leq \alpha_{g,h}^\kappa(s, t')$ を証明する．

$\mathbb{H}_\kappa$ 内で，三角形 $zg(s)h(t)$ の比較三角形を作り，その頂点を $z^*, g(s)^*, h(t)^*$ としよう．次に三角形 $g(s)h(t)h(t')$ の比較三角形を，$g(s), h(t)$ が上でとった $g(s)^*, h(t)^*$ に対応し，$h(t')$ に対応する点 $\overline{h}(t')$ は $\overline{g(s)^* h(t)^*}$ について，z^* の反対側にあるようにとる．一方これとは別に，三角形 $zg(s)h(t')$ の比較三角形 $z_0^* g(s)_0^* h(t')_0^*$ を作っておく．すると $\alpha_{g,h}^\kappa(s, t) = \angle g(s)^* z^* h(t)^*$, $\alpha_{g,h}^\kappa(s, t') = \angle g(s)_0^* z_0^* h_0(t')^*$ である．

いま，$\angle g(s)h(t)z + \angle g(s)h(t)h(t') = \pi$ であることから，定理 2.24 より，$\angle g(s)^* h(t)^* z^* + \angle g(s)^* h(t)^* \overline{h}(t') \geq \pi$ である．また $d(z^*, g(s)^*) = d_M(z, g(s)) =$

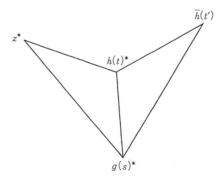

図 2.3

$d(z_0^*, g(s)_0^*)$, $d(g(s)^*, \overline{h}(t')) = d_M(g(s), h(t')) = d(g(s)_0^*, h(t')_0^*)$, $d(z^*, h(t)^*) + d(h(t)^*, \overline{h}(t')) = d_M(z, h(t)) + d_M(h(t), h(t')) = d_M(z, h(t')) = d(z_0^*, h(t')_0^*)$ となっている. よって補題 2.28 を四角形 $z^*h(t)^*\overline{h}(t')g(s)^*$ と三角形 $z_0^* g(s)_0^* h(t')_0^*$ に使えて, $\angle h(t)^* z^* g(s)^* \leqq \angle h(t')_0^* z_0^* g(s)_0^*$, すなわち $\alpha_{g,h}^\kappa(s,t) \leqq \alpha_{g,h}^\kappa(s,t')$ を得る. ∎

§2.4 擬等長写像と双曲性

この節では,ある測地空間から双曲的な測地空間へ擬等長写像が存在するとき,元の測地空間も双曲的であることを示す.

(a) 擬測地線分とその安定性

定義 2.29 X を測地空間とする.実数 $c \geqq 1$, $k \geqq 0$ と実直線上の閉区間 I について,連続写像 $p: I \to X$ が (c,k)-**擬測地線分**(quasi-geodesic segment)であるとは,I の任意の有界閉区間 $[a,b]$ について,$p[a,b]$ は長さを持ち,$\text{length}_X p[a,b] \leqq c d_X(p(a), p(b)) + k$ が成立することとする. □

明らかにこれは測地線分の一般化である.なぜなら $c=1$, $k=0$ の場合が測地線分であるからである.

この項の目標である擬測地線分の安定性を述べるために,Hausdorff 距離の概念を導入しよう.

定義 2.30 X を距離空間とし,A, B を X の閉集合とする.このとき,A, B の **Hausdorff 距離**(Hausdorff distance) $d_\mathcal{H}$ を,
$$d_\mathcal{H}(A, B) = \inf\{K \mid A \subset N_K(B),\ B \subset N_K(A)\}$$
によって定める.ただしここで $N_K(A)$ は A の K-閉近傍を表すものとする.
□

Hausdorff 距離が X の閉集合全体の作る集合の距離を定めることは簡単に確かめられる.Hausdorff 距離により入る位相を **Hausdorff 位相**と呼ぶことにする.

次の定理を証明するのがこの項の目標である.

§2.4 擬等長写像と双曲性 —— 33

定理 2.31 実数 $\delta \geqq 0$, $c \geqq 1$, $k \geqq 0$ に対して，以下を満たす正の実数 ϵ が存在する．

X を δ-双曲的測地空間として，$[a,b]$ を有界閉区間，$f:[a,b] \to X$ を (c,k)-擬測地線分とする．I を実直線上の閉区間 $[0, d_X(p(a),p(b))]$ として，$g:I \to X$ を $f(a)$ と $f(b)$ を結ぶ測地線分とする．このとき $d_{\mathcal{H}}(\mathrm{Im}\,f, \mathrm{Im}\,g) \leqq \epsilon$ となる．ただし，Im は像を表す． □

この定理の証明をまず直感的に説明しよう．双曲的測地空間ではある測地線分の端点を結ぶ弧はその測地線分から離れると，その距離に伴って，長さを稼ぐことが示せる．擬測地線分は，その長さと端点を結ぶ測地線分の長さのずれが抑えられているので，測地線分から遠くに離れることができないことが従う．この結果と測地線分の定義を用いた簡単な議論で，逆に測地線分も擬測地線分から遠くに離れられないことが示せる．

厳密な証明のためには，次の発散関数の概念を導入すると便利である．

定義 2.32 X を測地空間とする．関数 $f:[0,\infty) \to \mathbb{R}$ が X の**発散関数** (divergence function)であるとは，任意の $x \in X$ と，x を始点とする測地線分 $\gamma = \overline{xy}$, $\gamma' = \overline{xz}$ と $R \in [0, \infty)$ で $d_X(\gamma(R), \gamma'(R)) \geqq f(0)$ となるものに対して，以下が成立することである．$r > 0$ が $\min\{d_X(x,y), d_X(x,z)\} \geqq R+r$ を満たすとき，$\overline{X \setminus B_x(R+r)}$ で $\gamma(R+r)$ と $\gamma'(R+r)$ を結ぶ(長さを持つ)弧の長さは，必ず $f(r)$ 以上である．($B_x(R+r)$ は x の $(R+r)$-閉近傍を表す．)

発散関数として $\lim_{t \to \infty} f(t) = \infty$ となるものがとれるとき，X で**測地線は発散する**という．特に発散関数として指数関数 $c_1 e^{c_2 x}$, $c_1, c_2 > 0$ がとれるとき，X で測地線は**指数的に発散する**という． □

発散関数は測地線分によらず1つに決まっているということが重要である．このことから，例えば Euclid 平面では以下に見るように測地線は発散しないことがわかる．$x \in \mathbb{E}^2$ をとり，x を発する角度 θ をなす2本の半直線 ρ_1, ρ_2 を考える．発散関数 f がとれたとして，$d(\rho_1(R), \rho_2(R)) = f(0)$ となるのは $2R\sin(\theta/2) = f(0)$ となるときである．一方 $\rho_1(R+r)$ と $\rho_2(R+r)$ を $\mathrm{Int}\, B_x(R+r)$ の外で結ぶ弧の長さの最小値は $(R+r)\theta$ であるから $f(r) \leqq (R+r)\theta$ である．$2R\sin(\theta/2) = f(0)$ より $\theta \to 0$ で，$R\theta \to f(0)$ である．よっ

て $\theta \to 0$ で $f(r)-f(0) \to 0$ となるので f は定値関数になり,測地線は発散しない.

後の章で見るように,実は測地線が発散すれば必ず指数的に発散することがわかる.

命題2.33 X を双曲的測地空間とすると,X の測地線は指数的に発散する.X が δ-双曲的であるとき,初期値と発散関数は δ のみで決まり,X によらない.

[証明] X は双曲的であるから,定理2.16より,ある $\delta \geq 0$ があり,X の測地三角形はすべて δ-細であるとしてよい.

γ, γ' を共通の始点 $x \in X$ を持つ測地線分として,$d_X(\gamma(R), \gamma'(R)) > \delta+1$ となっているとする.すると $d(\gamma(R-1/2), \gamma'(R-1/2)) > \delta$ であることに注意しよう.$r > 0$ を $R+r$ が $\min\{\text{length}(\gamma), \text{length}(\gamma')\}$ 以下であるようにとる.$p:[0, l] \to \overline{X \setminus B_x(R+r)}$ を $\gamma(R+r)$ と $\gamma'(R+r)$ を結ぶ,長さ l を持つ弧で,長さをパラメーターとするものとする.$\gamma(R+r)$ と $\gamma'(R+r)$ を結ぶ測地線分を α とする.三角形 $\gamma[0,R] \cup \gamma'[0,R] \cup \alpha$ が δ-細であり,$\gamma(R-1/2)$ と $\gamma'(R-1/2)$ が δ より離れていることより,$\gamma[R-1/2, R]$ と $\gamma'[R-1/2, R]$ は三脚で同一視され得ない.従ってこれらは α と同一視されなくてはならず,$1 \leq \text{length}(\alpha) \leq \text{length}(p) = l$ であることがわかる.いま弧 p を二分し続けることを考える.すなわち,まず p を $p[0, l/2]$ と $p[l/2, l]$ に分割し,次にそれぞれを $p[0, l/4], p[l/4, l/2]$ と $p[l/2, 3l/4], p[3l/4, l]$ に分割するという具合に続けていく.それぞれの段階で,分割してできた弧の両端点を結んだ測地線分を引き,n 段階目の測地線分達を $\alpha_1^n, \cdots, \alpha_{2^n}^n$ と名付けよう.

n 回目の二分割でできた弧の長さは $l/2^n$ であり,従ってその端点を結ぶ α_i^n の長さは $l/2^n$ 以下である.そこで n を $1/2 \leq l/2^n \leq 1$ となるようにとろう.($l \geq 1$ だったのでこのような n は存在する.)

いま $j=1, \cdots, n$ について,α_i^j と $\alpha_{2i-1}^{j+1}, \alpha_{2i}^{j+1}$ は測地三角形を作ることに注意する.$d_X(\gamma(R), \gamma'(R)) > \delta$ と三角形 $\gamma[0,R] \cup \gamma'[0,R] \cup \alpha$ が δ-細であることより,$v_0 \in \alpha$ で,$d_X(\gamma(R), v_0) \leq \delta$ となる点がとれる.同様にして,$\alpha \cup$

$\left(\bigcup_i \alpha_i^1\right)$ が 2 つの測地三角形の和になっていることから，$v_i \in \alpha_1^1 \cup \alpha_2^1$ で $d_X(v_0, v_1) \leqq \delta$ となる点がとれる．これを繰り返して，点列 $\{v_j\}$ で，$v_j \in \bigcup_{i=1}^{2^j} \alpha_i^j$ で，$d_X(v_j, v_{j+1}) \leqq \delta$ となるものを v_n までとり続けることができる．

α_i^n および p の 2^n 分割された弧は長さが 1 以下なので，$v \in \mathrm{Im}\, p$ で，$d_X(v_n, v) \leqq 1$ となる点が存在する．すると，$d_X(x, v) \leqq R + (n+1)\delta + 1$ であり，また $1/2 \leqq l/2^n$ より $n - 1 \leqq \log_2 l$ である．一方 p は $B_x(R+r)$ の内部と交わらないので，$d_X(x, v) \geqq R + r$ となる．よって $r \leqq (\log_2 l + 2)\delta + 1$ となり，$l \geqq 2^{(r-1)/\delta - 2}$ を得る．そこで，$g(r) = 2^{(r-1)/\delta - 2}$ とおく．l に対する上の評価より，r_0 を十分大きくとり，$g(r_0) \geqq \delta + 2$ となるようにしておけば，$d(\gamma(R+r_0), \gamma'(R+r_0)) \geqq g(r_0)$ なら，$g(r+r_0)$ が $\gamma(R+r_0+r)$ と $\gamma'(R+r_0+r)$ を結ぶ上のような弧の長さの評価を与える．従って $f(r) = g(r+r_0)$ とおけば，f は指数関数で，$d(\gamma(R), \gamma'(R)) \geqq f(0)$ なら上の弧の長さの評価が $f(r)$ でできるので，これが発散関数になる．∎

この命題を使って定理 2.31 を証明しよう．

[定理 2.31 の証明]　まず c, k に対してある正の実数 K で，X の任意の (c, k)-擬測地線分 α について，その端点を結んだ測地線分 γ は α の K-近傍に含まれるようなものが存在することを示す．

いま上のような α, γ に対して，$D = \sup_{x \in \gamma} d_X(x, \alpha)$ とおく．D が γ, α によらず δ, c, k のみによる定数で抑えられることを示せばよい．γ 上の点 p を $d_X(y, \alpha) = D$ となるようにとる．次に γ 上で点 p から D の距離にある 2 点を a, b とする．p は α から距離が D 以上離れているので，このような 2 点は存在する．次に同様に γ 上の点で p から $2D$ の距離の点があれば a, b それぞれの側にとり，a', b' とする．γ の端点が p から $2D$ 未満の距離にあり，上のような点がとれないときは，端点を a' あるいは b' とする．

D の定義より，a', b' に対して，α 上の点 y, z で $d_X(a', y) \leqq D$，$d_X(b', z) \leqq D$ となるものがとれる．すると y と z は，a' への長さ D 以下の弧 β，γ 上の a', b' 間の線分，b' から z への長さ D 以下の弧 β' を経由することによって結べるから，$d_X(y, z) \leqq 6D$ である．α は (c, k)-擬測地線分であるから，α

の y, z 間の長さは $6Dc+k$ 以下である．そこで γ 上の a, a' 間の線分，β, α を y, z 間に制限したもの，β', γ 上の b', b 間の線分の5本をつないでできる弧を ζ としよう．三角不等式より，$d_X(\beta, p) \geqq D$，$d_X(\beta', p) \geqq D$ であるから，$\zeta \cap \text{Int} B_p(D) = \emptyset$ である．また明らかに $\text{length}(\zeta) \leqq 4D + 6Dc + k$ である．

この状況で命題 2.33 を使うと，δ のみによる指数関数 f があり，$C = f(0)$ とするなら，十分大きな D について，$\text{length}(\zeta)$ は $f(D - C/2)$ 以上であるはずである．上の不等式とこれをあわせると，D は δ, c, k のみによる定数で抑えられることがわかる．従って δ, c, k のみで決まる定数 K があり，δ-双曲的測地空間の (c, k)-擬測地線分の K-閉近傍は，その端点を結ぶ測地線分を含む．

次に上と同様の測地線分 γ と擬測地線分 α について，α が γ の $(K + cK + k/2)$-閉近傍に含まれることを証明する．まず $\alpha \subset N_K(\gamma)$ であればすでに証明されているので，$\alpha \setminus N_K(\gamma) \neq \emptyset$ としてよい．いま ξ を $N_K(\gamma)$ の外に出る γ の極大部分弧に端点を加えたものとし，端点を x_1, x_2 とする．すると，γ 上の点 y_1, y_2 で，$d_X(x_1, y_1) = K$，$d_X(x_2, y_2) = K$ となるものが存在する．α から，ξ を除いてできる2つの部分弧を α_1, α_2 としよう．$x_1 \in \alpha_1$，$x_2 \in \alpha_2$ と仮定してよい．いま $d_X(y_1, \alpha_1) \leqq K$，$d_X(y_2, \alpha_2) \leqq K$ であることに注意しよう．γ 上で y_1, y_2 間にある測地線分を η としよう．前段で示したことにより，η の任意の点 z について，$d_X(z, \alpha) \leqq K$ であるが，$\text{Int}\xi$ は γ から K より離れているので，$d_X(z, \alpha_1) \leqq K$ または $d_X(z, \alpha_2) \leqq K$ である．距離の連続性より，ある $z_0 \in \eta$ で，$d_X(z_0, \alpha_1) \leqq K$ かつ $d_X(z_0, \alpha_2) \leqq K$ となる点がある．そこで $u_1 \in \alpha_1$，$u_2 \in \alpha_2$ を $d_X(z_0, u_1) \leqq K$，$d_X(z_0, u_2) \leqq K$ となる点としよう．すると $d_X(u_1, u_2) \leqq d_X(u_1, z_0) + d_X(u_2, z_0) \leqq 2K$ であり，u_1 と u_2 の間の α の部分弧の長さは α の擬測地性より，$2Kc + k$ 以下である．この部分弧は ξ を含むので，ξ の任意の点は γ より $K + Kc + k/2$ 以下の距離にある．以上で定理 2.31 の証明が終わった．∎

(b) Lipschitz 擬等長写像による双曲性の保存

この項では下に定義する，擬等長写像より強い概念である Lipschitz 擬等

長写像についての双曲性の保存を見る.

定義 2.34 X, Y を距離空間とする. 写像 $f: X \to Y$ が (K, ϵ)-**Lipschitz 擬等長写像**(Lipschitz quasi-isometry)であるとは, 定数 $K, \epsilon > 0$ があり, 任意の $x, y \in X$ について, $K^{-1}d_X(x,y) - \epsilon \leq d_Y(f(x), f(y)) \leq K d_X(x,y)$ となることである. □

Lipschitz 擬等長写像は特に Lipschitz 連続であることに留意しよう.

定理 2.35 X, Y を測地空間として, Lipschitz 擬等長写像 $f: X \to Y$ が存在するとする. このとき, Y が双曲的なら X もそうである. □

証明を始める前に次の補題を示そう.

補題 2.36 X, Y を測地空間として, $f: X \to Y$ を (K, ϵ)-Lipschitz 擬等長写像とする. このとき X の測地線分は f で Y の $(K^2, K^2\epsilon)$-擬測地線分に写る.

[証明] $\overline{xy}$ を X の測地線分として, $\overline{x'y'}$ をその部分線分とする. すると

$$\mathrm{length} f(\overline{x'y'}) = \sup_{n; x' = x_0 < \cdots < x_n < x_{n+1} = y'} \sum_{i=0}^{n} d_Y(f(x_i), f(x_{i+1}))$$

$$\leq \sup_{n; x' = x_0 < \cdots < x_{n+1} = y'} K \sum_{i=0}^{n} d_X(x_i, x_{i+1}) = K d_X(x', y')$$

$$\leq K(K d_Y(f(x'), f(y')) + K\epsilon) = K^2 d_Y(f(x'), f(y')) + K^2 \epsilon$$

となり, $f(\overline{xy})$ は $(K^2, K^2\epsilon)$-擬測地線分である. ■

[定理 2.35 の証明] $f: X \to Y$ が (K, ϵ)-擬等長写像で, Y が δ-双曲的であるとする. X の任意の測地三角形 $\Delta = s_1 \cup s_2 \cup s_3$ を考える. 補題 2.36 より $f(s_1), f(s_2), f(s_3)$ は $(K^2, K^2\epsilon)$-擬測地線分である. $f(s_1), f(s_2), f(s_3)$ それぞれの両端点をつないだ測地線分を $\sigma_1, \sigma_2, \sigma_3$ としよう. 定理 2.31 より, δ, K, ϵ のみで決まる定数 L があり, $d_H(s_j, \sigma_j) \leq L$ $(j = 1, 2, 3)$ となる. いま Y は δ-双曲的なので三角形 $\Delta' = \sigma_1 \cup \sigma_2 \cup \sigma_3$ は 4δ-狭である. 従って任意の $y \in \sigma_3$ について, $d_Y(y, \sigma_1 \cup \sigma_2) \leq 4\delta$ である. そこで任意の $x \in s_3$ を考えると, ある $y \in \sigma_3$ で $d_Y(f(x), y) \leq L$ となるものがあるので, $d_Y(f(x), \sigma_1 \cup \sigma_2) \leq L + 4\delta$ となり, さらに $d_Y(f(x), f(s_1) \cup f(s_2)) \leq 2L + 4\delta$ を得る. f が (K, ϵ)-擬等長的なのでこれより $d_X(x, s_1 \cup s_2) \leq K(2L + 4\delta) + K\epsilon$ が得られる. Δ は任意

の測地三角形だったのでこれは X が $8\{K(2L+4\delta)+K\epsilon\}$-双曲的であることを意味する. ∎

(c) 擬等長写像による双曲性の保存

前項では Lipschitz 擬等長写像が存在するときに双曲性が保存されることを証明した. 本項ではこの結果を拡張して, 一般の擬等長写像でも同様の定理が成立することを示す.

定理 2.37 X, Y を測地空間として, 擬等長写像 $f: X \to Y$ が存在するとする. このとき Y が双曲的ならば X もそうである. □

この定理を証明するためには, 後の節で登場する Rips 複体の 1 骨格にあたる 1 複体を構成する必要がある.

定義 2.38 X を距離空間としたとき, 正数 d に対して, **Rips 1 複体**(Rips 1-complex) $P_d^1(X)$ とは以下のような 1 次元単体的複体である. $P_d^1(X)$ の頂点集合は X に等しい. 相異なる 2 点 $x, y \in X$ は, $d_X(x,y) \leq d$ であるとき, またそのときに限り $P_d^1(X)$ の辺で結ばれる. □

$P_d^1(X)$ には各辺の長さを d に等しいとして径距離を入れる. もちろんこの距離は $P_d^1(X)$ の単体的複体としての位相と両立する. また X が弧状連結なら, $P_d^1(X)$ はこの距離に関して測地空間である.

補題 2.39 X を測地空間とするとき, X が双曲的であることと $P_d^1(X)$ が双曲的であることは同値である.

［証明］$\iota: X \to P_d^1(X)$ を頂点への包含写像とする. $\overline{xy}$ を X の測地線分としよう. $\overline{xy}$ を長さが d 以下の測地線分に, 分点の個数が最小になるように分割し, 分点を $x = z_0, \cdots, z_n = y$ とする. $d_X(z_j, z_{j+1}) \leq d$ であるから, $\iota(z_j)$ と $\iota(z_{j+1})$ を結ぶ $P_d^1(X)$ の辺がある. このとき $\iota(x), \iota(y)$ は $P_d^1(X)$ で n 本の辺よりなる径でつながれているので, $d_{P_d^1(X)}(\iota(x), \iota(y)) \leq nd$ となる. 一方分割が最小であることより, $(n-1)d \leq d_X(x,y)$ なので,

(2.10) $\qquad d_{P_d^1(X)}(\iota(x), \iota(y)) \leq d_X(x,y) + d$

となる.

一般に $x, y \in X$ について, $\iota(x), \iota(y)$ の距離を考えると, すべての辺の

§2.4 擬等長写像と双曲性──39

長さが d であることより, 0以上の整数 m について md と表せる. すると, $\iota(x)$ と $\iota(y)$ は m 本の辺よりなる径で結ばれる. その径の端点を $\iota(z_0) = \iota(x), \iota(z_1), \cdots, \iota(z_m) = \iota(y)$ とすると, $d_X(z_i, z_{i+1}) \leqq d$ であるから, $d_X(x,y) \leqq md$ である. よって

(2.11) $$d_X(x,y) \leqq d_{P_d^1(X)}(\iota(x), \iota(y))$$

となる.

従って, $|d_X(x,y) - d_{P_d^1(X)}(\iota(x), \iota(y))| \leqq d$ であるから, 任意の基点 $x_0 \in X$ について, $|(x|y)_{x_0} - (\iota(x)|\iota(y))_{\iota(x_0)}| \leqq 3d/2$ となる. これより $P_d^1(X)$ が δ-双曲的であれば, X は $(3d+\delta)$-双曲的であることになる.

逆に X が δ-双曲的であると仮定しよう. $P_d^1(X)$ の各点は頂点から $d/2$ 以下の距離にあるから, $x \in P_d^1(X)$ に対してもっとも近い頂点(2つあるときはどちらか)を対応させる写像を $\pi: P_d^1(X) \to \iota(X)$ とすると, $x, y \in P_d^1(X)$ について $|d_{P_d^1(X)}(x,y) - d_{P_d^1(X)}(\pi(x), \pi(y))| \leqq d$ である. これと前段の結果より, $|d_X(\iota^{-1} \circ \pi(x), \iota^{-1} \circ \pi(y)) - d_{P_d^1(X)}(x,y)| \leqq 2d$ となり, 任意の基点 $x_0 \in P_d^1(X)$ について, $|(x|y)_{x_0} - (\iota^{-1} \circ \pi(x)|\iota^{-1} \circ \pi(y))_{\iota^{-1} \circ \pi(x_0)}| \leqq 3d$ となる. よって $P_d^1(X)$ は $(6d+\delta)$-双曲的である. ∎

補題 2.40 X, Y を測地空間として, $f: X \to Y$ が (c,k)-擬等長写像であるとする. すると, c, k, d で決まる定数 C, D があり, X, Y をそれぞれ $P_d^1(X), P_d^1(Y)$ の頂点集合と同一視したとき, f は $P_d^1(X)$ から $P_d^1(Y)$ への (C, D)-Lipschitz 擬等長写像に拡張できる.

[証明] 以下のように $F: P_d^1(X) \to P_d^1(Y)$ を作る. $x \in P_d^1(X)$ が頂点のときは $F(x) = f(x)$ と定める. $P_d^1(X)$ の辺 e が端点 $x, y \in X$ を持っているときは, $f(x), f(y) \in Y$ を結ぶ $P_d^1(Y)$ の測地線分を1つとり, $F|e$ は e からその測地線分への, 互いのパラメーターに関して線型な写像とする.

この状況で辺 e の長さは d であり, $f(x), f(y)$ を結ぶ測地線分の長さはある0以上の整数 m で md と表せるのであった. すると, $d_Y(f(x), f(y)) > (m-1)d$ なので, $md < d_Y(f(x), f(y)) + d \leqq cd_X(x,y) + k + d \leqq (c+1)d + k$ となる. よって, $m \leqq (c+1) + k/d$ であり, $F|e$ は線型でその拡大率が m であるから, 辺 e 上の2点 x_1, x_2 については, $d_{P_d^1(Y)}(F(x_1), F(x_2)) \leqq (c+1+$

$k/d) d_{P_d^1(X)}(x_1, x_2)$ となる．$P_d^1(X), P_d^1(Y)$ 上の距離は辺の径の長さの最小値で定めたので，一般の点 $x_1, x_2 \in P_d^1(X)$ についても上の式が成り立つ．

一方 $y_1, y_2 \in P_d^1(Y)$ について，$z_1, z_2 \in P_d^1(X)$ があり，$y_1 = F(z_1)$, $y_2 = F(z_2)$ であったとしよう．$P_d^1(X)$ の各辺の長さは d だったので，$x_1, x_2 \in X$ で $d_{P_d^1(X)}(z_j, x_j) \leqq d/2$ $(j=1,2)$ となるものがとれる．すると式 (2.11), (2.10) より，

$$d_{P_d^1(Y)}(F(x_1), F(x_2)) \geqq d_Y(f(x_1), f(x_2)) \geqq c^{-1} d_X(x_1, x_2) - k$$
$$\geqq c^{-1} d_{P_d^1(X)}(x_1, x_2) - c^{-1} d - k$$

を得る．一方

$$d_{P_d^1(Y)}(F(x_j), F(z_j)) \leqq (c+1+k/d) d_{P_d^1(X)}(x_j, z_j) \leqq \frac{1}{2}\{(c+1)d+k\}$$

なので，$d_{P_d^1(Y)}(y_1, y_2) \geqq c^{-1} d_{P_d^1(X)}(z_1, z_2) - (c^{-1}+c+1)d - 2k$ となる．よって，$C = (c+1) + k/d$, $D = (c^{-1}+c+1)d + 2k$ とおけば，F は (C, D)-Lipschitz 擬等長である． ∎

上の2つの補題と定理 2.35 より，定理 2.37 はただちに従う．

§2.5 双曲的群の定義と例

この節では，いままで扱った双曲性の概念を，Cayley グラフに適用することによって，双曲的群の概念を定義する．また特に，コンパクト双曲多様体の基本群は双曲的であることを示す．

(a) 双曲的群の定義

定義 2.41 群 Γ が，ある生成系 S に関する語距離について δ-双曲的であるとき，Γ は S について **δ-双曲的群**(δ-hyperbolic group) であるという．ある $\delta \geqq 0$ について双曲的であるとき，単に S について双曲的群であるという． □

実は δ を無視して双曲性のみを考えれば，生成系の選び方によらないこと

をすぐ後に見る．

補題 2.42 Γ が生成系 S について双曲的であることと，Cayley グラフ $\mathcal{C}(\Gamma, S)$ が双曲的であることは同値である．

［証明］ アイディアは補題 2.39 の証明と全く同じである．Γ は $\mathcal{C}(\Gamma, S)$ の頂点集合と同一視できた．この包含写像 $\iota: \Gamma \to \mathcal{C}(\Gamma, S)$ は Γ の S に関する語距離について，等長である．これは $\mathcal{C}(\Gamma, S)$ が δ-双曲的であれば，Γ もそうであることを示している．

一方 $x \in \mathcal{C}(\Gamma, S)$ に対して，$d_{\mathcal{C}(\Gamma, S)}(\gamma, x) \leqq 1/2$ となる $\gamma \in \Gamma$ が必ず 1 つは存在するので，これに対応させる写像を $p: \mathcal{C}(\Gamma, S) \to \Gamma$ としよう．すると，任意の $x, y \in \mathcal{C}(\Gamma, S)$ について，$|d_{\mathcal{C}(\Gamma, S)}(x, y) - d_\Gamma(p(x), p(y))| \leqq 1$ となり，$|(x|y)_{x_0} - (p(x)|p(y))_{p(x_0)}| \leqq 3/2$ であるから，Γ が δ-双曲的なら，$\mathcal{C}(\Gamma, S)$ は $(3+\delta)$-双曲的である． ∎

これより次の系を得る．

系 2.43 Γ の 2 つの生成系 S_1, S_2 について，Γ が S_1 について双曲的であることと S_2 について双曲的であることは同値である．

［証明］ 前補題より，Γ が S_j ($j=1,2$) について双曲的であることは，$\mathcal{C}(\Gamma, S_j)$ が双曲的であることと同値である．一方補題 1.10 より，$\mathcal{C}(\Gamma, S_1)$ と $\mathcal{C}(\Gamma, S_2)$ の間には，それぞれからもう片方への擬等長写像がある．Cayley グラフは測地空間なので，定理 2.37 より片方が双曲的ならもう片方もそうである．これより系が従う． ∎

(b) 離散群の作用

定義 2.44 距離空間 X が**固有**(proper)であるとは，すべての閉 r-球 ($r \geqq 0$) がコンパクトであることである． □

定理 2.45 X を固有な測地空間とする．群 G が X に等長的に，真性不連続(properly discontinuous)に作用していて，X/G はコンパクトであるとする．このとき G が双曲的群であることと X が双曲的であることは同値である． □

この定理と定理 2.27 よりただちに次の系が従う．

系2.46 M を負曲率閉多様体とするとき，$\pi_1(M)$ は双曲的群である．より一般に M が凸境界を持つコンパクト負曲率多様体でも同様である． □

X が固有であることと，G が等長的で真性不連続であることにより，X/G には，$[x], [y] \in X/G$ に対して，$d_{X/G}([x],[y]) = \min_{x' \in [x], y' \in [y]} d(x',y')$ により，商位相を導く距離が入る．定理 2.45 を証明するために次の構成をする．まず X の基点 x_0 を固定する．$f: G \to X$ を $f(g) = gx_0$ で定義する（ここで G の X への作用は左からの積で表すことにする）．$\mathcal{C}$ を G のある Cayley グラフとするとき，$F: \mathcal{C} \to X$ を頂点では f に一致して，各辺は測地線分に，長さがパラメーターの線型関数になるように写す写像とする．B を x_0 を中心として，半径が $2\operatorname{diam}(X/G)$ であるような閉球とする．$H = \{g \in G \mid gB \cap B \neq \emptyset\}$ とおく．

補題2.47 上の状況で以下が成立する．

(i) $H^{-1} = H$．

(ii) X の任意の点 x に対して，$y \in B$ と $g \in G$ が存在して，$x = gy$ となる．

(iii) H は有限集合である．

(iv) H は G を生成する．

[証明] (i) $gB \cap B \neq \emptyset$ であることと，$B \cap g^{-1}B \neq \emptyset$ は同値であるから，$H = H^{-1}$ となる．

(ii) X から X/G への射影を p としよう．X/G の距離の定義より，任意の $x \in X$ に対して，$p(x) = p(x')$ でかつ $d_X(x_0, x') \leq \operatorname{diam}(X/G)$ である点 x' が存在する．このとき特に $x' \in B$ であり，$g \in G$ で $x = gx'$ となるものが存在することより主張が従う．

(iii) G は X に真性不連続に作用していることよりただちに従う．

(iv) $g \in G$ が与えられたとする．x_0 と gx_0 を結ぶ測地線分 $\overline{x_0 gx_0}$ を考え，半径が $\operatorname{diam}(X/G)$ で，中心が $\overline{x_0 gx_0}$ 上にある閉球 $D_0, D_1, \cdots, D_k$ を，中心がこの順番で並んでおり，$k \leq [d(x_0, gx_0)/2\operatorname{diam}(X/G)] + 1$ となり，$\overline{x_0 gx_0}$ を覆うようにとる．各 D_j は半径が $\operatorname{diam}(X/G)$ に等しく，X/G に射影すると X/G 全体が像になるので，D_j はある $g_j \in G$ について $g_j x_0$ を含む．特に

§2.5 双曲的群の定義と例 —— 43

$g_0 = e$, $g_k = g$ としてよい.

さて $g_j B$ は $g_j(x_0)$ を中心とする半径 $2\operatorname{diam}(X/G)$ の閉球である. $g_j(x_0) \in D_j$, $g_{j+1}(x_0) \in D_{j+1}$ で, $D_j \cap D_{j+1} \neq \emptyset$ であるから, $d(g_j(x_0), g_{j+1}(x_0)) \leq 4\operatorname{diam}(X/G)$ である. よって $g_j B \cap g_{j+1} B \neq \emptyset$ を得る. これは $B \cap g_j^{-1} g_{j+1} B \neq \emptyset$ を意味するので, $g_j^{-1} g_{j+1} \in H$ となる. よって,
$$g = g_k = g_0(g_0^{-1} g_1)(g_1^{-1} g_2)\cdots(g_{k-1}^{-1} g_k)$$
となり, 各因子は H の元であるから, G は H により生成されることが示された. ∎

補題 2.48 $f(G)$ の任意の 2 点 $x = f(g)$, $y = f(h)$ について $d_X(x, y) \leq 4\operatorname{diam}(X/G)\ell_H(g^{-1}h)$ である. また x, y を結ぶ X の測地線分 $\overline{xy}$ に対して, $g^{-1}h = \gamma_1 \cdots \gamma_l$ となる $\gamma_1, \cdots, \gamma_l \in H$ で, $l \leq [d_X(x,y)/2\operatorname{diam}(X/G)] + 1$ となるものがある.

[証明] $k = \ell_H(g^{-1}h)$ とすると, $g^{-1}h = \zeta_1 \cdots \zeta_k$ となる $\zeta_1, \cdots, \zeta_k \in H$ がある. $\zeta_j \in H$ より $B \cap \zeta_j B \neq \emptyset$ であるから, $d_X(x_0, \zeta_j x_0) \leq 4\operatorname{diam}(X/G)$ である. 従って, $d_X(\zeta_1 \cdots \zeta_{j-1} x_0, \zeta_1 \cdots \zeta_{j-1} \zeta_j x_0) \leq 4\operatorname{diam}(X/G)$ となり, 三角不等式により, $d_X(x_0, g^{-1}h x_0) \leq 4k\operatorname{diam}(X/G)$ を得る.

一方, 前補題の証明で構成された方法による, H の積での表示を $g^{-1}h = \gamma_1 \cdots \gamma_l$ とする. するとその語長は $[d_X(x_0, g^{-1}h x_0)/2\operatorname{diam}(X/G)] + 1$ で上から抑えられていた. よって後半の主張を得る. ∎

命題 2.49 X, G, H のみによる定数 $C > 0$ で, 任意の $g, h \in G$ に対して
$$C^{-1}\ell_H(g^{-1}h) - 1 \leq d_X(f(g), f(h)) \leq C\ell_H(g^{-1}h)$$
となるものが存在する.

[証明] 群 G は X と G に左から等長変換としてはたらくので, $g = e$ として証明すればよい. 前補題の証明で示されたように, $d_X(x_0, hx_0) \leq 4\operatorname{diam}(X/G)\ell_H(h)$ なので後半の不等式が成立する.

前半の不等式を考えよう. まず $\inf\{d(B, gB) \mid g \in G, gB \cap B = \emptyset\}$ を考えると, G の作用が真性不連続であることより, gB が B のある近傍と交わるような $g \in G$ は有限個しか存在しないので, この下限は有限個の正の数の最小値をとっていることになり, 正の値をとる. そこで $0 < \epsilon < \inf\{d(B, gB) \mid$

$g \in G$, $gB \cap B = \emptyset$} となる $\epsilon \leq 1$ を1つ固定する.

いま $h \in G$ に対して,x_0 と $f(h) = hx_0$ を結ぶ測地線分 $\alpha = \overline{x_0 f(h)}$ をとる. k を $d_X(x_0, f(h)) \leq k\epsilon$ となる最小の整数とする.α 上に $k-1$ 個の分点 $x_1, \cdots, x_{k-1}$ を $d_X(x_{j-1}, x_j) = \epsilon$ となるようにとり,$x_k = f(x_0)$ とする.(すると $d_X(x_{k-1}, x_k) \leq \epsilon$ である.)補題 2.47(ii) より $x_j' \in B$ と $g_j \in G$ があり,$x_j = g_j x_j'$ となっている.ただし $x_0' = x_k' = x_0$,$g_0 = e$,$g_k = h$ としておく.$d_X(x_{j-1}, x_j) \leq \epsilon$ より $d_X(g_{j-1}x_{j-1}', g_j x_j') \leq \epsilon$ すなわち $d_X(x_{j-1}', g_{j-1}^{-1}g_j x_j') \leq \epsilon$ なので,$d_X(B, g_{j-1}^{-1}g_j B) \leq \epsilon$ である.ϵ のとり方より,これは $B \cap g_{j-1}^{-1}g_j B \neq \emptyset$,すなわち $g_{j-1}^{-1}g_j \in H$ を意味する.すると $g = (g_0^{-1}g_1)(g_1^{-1}g_2)\cdots(g_{k-1}^{-1}g_k)$ という具合に g は k 個の H の元の積で表せるので,$\ell_H(g) \leq k$.一方 k の最小性より,$d_X(x_0, f(x_0)) \geq (k-1)\epsilon$ なので,$\epsilon \ell_H(h) - 1 \leq \epsilon(\ell_H(h) - 1) \leq d_X(x_0, f(x_0))$ が得られた.

$C = \max\{4\operatorname{diam}(X/G), \epsilon^{-1}\}$ とすることにより,命題が証明された. ∎

この命題により定理 2.45 は次のように証明できる.

[定理 2.45 の証明] $F: \Gamma(G, H) \to X$ は,f を各辺での写像が長さがパラメーターについて線型になるように拡張したものであった.命題 2.49 より,$\Gamma(G, H)$ の各辺は長さ C 以下の測地線分に写っている.よって任意の $p, q \in \Gamma(G, H)$ に対して,$d_X(F(p), F(q)) \leq C d_{\Gamma(G,H)}(p, q) + C$ が成立する.

次に逆向きの不等式を考える.補題 1.10 で与えられたような最も近い頂点を対応させる写像 $\rho: \Gamma(G, H) \to G$ を考えれば,$p, q \in \Gamma(G, H)$ に対して,

$$d_{\Gamma(G,H)}(p, q) \leq \ell_H(\rho(p)^{-1}\rho(q)) + 1 \leq C d_X(f(\rho(p)), f(\rho(q))) + C + 1$$
$$\leq C d_X(F(p), F(q)) + C^2 + C + 1$$

となり,逆向きの不等式が得られた.よって F は擬等長写像である.従って定理 2.37 と補題 2.42 より X が双曲的なら,G も双曲的である.

次に $x \in X$ に対して最も近い $\operatorname{Im} F$ の点を対応させる写像を $r: X \to \operatorname{Im} F$ とすると,$d_X(x, r(x)) \leq \operatorname{diam}(X/G)$ である.よって三角不等式より,任意の $x, y \in X$ に対して,$|d_X(r(x), r(y)) - d_X(x, y)| \leq 2\operatorname{diam}(X/G)$ となる.いま F^{-1} を $\operatorname{Im} F$ から $\Gamma(G, H)$ への F の右逆写像とすると,上に示したこと

より $F^{-1}: \mathrm{Im}\, F \to \Gamma(G, H)$ は擬等長である．よって $F^{-1} \circ r: X \to \Gamma(G, H)$ も擬等長である．従って定理 2.37 より G が双曲的，すなわち $\Gamma(G, H)$ が双曲的なら X も双曲的である． ∎

§2.6 無限遠境界

(a) 無限遠境界の構成

n 次元双曲空間は Poincaré モデルを考えれば自然に $n-1$ 次元球面が無限遠境界として考えられる．この節では双曲的空間に対しても，自然な無限遠境界が，位相を込めて定義できることを示す．

定義 2.50 X を基点 x_0 を持つ距離空間とするとき，点列 $\{x_i \in X\}$ が無限遠に収束するとは，$\lim_{i,j \to \infty} (x_i | x_j)_{x_0} = \infty$ であることである． □

上の定義は基点 x_0 のとり方によらない．なぜなら別の基点 x_0' を考えれば，$|(x_i|x_j)_{x_0} - (x_i|x_j)_{x_0'}| \leq d_X(x_0, x_0')$ であるからである．そこで以降基点 x_0 を明示しないことにする．また $\{x_i\}$ が無限遠に収束するなら，特に $d_X(x_i, x_0) = (x_i|x_i)_{x_0}$ も ∞ にいくことに注意しよう．

$S_\infty(X)$ で無限遠に収束する X の点列全体の集合を表すことにしよう．$S_\infty(X)$ に関係 R を，$\{x_i\} R \{y_i\} \Leftrightarrow \lim_{i \to \infty} (x_i|y_i) = \infty$ によって定める．R は明らかに反射的で対称的である．また $\{x_i\} \in S_\infty(X)$ なら $\{x_i\}$ とその任意の部分列は R-同値である．

補題 2.51 上の関係 R は X が双曲的なら推移的である．

[証明] $\{x_i\} R \{y_i\}$ かつ $\{y_i\} R \{z_i\}$ であるとしよう．すると $\lim_{i \to \infty}(x_i|y_i) = \lim_{i \to \infty}(y_i|z_i) = \infty$ である．X を δ-双曲的とすると，$(x_i|z_i) \geq \min\{(x_i|y_i), (y_i|z_i)\} - \delta$ なので，$\lim_{i \to \infty}(x_i|z_i) = \infty$ を得る． ∎

また X が双曲的なら同様の議論で，$\{x_i\}, \{y_i\} \in S_\infty(X)$ について $\lim_{i \to \infty}(x_i|y_i) = \infty$ は $\lim_{i,j \to \infty}(x_i|y_j) = \infty$ を導く．

定義 2.52 双曲的空間 X に対して，商集合 $S_\infty(X)/R$ を X の**無限遠境界**(boundary at infinity)といい，∂X で表す．$\{x_i\}$ が $\partial X = S_\infty(X)/R$ の類 x を表すとき，$\{x_i\}$ は x に収束するという． □

例 2.53 $\mathbb{R}$-樹の無限遠境界は ends の集合に等しい.

[証明] X を $\mathbb{R}$-樹として,基点 $x_0 \in X$ をとる.いま点列 $\{x_i\}$ に対して,$\overline{x_0 x_i}$ と $\overline{x_0 x_j}$ を考え,それらが分岐する点を $b_{i,j}$ とすると,$\{x_i\}$ が無限遠に収束することと $\lim_{i,j \to \infty} d(x_0, b_{i,j}) = \infty$ であることは同値である.従って,点列が $S_\infty(X)$ に入っていることと,X のある end に収束することは同値である.次に無限遠に収束する点列 $\{x_i\}, \{y_i\}$ について,$\lim_{i \to \infty} (x_i | y_i) = \infty$ であることは,$\overline{x_0 x_i}$ と $\overline{x_0 y_i}$ が分岐する点を b_i としたとき,$\lim_{i \to \infty} d_X(x_0, b_i) = \infty$ と同値である.よって,$\{x_i\} R \{y_i\}$ であることと,$\{x_i\}, \{y_i\}$ が同じ end に収束することは同値である. ∎

補題 2.54 X を双曲的空間として,$\{x_i\} \in S_\infty(X)$ とする.このとき X の点列 $\{y_i\}$ で $\lim_{i \to \infty}(x_i | y_i) = \infty$ となるものは,$S_\infty(X)$ に入っている.

[証明] X が δ-双曲的であれば,$(x_i | y_j) \geq \min\{(x_i | x_j), (x_j | y_j)\} - \delta$ である.いま $\lim_{i,j \to \infty}(x_i | x_j) = \lim_{j \to \infty}(x_j | y_j) = \infty$ なので,$\lim_{i,j \to \infty}(x_i | y_j) = \infty$ である.再び δ-双曲性より,$(y_i | y_j) \geq \min\{(x_i | y_i), (x_i | y_j)\} - \delta$ なので,同じ議論で,$\lim_{i,j \to \infty}(y_i | y_j) = \infty$ を得る. ∎

系 2.55 X を双曲的空間とし,$\{x_i\}, \{y_i\}$ を X の点列で,$d_X(x_i, y_i)$ が一様に上から抑えられているとする.このとき,$\{x_i\} \in S_\infty(X)$ なら,$\{y_i\} \in S_\infty(X)$ かつ $\{x_i\} R \{y_i\}$ である.

[証明] $d_X(x_i, y_i) \leq C$ となる定数 C がとれる.$(x_i | y_i)_{x_0} \geq \frac{1}{2} \{d_X(x_i, x_0) + d_X(y_i, x_0) - C\}$ であるが,$\{x_i\} \in S_\infty(X)$ より,$d_X(x_i, x_0) \to \infty$ であるから,$(x_i | y_i) \to \infty$ となり,前補題よりこの系が従う. ∎

定義 2.56(無限遠境界での Gromov 積) X を双曲的空間とし,$x, y \in X \cup \partial X$ であるとき,x に収束する点列 $\{x_i\}$ と y に収束する点列 $\{y_i\}$ について $\liminf_{i \to \infty}(x_i | y_i)$ を考え,x, y に収束する点列全体で inf をとったものを $(x | y)$ と定義する.$(x_i | y_i)_{x_0}$ の基点 x_0 を問題にするときは,$(x | y)_{x_0}$ と表す. □

いま $x \in X$ であるとすると,上の定義の $(x | y)$ は $\liminf_{i \to \infty}(x | y_i)$ を y に収束する $\{y_i\}$ で inf をとったものに一致する.それは,$x_i \to x$ なら,$|(x_i | y_i) - (x | y_i)| \leq d_X(x, x_i) \to 0$ であるからである.同様にして,$x, y \in X$ なら,上の定義での $(x | y)$ は元来の Gromov 積に一致する.また $\{x_i\}$ が $x \in \partial X$ に収束

§2.6 無限遠境界 —— 47

するなら，定義より $\lim_{i\to\infty}(x_i|x)=\infty$ である．

補題 2.57 X を δ-双曲的空間とするとき以下が成立する．

（i）$x,y\in X\cup\partial X$ について，$(x|y)=\infty$ であることと，$x=y\in\partial X$ であることは同値である．

（ii）$y\in\partial X$ とするとき，$\{x_i\in X\}$ について，$(x_i|y)\to\infty$ であることと，$\{x_i\}$ が y に収束することは同値である．

（iii）$x,y\in X\cup\partial X$ について，x に収束する点列 $\{x_i\}$ と y に収束する点列 $\{y_i\}$ で $(x|y)=\lim_{i\to\infty}(x_i|y_i)$ であるようなものが存在する．とくに x または y（あるいは両方とも）が X の点であるときは，$\{x_i\}$ あるいは $\{y_i\}$ は定点 x,y にとる．

（iv）$x,y,z\in X\cup\partial X$ について，$(x|z)\geqq\min\{(x|y),(y|z)\}-\delta$ となる．

（v）$x,y\in X\cup\partial X$ で $\{y_i\}$ が y に収束するなら，$\liminf_{i\to\infty}(x|y_i)\geqq(x|y)$ となる．

［証明］（i）$x,y\in\partial X$ で $x=y$ なら，x を表す列 $\{x_i\}$ と y を表す列 $\{y_i\}$ について，$\{x_i\}R\{y_i\}$ であるから，$\lim_{i\to\infty}(x_i|y_i)=\infty$ が常に成立するので，その下限も ∞ である．

逆に $(x|y)=\infty$ と仮定しよう．もし $x\in X$ であるとすると，$(x|y)$ は $\liminf_{i\to\infty}(x|y_i)$ を y に収束する $\{y_i\}$ について inf をとったものであるが，

$$(x|y_i)=\frac{1}{2}\{d_X(x,x_0)+d_X(y_i,x_0)-d_X(x,y_i)\}\leqq d_X(x,x_0)<\infty$$

より，これは ∞ になり得ない．よって，$x\in\partial X$ であり，同様にして，$y\in\partial X$ である．また，$\{x_i\}$ が x を表す列で，$\{y_i\}$ を y に収束する列とすると，$\liminf_{i\to\infty}(x_i|y_i)\geqq(x|y)=\infty$ より，$\lim_{i\to\infty}(x_i|y_i)=\infty$ となり，$\{x_i\}R\{y_i\}$ で，$x=y$ となる．

（ii）$\lim_{i\to\infty}(x_i|y)=\infty$ としよう．するとある ∞ に行く数列 $\{k_i\}$ で，$(x_i|y)>k_i$ であるものが存在する．$\{y_j\}$ を y に収束する点列とするとき，$(x_i|y)$ の定義より，$\liminf_{j\to\infty}(x_i|y_j)\geqq(x_i|y)>k_i$ となる．従って各 x_i に対して十分大きい j_i をとれば，$(x_i|y_{j_i})>k_i$ となる．すると $(x_i|x_l)\geqq\min\{(x_i|y_{j_i}),(y_{j_i}|y_{j_l}),(y_{j_l}|x_l)\}-2\delta$ で，$i,l\to\infty$ で，3項とも ∞ に行く．よって，$\{x_i\}\in S_\infty(X)$ である．ま

た $\lim_{i\to\infty}(x_i|y_{j_i})=\infty$ で，$\{y_{j_i}\}$ は $\{y_j\}$ の部分列だから y に収束するので，$\{x_i\}$ も y を表す．

逆を背理法で証明しよう．$\{x_i\}$ が $y\in\partial X$ に収束するのに，$\lim_{i\to\infty}(x_i|y)\ne\infty$ だとしよう．すると必要なら $\{x_i\}$ は部分列をとり，それを再び $\{x_i\}$ と表せば，$\{(x_i|y)\}$ が有界なようにできる（$\{x_i\}$ の部分列も y に収束するのであった）．そこで，$\forall i, (x_i|y)<C$ となる実数 C をとると，各 i に対して，ある y に収束する点列 $\{y_j^i\in X\}_{j\in\mathbb{N}}$ で，$\liminf_{j\to\infty}(x_i|y_j^i)<C$ となるものが存在する．従って $\{y_j^i\}$ の j に関する部分列をとれば，任意の i,j について，$(x_i|y_j^i)<C$ となるようにできる．X の δ-双曲性より，$(x_i|y_j^i)\geq\min\{(x_i|x_k),(x_k|y_j^i)\}-\delta$ であるが，$\{x_i\}\in S_\infty(X)$ より，$\lim_{i,k\to\infty}(x_i|x_k)=\infty$ であり，また i を固定して $j,k\to\infty$ で，$y_j^i\to y$, $x_k\to y$ より，$(x_k|y_j^i)\to\infty$ となるので，これは矛盾である．

(iii) $(x|y)=\infty$ のときは主張は自明であるから，$(x|y)<\infty$ と仮定する．すると $(x|y)$ の定義より，任意の自然数 n について，x に収束する $\{x_i^n\in X\}$ と y に収束する $\{y_i^n\in X\}$ で，$(x|y)\leq\liminf_{i\to\infty}(x_i^n|y_i^n)<(x|y)+1/n$ となるものがとれる．一方 $x_i^n\to x$, $y_i^n\to y$ なので(ii)より，$\lim_{i\to\infty}(x_i^n|x)=\infty$, $\lim_{i\to\infty}(y_i^n|y)=\infty$ であるから，十分大きな i_n, j_n で，$(x_{i_n}^n|x)>n$, $(y_{i_n}^n|y)>n$, $(x|y)\leq(x_{i_n}^n|y_{j_n}^n)<(x|y)+1/n$ となるものがとれる．いま $x_n=x_{i_n}^n$, $y_n=y_{i_n}^n$ とおこう．すると，(ii)より $x_n\to x$, $y_n\to y$ であり，かつ $\lim_{n\to\infty}(x_n|y_n)=(x|y)$ であるからこれが欲しかった点列である．

$x\in X$ であるときは，$(x|y)$ は inf を x に収束する点列でとる代わりに，定点 x にしてよかったので，上の議論を x は定点として行えばよい．

(iv) x,y に収束する $\{x_i\in X\}, \{y_i\in X\}$ を(iii)で示したように，$\lim_{i\to\infty}(x_i|y_i)=(x|y)$ となるようにとる．すると z に収束する $\{z_i\in X\}$ について，X が δ-双曲的であることより，$(x_i|y_i)\geq\min\{(x_i|z_i),(y_i|z_i)\}-\delta$ である．両辺の liminf を考えると，$(x|y)\geq\min\{\liminf_{i\to\infty}(x_i|z_i),\liminf_{i\to\infty}(y_i|z_i)\}-\delta\geq\min\{(x|z),(y|z)\}-\delta$ となる．

(v) 背理法で示す．$\liminf_{i\to\infty}(x|y_i)<(x|y)$ であったとしよう．すると正数 ϵ

で，$\liminf_{i\to\infty}(x|y_i) < (x|y) - \epsilon$ となるものがある．そこで $\{y_i\}$ の部分列 $\{y_{i_j}\}$ で任意の j について $(x|y_{i_j}) < (x|y) - \epsilon$ となるものがとれる．これは，各 j に対して，x に収束するある点列 $\{x_k^j\}_{k\in\mathbb{N}}$ で $\liminf_{k\to\infty}(x_k^j|y_{i_j}) < (x|y) - \epsilon$ となるものがとれることを意味する．上と同様に，$\{x_k^j\}$ の部分列 $\{x_{k_l}^j\}$ で，任意の l について，$(x_{k_l}^j|y_{i_j}) < (x|y) - \epsilon$ となるものがとれる．$l\to\infty$ で，$\{x_{k_l}^j\}$ は x に収束するので，各 j に対して十分大きい l をとれば，$(x_{k_l}^j|x) > j$ とできる．この $x_{k_l}^j$ を x_j と書くことにしよう．すると，((ii) より) $\{x_j\}$ は x，$\{y_{i_j}\}$ は y に収束するのに，$\liminf_{j\to\infty}(x_j|y_{i_j}) \leqq (x|y) - \epsilon$ であり，$(x|y)$ の定義に矛盾する． ∎

以上の準備の下に $X \cup \partial X$ の位相を定義しよう．

定義 2.58（無限遠境界の位相） 次の 2 種類の部分集合を基とする位相を $X \cup \partial X$ に入れる．

(i) $x \in X$ を中心とする半径 $r > 0$ の開近傍 $\mathring{B}_x(r) = \{y \in X \mid d_X(x,y) < r\}$．

(ii) $x \in \partial X$ と $r > 0$ について，$B_{x,r} = \{y \in X \cup \partial X \mid (y|x) > r\}$ という形の $X \cup \partial X$ の部分集合．（このときは r が大きくなると小さい集合になっていくことに注意．）

この 2 種類の部分集合全体の作る集合族を $\mathcal{B}$ と表そう． □

$\mathcal{B}$ がある位相の基となっていることを見よう．そのためには B_1, B_2 が $\mathcal{B}$ に属する部分集合で，$z \in B_1 \cap B_2$ であるとき，$B' \in \mathcal{B}$ で，$y \in B' \subset B_1 \cap B_2$ となるものが存在することを示せばよい．

B_1, B_2 の両方が X の開球のときはこれは自明である．その他の場合を示すために，$y \in B_{x,r} \cap X$ について，十分小さい ϵ をとれば，$\mathring{B}_y(\epsilon) \subset B_{x,r}$ となることをまず証明する．$B_{x,r}$ の定義より $(y|x) > r$ である．$\epsilon > 0$ を $(y|x) > r + \epsilon$ となるようにとる．任意の $z \in \mathring{B}_y(\epsilon)$ をとろう．補題 2.57(iii) より，x に収束する X の点列 $\{x_i\}$ で，$(z|x) = \lim_{i\to\infty}(z|x_i)$ となるものがとれる．$z \in \mathring{B}_y(\epsilon)$ より，$|(y|x_i) - (z|x_i)| \leqq d_X(y,z) < \epsilon$ なので $(z|x_i) \geqq (y|x_i) - \epsilon$ となる．両辺の $\liminf$ をとれば，$(z|x) \geqq \liminf_{i\to\infty}(y|x) - \epsilon \geqq (y|x) - \epsilon > r$ となり，$z \in B_{x,r}$ を

得る.すなわち $\mathring{B}_y(\epsilon) \subset B_{x,r}$ となる.

従って B_1 が $\mathring{B}_{x_1}(r_1)$ の形で,B_2 が B_{x_2,r_2} $(x_2 \in \partial X)$ で,$y \in B_1 \cap B_2$ ならば,($y \in X$ なので,)十分小さい ϵ をとれば,$\mathring{B}_y(\epsilon) \subset B_1 \cap B_2$ とできる.$B_1 = B_{x_1,r_1}$, $B_2 = B_{x_2,r_2}$ $(x_1, x_2 \in \partial X)$ で,$y \in B_1 \cap B_2 \cap X$ のときも同様である.あとは上のような B_1, B_2 について,$y \in B_1 \cap B_2 \cap \partial X$ のときのみを考えればよい.

そのためには,$y \in B_{x,r} \cap \partial X$ であるとき,十分大きな r' をとれば $B_{y,r'} \subset B_{x,r}$ であることを証明すればよい.そのような r' がとれないと仮定しよう.すると各 i について,$y_i \in B_{y,i} \setminus B_{x,r}$ となる点がとれる.必要なら部分列をとって,$\{y_i\} \subset X$ か $\{y_i\} \subset \partial X$ と仮定してよい.

まず $\{y_i\} \subset X$ のときを考える.定義より $(x|y_i) \leqq r$, $(y|y_i) > i$ である.補題 2.57(ii) より,$\{y_i\}$ は y に収束することがわかる.一方,$\liminf_{i \to \infty}(x|y_i) \leqq r$ を得るが,補題 2.57(v) より,$\liminf_{i \to \infty}(x|y_i) \geqq (x|y) > r$ であるから,これは矛盾である.

次に $\{y_i\} \subset \partial X$ としよう.$(x|y) > r$ であったから,$(x|y) > r' > r$ となる r' がとれる.$(x|y_i) \leqq r$ であったから,補題 2.57(iii) より,x に収束する X の点列 $\{x_j(i)\}$ と y_i に収束する X の点列 $\{y_j(i)\}$ で,$\lim_{j \to \infty}(x_j(i)|y_j(i)) = (x|y_i) \leqq r < r'$ となるものがとれる.必要なら部分列をとり,任意の j について,$(x_j(i)|y_j(i)) < r'$ としておくことができる.また $\lim_{j \to \infty} x_j(i) = x$ より,部分列をとって,$\forall j, (x|x_j(i)) > i$ と仮定できる.一方 $(y|y_i) > i$ であるから,補題 2.57(v) より,$\liminf_{j \to \infty}(y|y_j(i)) \geqq (y|y_i) > i$ なので,部分列をとり,$\forall j, (y|y_j(i)) > i$ と仮定できる.そこで,$z_i = x_i(i)$, $w_i = y_i(i)$ とおけば,$z_i \to x$, $w_i \to y$ で,$\liminf_{i \to \infty}(z_i|w_i) \leqq r'$ なので,$(x|y) \leqq r'$ となるが,仮定より $(x|y) > r'$ であったから矛盾である.

かくて $\mathcal{B}$ は位相の基となることが証明された.

さらにこの位相は距離化可能であることに注意しておこう.可算個の近傍系が一様構造を定め,Hausdorff 性を持つからである.従って,連続性等の証明にはネットではなく,点列を用いてよい.

(b) 測地線と無限遠境界

ここでは前項で点列を使って定義された無限遠境界を，測地線の端点として捉えることを考える．

補題 2.59 X を双曲的測地空間として，$l: \mathbb{R} \to X$ を測地直線(geodesic line)，すなわち $\mathbb{R}$ の等長的埋め込みとする．このとき，$l(\infty), l(-\infty) \in \partial X$ が自然に一意的に定まり，$l(\infty) \neq l(-\infty)$ である．同様に測地半直線(geodesic ray) $r: [0, \infty) \to X$ に対して，$r(\infty) \in \partial X$ が自然に一意的に定まる．

[証明] 基点を $l(0)$ として考えれば，$t_i, t_j \geqq 0$ なら，$(l(t_i)|l(t_j)) = \min\{t_i, t_j\}$ であるから，$t_i \to \infty$ で $\{l(t_i)\}$ は ∂X の点に収束し，またその点は $\{t_i\}$ の選び方によらない．測地半直線でもまったく同じ議論が成立する．また $t_i \to -\infty$ でも同様である．一方 $t_i \to \infty$, $t_j \to -\infty$ とすると，$t_i \geqq 0$, $t_j \leqq 0$ なら，$(l(t_i)|l(t_j)) = 0$ であるから，$\{l(t_i)\}$ と $\{l(t_j)\}$ は異なる点に収束する． ∎

上の状況で $r(\infty)$ を r の端点(endpoint)という．$l(-\infty), l(\infty)$ についても同様である．測地線分，測地半直線，測地直線を総称して，測地線と呼ぶことにする．

X が固有なら，逆に $X \cup \partial X$ の異なる 2 点を与えるとそれらを端点とする測地線が存在することを見よう．

命題 2.60 X を固有な双曲的測地空間とする．任意の $x \in X$, $y \in \partial X$ に対して，測地半直線 $r: [0, \infty) \to X$ で，$r(0) = x$, $r(\infty) = y$ となるものが存在する．また，任意の相異なる $x, y \in \partial X$ に対して，測地直線 $l: \mathbb{R} \to X$ で，$l(-\infty) = x$, $l(\infty) = y$ となるものが存在する．

[証明] まず半直線の場合を考えよう．y に収束する点列 $\{y_i \in X\}$ をとる．$c_i: [0, d_X(x, y_i)] \to X$ を x と y_i を結ぶ測地線分とする．いま X は固有と仮定したので特に完備であることに注意する．$\{c_i\}$ は同一の点 x を一方の端点に持つ測地線分であるから，任意の有界閉区間 $I \subset [0, \infty)$ について，$\{c_i|I\}$ は有界，同程度連続である．従って，Ascoli–Arzelà の定理により，$\{c_i\}$ はある連続写像 $r: [0, \infty) \to X$ に広義一様収束する．r が測地半直線であることを示すのはたやすい．

いま任意の $t \in [0, \infty)$ に対して，十分大きな整数 i_t をとれば，$d_X(r(t), c_{i_t}(t))$ $\leqq 1$ である．$(c_{i_t}(t)|y_{i_t}) = t$ であるから，$t \to \infty$ で，$(c_{i_t}(t)|y_{i_t}) \to \infty$ で，$\{y_{i_t}\}$ $\subset \{y_i\}$ は y に収束するので，補題 2.54 より，$\{c_{i_t}(t)\}$ も y に収束する．従って，系 2.55 より $r(t)$ も y に収束する．

次に $x, y \in \partial X$ $(x \neq y)$ のときを考えよう．基点 $x_0 \in X$ を1つ固定する．r_x, r_y を x_0 から発し，それぞれ x, y を端点とする測地半直線とする．$\{t_i\} \subset [0, \infty)$ を ∞ に発散する数列として，$x_i = r_x(t_i)$, $y_i = r_y(t_i)$ とおこう．このとき $x_i \to x$, $y_i \to y$ で，$x \neq y$ であるから，$\{(x_i|y_i)\}$ は有界である．$l_i = \frac{1}{2} d_X(x_i, y_i)$ として，$s_i : [-l_i, l_i] \to X$ を x_i, y_i を結ぶ測地線分とする．二等辺三角形 $r_x[0, t_i] \cup s_i[-l_i, l_i] \cup r_y[0, t_i]$ を考えると，その insize が 4δ で抑えられることより (X は δ-双曲的とした)，内接点同士の距離はそれぞれ 4δ 以下である．$r_x[0, t_i], r_y[0, t_i]$ 上の内接点は x_0 から $(x_i|y_i)$ の距離にあり，$s_i[-l_i, l_i]$ 上の内接点は $s_i(0)$ であることより，$d_X(s_i(0), x_0) \leqq (x_i|y_i) + 4\delta$ である．この右辺は有界だったので，$\{d_X(s_i(0), x_0)\}$ も有界である．従って前同様 Ascoli-Arzelà の定理より，$\{s_i\}$ はある測地直線 $l : \mathbb{R} \to X$ に広義一様収束することがわかる．$l(-\infty) = x$, $l(\infty) = y$ であることは，半直線の場合とまったく同じ議論である． ∎

$x, y \in X \cup \partial X$ について，x と y を結ぶ測地半直線や，測地直線も，$\overline{xy}$ で表すことにしよう．上の命題では端点を指定して測地線の存在を示したが，このような測地線は一般には一意的ではない．しかし次のことはいえる．

命題 2.61 X を固有な双曲的測地空間とする．$x, y, z \in X \cup \partial X$ として，α, β, γ をそれぞれ y, z, z, x, x, y を端点とする測地線とする．このとき任意の $w \in \gamma$ に対して $d_X(w, \alpha \cup \beta) \leqq 24\delta$ が成り立つ．また，α, α' を $x, y \in X \cup \partial X$ を両端点とする2つの測地線とするとき，α は α' の 8δ-閉近傍に含まれる．

[証明] x, y, z のうち少なくとも1つは ∂X にのっているときを考えればよい．まず z のみが ∂X にのっているとしよう．α 上に無限遠に行く点列 $\{z_i\}$ をとる．当然 $\{z_i\}$ は z に収束する．x と z_i を結ぶ測地線分を b_i とすると，命題 2.60 の証明で示されたように，部分列をとることによって，$\{b_i\}$

§2.6 無限遠境界 ——— 53

は z を端点とする測地半直線 b に広義一様収束する.

　いま任意に $p \in \alpha$ をとり, $\beta \cup \gamma$ との距離が 8δ で抑えられることを示そう. 十分大きな i について, p は測地線分 $a_i = \overline{yz_i}$ にのっている. 三角形 $\Delta_{xyz_i} = \gamma \cup a_i \cup b_i$ が 4δ-狭であることにより, $q_i \in \gamma \cup b_i$ で, $d_X(p, q_i) \leq 4\delta$ となるものが存在する. $q_i \in \gamma$ であればそのままでよい. $q_i \in b_i$ としよう. $d_X(p, q_i) \leq 4\delta$ と X が固有であることより, 点列 $\{q_i\}$ はあるコンパクト集合のなかにあるので, b 上のある点 q に収束し, $d_X(p, q) \leq 4\delta$ となる.

　一方 β 上に x から $d_X(x, z_i)$ の距離にある点 ζ_i をとる. z_i, ζ_i 双方とも z に収束するので, $(z_i|\zeta_i)_x \to \infty$ である. 三角形 $\Delta_{xz_i\zeta_i}$ が 4δ-細であることより, x から距離 $(z_i|\zeta_i)_x$ 以下の範囲で β と b_i は 4δ しか離れられない. $\{b_i\}$ は b に広義一様収束するので, これより任意の $s \in b$ に対して, $d_X(s, \beta) \leq 4\delta$ がわかる. 特に, 前段落の q についても $d_X(q, \beta) \leq 4\delta$ となる.

　これらをあわせて, $d_X(p, \beta \cup \gamma) \leq 8\delta$ がわかった. $p \in \beta$ でもまったく同じ議論ができる. $p \in \gamma$ の場合は α, β 双方に対して上同様の議論を行い, $d(p, \alpha \cup \beta) \leq 8\delta$ がわかる.

　x, y, z のうち 2 点以上が ∂X に入っているときを考える前に, 命題の後半を証明する. $x, y \in \partial X$ の場合を示すが, $x \in X$ または $y \in X$ の場合も同様である. α, α' 上に y に収束する点列 $\{y_i \in \alpha\}, \{y'_i \in \alpha'\}$ をとる. y_i と y'_i を結ぶ測地線分を c_i とする. $p \in \alpha$ を任意にとると, 十分大きい i について, $p \in \overline{xy_i} \subset \alpha$ となっている. 上で示したように, $\overline{xy_i} \subset \alpha$ 上の点 p について, $\overline{xy'_i} \subset \alpha'$ か, $\overline{y_iy'_i}$ 上の点 q で p からの距離が 8δ 以下であるものが存在する.

　i を十分大きくとれば, $q \in \overline{y_iy'_i}$ ではあり得ないことを示そう. 基点 x_0 について, 三角形 $\Delta_{x_0y_iy'_i}$ を, 上の $\overline{y_iy'_i}$ を一辺に含むようにとる. 補題 2.13 より $d_X(x_0, \overline{y_iy'_i}) \geq (y_i|y'_i)_{x_0}$ となる. ここで, $\{y_i\}, \{y'_i\}$ は y に収束するので, 右辺は ∞ に行き, $d_X(x_0, \overline{y_iy'_i}) \to \infty$ となる. 従って, $d_X(p, \overline{y_iy'_i}) \to \infty$ であり, i が十分大きければ, q は α' の方にのっているはずである. かくして α は α' の 8δ-閉近傍に含まれることがわかった.

　最後に前半部分の残りの場合を示そう. まず $y, z \in \partial X$, $x \in X$ として考える. $y_i \in \alpha$ を $\{y_i\}$ が y に収束するようにとる. z と y_i を結ぶ測地半直線を γ_i

とする．α 上の x と y_i をつなぐ測地線分を α_i とすると，三角形 $\alpha_i \cup \gamma_i \cup \beta$ は 1 頂点のみ境界にあるので，すでに β が $\alpha_i \cup \gamma_i$ の 8δ-閉近傍に含まれることがわかっている．前命題の証明と同様にして，$\{\gamma_i\}$ は x と y を結ぶ測地直線 γ' に広義一様収束することがわかる．前段落で示されたように，γ' は γ の 8δ-閉近傍に含まれる．また，$\{\alpha_i\}$ は α，$\{\gamma_i\}$ は γ' にそれぞれ広義一様収束するから，β は $\alpha \cup \gamma'$ の 8δ-閉近傍に含まれる．よって β は $\alpha \cup \gamma$ の 16δ-閉近傍に含まれる．

γ と β の立場は同じであるから，γ が $\alpha \cup \beta$ の 16δ-近傍に含まれることも同様に従う．次に α について考える．上で，α_i は $\beta \cup \gamma_i$ の 8δ-近傍に含まれていることがわかっていた．よって極限を考えると，α は $\beta \cup \gamma'$ の 8δ-閉近傍に含まれることがわかる．γ は γ' の 8δ-閉近傍に含まれていたので，α は $\beta \cup \gamma$ の 16δ-閉近傍に含まれることがわかる．

3 頂点とも ∂X にのっている場合は，2 頂点が ∂X にのっている上の場合をもとに同様の議論を行えば，各辺は残りの 2 辺の和の 24δ-閉近傍に入っていることがわかる． ∎

(c) 視境界

この項では前に定義した無限遠境界が，固有な双曲的空間では，ある点を発する測地半直線全体の商集合である，視境界と同一視できることを見る．

定義 2.62 X を測地空間とする．$p \in X$ に対して，p を発する測地半直線の全体の集合を $R_p(X)$ で表す．$r, r' \in R_p(X)$ について，$d_X(r(t), r'(t))$ が有界であるとき，$r \sim r'$ と定める．これは明らかに同値関係であるので，$R_p(X)/\sim$ が考えられる．この集合を X の**視境界**(visual boundary)といい，$\partial_{\mathrm{vis}} X$ で表す．$R_p(X)$ には広義一様収束の位相が入るので，$\partial_{\mathrm{vis}} X$ にはその商位相を入れる．

特に X は双曲的とするとき，$r \in \partial_{\mathrm{vis}} X$ に対して，その端点 $r(\infty) \in \partial X$ を対応させる写像 $\pi: R_p(X) \to \partial X$ を考えると，明らかに $r \sim r'$ なら，$\pi(r) = \pi(r')$ なので，$\partial_{\mathrm{vis}} X$ からの写像を定義する．これを $\mathrm{vis}_p: \partial_{\mathrm{vis}} X \to \partial X$ で表す．

□

§2.6 無限遠境界――― 55

補題 2.63 X を双曲的測地空間とするとき, $\mathrm{vis}_p: \partial_{\mathrm{vis}} X \to \partial X$ は連続な単射である.

[証明] まず連続性を示す. $\{r_i\}$ を R_p に属する測地半直線で, $r \in R_p$ に広義一様収束するとする. すると任意の大きな t_0 と小さな $\epsilon > 0$ に対して, 十分大きな i_0 をとれば, $i \geq i_0$ なら, $t \leq t_0$ で, $d_X(r_i(t), r(t)) \leq \epsilon$ となる. 今 $x_j \in \mathrm{Im}(r_i)$, $y_j \in \mathrm{Im}(r)$ を $j \to \infty$ で $r_i(\infty), r(\infty)$ に収束するようにとり, p から t_0 以上離れた x_j, y_j について考えると, $d_X(x_j, y_j) \leq (d_X(x_j, p) - t_0) + (d_X(y_j, p) - t_0) + \epsilon$ であるから, $(x_j|y_j)_p \geq t_0 - \epsilon/2$ となる.

次に任意に $r_i(\infty)$ に収束する点列 $\{x'_j \in X\}$ と, $r(\infty)$ に収束する点列 $\{y'_j \in X\}$ を考えると, $\liminf_{j \to \infty}(x_j|x'_j)_p = \infty$, $\liminf_{j \to \infty}(y_j|y'_j)_p = \infty$ となる. X が δ-双曲的であることより, $(x'_j|y'_j)_p \geq \min\{(x'_j|x_j)_p, (x_j|y_j)_p, (y_j|y'_j)_p\} - 2\delta$ なので, $\liminf_{j \to \infty}(x'_j|y'_j)_p \geq t_0 - \epsilon/2 - 2\delta$ となる. よって, $(r_i(\infty)|r(\infty))_p \geq t_0 - \epsilon/2 - 2\delta$ を得る. $i \to \infty$ で t_0 はいくらでも大きくとれるので, これは $i \to \infty$ で, $r_i(\infty)$ が $r(\infty)$ に収束することを意味する. $\partial_{\mathrm{vis}} X$ の位相は商位相だったので, これより, vis_p が連続であることが証明された.

次に単射性を見よう. $r, r' \in R_p$ について, $r(\infty) = r'(\infty)$ であるとしよう. すると, $\lim_{s \to \infty}(r(s)|r'(s))_p = \infty$ である. $t \in [0, \infty)$ を任意にとる. $x \in \mathrm{Im} \, r$, $x' \in \mathrm{Im} \, r'$ を $(x|x')_p \geq t$ となるようにとる. $((x|x')_p \geq \min\{(x|r(s))_p, (r(s)|r(s'))_p, (r(s')|x')_p\} - 2\delta$ より x, x' を十分 p から遠くとればこれは満たされる.) 三角形 pxx' を $\overline{px} \subset \mathrm{Im} \, r$, $\overline{px'} \subset \mathrm{Im} \, r'$ となるようにとれば, p から $(x|x')_p$ 以下の距離では $\overline{px}$ と $\overline{px'}$ が三脚で同一視されるので, 特に $d_X(r(t), r'(t)) \leq 4\delta$ となる. t は任意だったので, これは $r \sim r'$, すなわち r, r' は $\partial_{\mathrm{vis}} X$ で同じ元であることを示している. よって vis_p は単射である. ∎

命題 2.64 特に X が固有であるとき, $\mathrm{vis}_p: \partial_{\mathrm{vis}} X \to \partial X$ は同相写像である.

[証明] $x \in \partial X$ を与えると, 命題 2.60 より, p を始点として, x を端点とする測地半直線が存在する. よって, vis_p は全射である.

次に, vis_p^{-1} が連続であることを示す. $x_i \in \partial X$ として, $\{x_i\}$ が $x \in \partial X$ に収束しているとする. p を発し, x_i を端点とする測地半直線を r_i とすると,

$\{r_i\}$ の任意の部分列は,p を発し,x を端点とする測地半直線 r に広義一様収束する.このような測地半直線は補題 2.63 よりすべて同値であったから,$\{[r_i]\} \subset \partial_{\text{vis}} X$ は同値類 $[r]$ に収束する.よって,vis_p^{-1} は連続である.これにより命題が示された. ∎

系 2.65 X が固有な双曲的測地空間であるとき,∂X はコンパクトである.

[証明] $\partial_{\text{vis}} X$ がコンパクトであることは,Ascoli–Arzelà の定理よりわかる.よって命題 2.64 より ∂X もコンパクトである. ∎

系 2.66 X が n 次元単連結負曲率完備 Riemann 多様体であるとき,∂X は $n-1$ 次元球面に同相である.

[証明] このとき X は CAT_0 であるから,点 p を発する 2 つの測地半直線 r_1, r_2 が角度 θ を持つなら p から距離 t において,それらの離れ方は Euclid 平面で角度 θ を持つ 2 つの半直線の距離 t における離れ方より大きい.よって,接空間の単位球 $UT_p X$ と $\partial_{\text{vis}} X$ が同相であることがわかる. ∎

§2.7 Rips 複体

この節においては双曲的群の代数的性質を調べる.そのためには双曲的群に対して,それが真性不連続にはたらく Rips 複体と呼ばれる単体的複体を作ることが有効である.

定義 2.67 X を距離空間とし,$d \geq 0$ とするとき,X の **Rips 複体** (Rips complex) $P_d(X)$ とは,X の $p+1$ 個の相異なる点 $x_0, x_1, \cdots, x_p$ が互いに距離 d 以下にあるとき,$\{x_0, \cdots, x_p\}$ を p 単体として作った,単体的複体のことである.$P_d(X)$ の頂点全体は X と同一視できる. ∎

明らかに X の等長変換は $P_d(X)$ に単体的同相写像として作用する.双曲的群に語距離を入れたときは次の定理が成立する.

命題 2.68 G が δ-双曲的群であり,$d \geq 4\delta+2$ であるとする.このとき,$P_d(G)$ は可縮で,局所有限である.

[証明] G の距離は,ある有限生成系 S に関する語距離であった.G の

§2.7 Rips複体 —— 57

ある元から，語距離 d 以下にある元は有限個であるから，局所有限性はただちにわかる．

次に可縮性を見よう．$P_d(G)$ は単体的複体であるから，すべての次元のホモトピー群が消えることを見ればよい．まず $d \geqq 1$ であることから，Cayley グラフ $\Gamma(G,S)$ の各辺は $P_d(X)$ の1単体であり，特に $P_d(G)$ は弧状連結であることがわかる．あとは $P_d(G)$ の任意の部分複体 K が可縮であることを示せばよい．

G の単位元 e を基点としてとる．まず K のすべての頂点が e から距離 $d/2$ 以下にあるときを考える．すると K の任意の2つの頂点は距離 d 以下にあるので，$P_d(G)$ の定義より K はある単体に含まれているため可縮である．

一般の部分複体 K について，ホモトピーで K を動かして上の場合に帰着させることを考える．K の頂点に，e から距離 $d/2$ よりも離れている点があるとする．その中でもっとも e から離れている頂点を y とする．Cayley グラフ $\Gamma(G,S)$ で y と e を結ぶ測地線分 γ をとる．γ 上にある G の元で y から距離 $[d/2]$ にある点を y' とする．K の頂点集合 K^0 上で，y 以外では恒等写像で y を y' に写す写像を $h_0 : K^0 \to P_d(X)$ とする．h_0 が K 上の単体写像に拡張できることを示そう．

y を含まないような単体では各頂点で h_0 が恒等写像であることから恒等写像に拡張できる．y を含む K の単体 σ を考えよう．x が σ の頂点であるとすると，$d_G(x,y) \leqq d$ である．命題2.6より，$d_G(x,y') + d_G(y,e) \leqq \max\{d_G(x,y) + d_G(y',e), d_G(x,e) + d_G(y,y')\} + 2\delta$ だが，y は K の頂点の中でもっとも e から遠かったので，$d_G(x,e) \leqq d_G(y,e)$ であり，
$$d_G(x,y') \leqq \max\{d + d_G(y',e) - d_G(y,e), d_G(y,y')\} + 2\delta$$
を得る．定義より
$$d_G(y',e) - d_G(y,e) = -[d/2] \leqq -[1+2\delta] \leqq -2\delta, \quad d_G(y,y') \leqq d/2 \leqq d - 2\delta$$
である．よって $d_G(x,y') \leqq d$ を得る．従って，σ の頂点の y を y' に取り替えたものもまた $P_d(G)$ の単体になっている．これにより h_0 が単体写像 $h : K \to P_d(G)$ に拡張できることがわかった．また同様の議論で h は K の包含写像とホモトピックであることもわかる．

$h(K)$ は K の 1 つの頂点を e に距離 $[d/2]$ だけ近付けて得られた.よって有限回この操作を繰り返すと最終的にすべての頂点が e から $d/2$ 以下の距離にある場合に帰着する.

双曲的群の Rips 複体への作用は次の性質を持っていることが簡単にわかる.

定理 2.69 G を双曲的群とするとき,G は $P_d(G)$ に単体的に真性不連続に作用して,$P_d(G)/G$ はコンパクトである.

[証明] G は G 自体に語距離に関して等長的に作用するので,$P_d(G)$ に単体的に作用する.$P_d(G)$ の頂点集合上で G の作用は自由であるから,任意の単体についてその安定化群は有限群である.よって作用は真性不連続である.また G で e から一定の距離以下にある元の数は有限であるから,$P_d(G)$ は有限次元かつ局所有限である.また $P_d(G)/G$ では $P_d(G)$ のすべての頂点は同一視され,$P_d(G)/G$ は単体を有限群で割った商空間を有限個貼り合わせてできるので,コンパクトである.

さらに上の議論と $P_d(G)$ が可縮であることを考えあわせると,次がわかる.

系 2.70 双曲的群は有限表示である. □

また双曲的群のコホモロジーについては以下のことがわかる.

系 2.71 ねじれのない双曲的群のコホモロジー次元は有限である.

[証明] G がねじれがないときは,$P_d(G)$ への作用は自由である.さらに $P_d(G)$ は可縮であったから,G と $\pi_1(P_d(G)/G)$ は同型である.また $P_d(G)/G$ の 2 次元以上のホモトピー群はすべて消えているので,G のコホモロジー群と $P_d(G)$ のコホモロジー群は同型である.$P_d(G)/G$ は有限次元の CW 複体であるから,その次元以上の次元ではコホモロジー群は消える.よって系が従う.

§2.8 等周不等式

この節では線型の等周不等式を満たす群と双曲的群が一致することを見る.

(a) 双曲性から線型の等周不等式を導く

この項では双曲的群が線型の等周不等式を満たすことを証明しよう.

定理 2.72 双曲的群は線型の等周不等式を満たす. □

G を δ-双曲的群とする. δ は大きくとり直していいので,自然数であると仮定する.

次の命題を示せば補題 1.15 より G が線型の等周不等式を満たすことが導かれる.

命題 2.73 G が生成系 S について,δ-双曲的であるとする. このとき,$R = \{r \in F(S) \mid p_S(r) = e, |r| \leq 32\delta\}$ とおくと,$G = \langle S|R \rangle$ となり,この表示は Dehn 表示である. □

この命題は特に双曲的群は有限表示群であることの別証明にもなっている.

命題の証明に入ろう. $\Gamma(G,S)$ の弧 a についてその長さ l 以下の部分弧がすべて測地線分であるとき,a は l-局所測地弧 (l-local geodesic) であるということにする. l-局所測地弧では l 以下の長さではパラメーターに関する距離と $\Gamma(G,S)$ での距離は一致することに注意しよう. すると次の補題が示せる.

補題 2.74 a, b は $\Gamma(G,S)$ の e を始点として,同じ頂点 v を終点に持つ長さが 8δ 以上の弧で,a は 16δ-局所測地弧で b は測地線分であるとする. x, y をそれぞれ,a, b 上の v から 8δ 離れた点であるとすると,$d_{\Gamma(G,S)}(x,y) \leq 4\delta$ となる.

[証明] length(a) は整数であるから,これに関する帰納法で証明する. まず length(a) $\leq 16\delta$ では a, b とも測地線分になる. 測地二角形は三角形の特殊な場合で,4δ-細である. (片方の辺を 2 つの測地線分の和であると見なせばよい.) 従って頂点から同距離にある点同士は,4δ 以下の距離にある.

次に length(a) $> 16\delta$ としよう. a 上で v から距離 16δ にある点を z とする. e と z を結ぶ測地線分をとり,c で表し,a の z と v の間の部分を a' で表す. a が 16δ-局所測地弧であることより a' は測地線分である. 三角形 $\Delta = a' \cup b \cup c$ は 4δ-細であるから,$x \in a'$ は三脚 T_Δ で同一視される $b \cup c$ 上の点

から 4δ 以下の距離にある．x が b の点と同一視されるなら，それは y でなくてはならないので，この場合は証明が完了する．

いま z から 8δ の距離にある c 上の点を p，a の上で z から e の側に 8δ の距離にある点を q とする．a を q と x の間に制限すると測地線分であるから，$d_{\Gamma(G,S)}(q,x) = 16\delta$ となる．一方帰納法の仮定より，c と a の e, z 間の部分弧については主張が正しいので，$d_{\Gamma(G,S)}(p,q) \leqq 4\delta$ である．そこでもし $d_{\Gamma(G,S)}(x,p) \leqq 4\delta$ であると矛盾する．

よって，x は T_Δ で c 上の点と同一視されないので，y と同一視されなくてはならない．∎

補題 2.75 前補題の状況で，a は b の 12δ-近傍に含まれる．

[証明] $x \in a$ として，x と b の距離を上から抑えることを考える．x は両端点から 8δ 以上の距離にあるとして考えてよい．e と x，x と v を結ぶ測地線分をそれぞれ c, c' としよう．x から距離 8δ にある点を，a の e と x の間に p としてとり，a の x と v の間に q としてとり，c 上に s，c' 上に t としてとる．前補題より，$d_{\Gamma(G,S)}(p,s) \leqq 4\delta$，$d_{\Gamma(G,S)}(q,t) \leqq 4\delta$ である．一方三角形 $b \cup c \cup c'$ が 4δ-細であることより，三脚で s と t が同一視されるなら $d_{\Gamma(G,S)}(s,t) \leqq 4\delta$ でそうでなければ s は b から 4δ 以下の距離にある．$d_{\Gamma(G,S)}(s,t) \leqq 4\delta$ とすると，三角不等式より $d_{\Gamma(G,S)}(p,q) \leqq 12\delta$ となるが，これは a が 16δ-局所測地弧であることに反する．従って s は b から 4δ 以下の距離にあり，$d_{\Gamma(G,S)}(x,s) = 8\delta$ だったから，x は b から 12δ 以下の距離にある．∎

[命題 2.73 の証明] $w \in F(S)$ が $p_S(w) = e$ となっているとする．w に対応する径を $\Gamma(G,S)$ に e を始点として書き，それを $\hat{w}$ で表そう．

まず $\hat{w}$ が 16δ-局所測地弧でなかった場合を考える．するとある $\hat{w}$ の長さ 16δ の部分弧 α で測地線分になっていないものが存在する．δ は整数だったので，α の両端点は $\Gamma(G,S)$ の頂点としてよい．α の両端点を結ぶ測地線分を β としよう．すると，$\alpha \cup \beta$ に対応する $F(S)$ の元 r は長さ 32δ 以下なので，R の元である．また，α は β より長いので，w は r の半分以上の長さの部分語を含む．

次に $\hat{w}$ が 16δ-局所測地弧であったとする．すると補題 2.75 より，$\hat{w}$ は e

における長さ 0 の自明な測地線分の 12δ-近傍に含まれる．もし $\hat{w}$ の長さが 12δ より長いと，16δ-局所測地弧であることから，e から少なくとも 13δ 離れた点を含み矛盾する．従って，この場合は w 自身が R に含まれている．

かくして $\langle S|R\rangle$ は Dehn 表示であることがわかった． ∎

(b) 線型等周不等式から双曲性を導く

次に逆に線型の等周不等式を満たす有限表示群は，双曲的になることを示す．

定理 2.76 G が有限表示群で，線型の等周不等式を満たすとすると双曲的である．

[証明] S を G のある有限生成系とする．双曲性を示すためには $\Gamma(G,S)$ の任意の測地三角形が δ-狭であるような $\delta \geqq 0$ が存在することを証明すればよい．背理法を使うことにして，任意の $L>0$ に対して $2L$-狭でない測地三角形が存在するとして，矛盾を導くことを考えよう．

L が与えられたとして，ある $\Gamma(G,S)$ の測地三角形 $\Delta_{xyz} = \overline{xy}\cup\overline{yz}\cup\overline{zx}$ が $2L$-狭でないとしよう．x,y,z の名前を必要なら付け替えて，$p\in\overline{xy}$ があり，$d_{\Gamma(G,S)}(p,\overline{yz}\cup\overline{zx})>2L$ となっているとしてよい．

G は有限表示群なので，$G=\langle S|R\rangle$ となる $F(S)$ の有限集合 R が存在する．R に属する語の長さの最大値を r とする．

$\epsilon > r$ を L によらない定数として固定する．L はいくらでも大きくなるので，$L>4\epsilon$ が常に成り立っているとしておく．いま Δ_{xyz} の頂点の周りを長さ 4ϵ の測地線分で切りとって，残った部分では $\overline{xy},\overline{yz},\overline{zx}$ の 1 つから別の辺へ行く測地線分の長さはすべて 4ϵ 以上であるようにする．p の $2L$-近傍は $\overline{yz},\overline{zx}$ と交わらないことから，残りの部分で p を含む成分 H が必ず存在する．H の形は次のいずれかになる(図 2.4 参照).

(i) Δ_{xyz} から頂点を含む 3 つの三角形を切り落としてできる六角形.

(ii) Δ_{xyz} の 1 つの頂点を含む三角形と 1 つの辺を含む四角形を切り落としてできる四角形.

(iii) Δ_{xyz} から辺の一部を共有する，2 つの頂点を含む三角形と，残りの

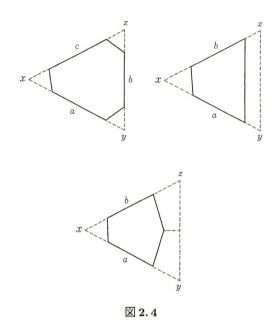

図 2.4

頂点を含む三角形を切り落としてできる五角形.

いずれの場合も,切口に現れる辺の長さは 4ϵ かそれ以上であることに注意しよう. H の切口でない辺,すなわち $\overline{xy}, \overline{yz}, \overline{zx}$ にのっている辺は 2 つか 3 つあるので,a, b あるいは a, b, c と名付ける. a, b, c の長さを $|a|, |b|, |c|$ で表すことにしよう. p は a にのっていると仮定する.

∂H は $\Gamma(G, S)$ の閉曲線であるから,$w \in F(S)$ で $p_S(w) = 1$ となるものの共役類に対応している. 線型の等周不等式が成り立つことを仮定したから,$A(w) \leqq A|w| + B$ となる w によらない定数 A, B が存在する. w の Dehn 図式 D において各 2 胞体の境界は R の元の共役類を表す輪体であった. 従って D の 1 骨格 D^1 から $\Gamma(G, S)$ への単体的写像 f で,$f(\partial D) = \partial H$ となり,D の各 2 胞体の境界は R の元の共役類を表す $\Gamma(G, S)$ の輪体に写されるものが作れる. $f(D^1)$ のこのような輪体を R-輪体(R-cycle)と呼ぶことにしよう. $f(D^1)$ の R-輪体の数は $A|w| + B$ で抑えられているはずである.

以下 $f(D^1)$ の R-輪体の数を下から抑えることを考える. まず辺 a, b, c,あ

§2.8 等周不等式 ── 63

るいは a, b の $f(D^1)$ での近傍 N_a, N_b, N_c を次のように作る.辺 a に対して,a と共有する辺を持つ $f(D^1)$ の R-輪体全体の和集合を $N_1(a)$ としよう.R-輪体の長さは r 以下であったから,$N_1(a)$ は $|a|/r$ 以上の個数の R-輪体を含む.また $N_1(a)$ の境界上には,a の両端点がのっている ∂H の切口の 2 辺を結ぶ弧が,a 以外にもう 1 つある.これを a_1 と表すことにしよう.a_1 の端点は a の端点から $r/2$ 以下の距離にあるので,a が測地線分であることを使って,三角不等式より,$\mathrm{length}(a_1) \geqq |a|-r$ であることがわかる.

同様にして,a_1 と共有する辺を持ち,$N_1(a)$ には含まれない($N_1(a)$ とは反対側にある)R-輪体の和集合を $N_2(a)$ とすると,これは $\mathrm{length}(a_1)/r \geqq |a|/r-1$ 以上の個数の R-輪体よりなる.H の切口を結ぶ弧 a_2 を a_1 と同様に定めると,$\mathrm{length}(a_2) \geqq |a|-2r$ である.これを $[\epsilon/r]$ 回繰り返して,$N_a = \bigcup_{i=1}^{[\epsilon/r]} N_i(a)$ と定める.すると $N_i(a)$ は i が異なるとき同じ R-輪体を含み得ないので,N_a は $\dfrac{|a|[\epsilon/r]}{r} - \dfrac{1}{2}\{[\epsilon/r]([\epsilon/r]+1)\}$ 以上の個数の R-輪体を含む.また N_a の点は辺 a から $[\epsilon/r]$ 以下の個数の R-輪体上の弧をつないで到達できるので,a から距離 $\epsilon+r$ 以下,従って 2ϵ 未満にある.

まったく同様に辺 b, c(あるいは H が六角形でないときは b のみ)に対して,N_b, N_c を定める.$N_a \cap N_b \neq \emptyset$ とすると,辺 a と辺 b が長さ $2\epsilon+2r<4\epsilon$ の長さの弧で結べるので,H の定義に矛盾する.よって N_a, N_b, N_c は互いに疎である.そこで $N_a \cup N_b \cup N_c$ に含まれる R-輪体の数は $\dfrac{[\epsilon/r](|a|+|b|+|c|)}{r} - \dfrac{3}{2}\{[\epsilon/r]([\epsilon/r]+1)\}$ 以上である.(H が六角形でないときは最初の項の $|a|+|b|+|c|$ は $|a|+|b|$ になる.)

次に p の閉 L-近傍と $f(D^1)$ の交わりを B_L と表すことにしよう.仮定より $B_L \cap H \subset a$ となっている.∂N_a は H の 2 つの切口を結ぶ弧 $a_{[\epsilon/r]}$ を含んでいた.∂B_L 上の R-輪体を辿ることにより,$\partial B_L \cap a_{[\epsilon/r]}$ は $\partial B_L \cap a$ の 2 点からそれぞれ 2ϵ 以下の距離にある.$a_{[\epsilon/r]}$ 上の部分弧で,$\partial B_L \cap a$ の 2 点からそれぞれ 2ϵ 以下の距離にある $\partial B_L \cap a_{[\epsilon/r]}$ の 2 点にはさまれるものを,k としよう.すると,$B_L \cap a$ が長さ $2L$ の測地線分であることにより,$\mathrm{length}(k) \geqq 2L-4\epsilon$ となる.よって k と共有する辺を持つ,N_a に含まれない R-輪体の数

は $(2L-4\epsilon)/r$ 以上である.また p の $2L$-近傍が $b \cup c$ と交わらず,$L > 4\epsilon$ より,上の R-輪体は $N_b \cup N_c$ とは交わり得ない.

従って $f(D^1)$ の R-輪体の数は $\dfrac{[\epsilon/r](|a|+|b|+|c|)}{r} - \dfrac{3}{2}\{[\epsilon/r]([\epsilon/r]+1)\} + \dfrac{2L-4\epsilon}{r}$ 以上である.そこで ϵ を $[\epsilon/r]/r > A$ となるように固定すると,$f(D^1)$ の R-輪体の数はある L によらない定数 C について,$A(|a|+|b|+|c|) + 2L/r - C$ で下から抑えられる.一方線型の等周不等式より,$f(D^1)$ の R-輪体の数は $A(|a|+|b|+|c|+12\epsilon)+B$ 以下である.これは L を非常に大きくとれば明らかに矛盾する. ∎

《要約》

2.1 距離空間に対する Gromov 積を用いた双曲性の定義.

2.2 測地空間に対する双曲性の条件の三角形の細さに関する条件への書き替え.

2.3 単連結完備 Riemann 多様体の断面曲率が負の定数で上から抑えられているときの双曲性.

2.4 有限生成群に対する双曲的群の概念の定義.

2.5 双曲的空間に対する,無限遠境界の位相空間としての定義.

2.6 Rips 複体という双曲的群が完全不連続に作用する単体的複体の構成.

2.7 群の双曲性と線型の等周不等式が成立することの同値性の証明.

3 オートマティック群

　この章では Epstein 等によって導入されたオートマティック群の概念を解説する．オートマティック群とはオートマトンによって群の演算が捉えられるような群のことで，前章で扱った双曲的群はその重要な例になっている．群がオートマティックであることは，群の演算が計算機で全般的に扱えることの必要条件である．

§3.1　有限オートマトン，正規語

　この節では有限オートマトン，正規語を定義しその基本的性質を学ぶ．ここではまず「言語」における諸々の用語を抽象的に定義する．これらは通常の言語におけるそれらの用語の意味するもののある部分を抽出したものになっているが，あくまでも数学的な定義であり日常言語における用法とは異なる．

(a)　有限オートマトンの定義

　定義 3.1　アルファベット(alphabet) A とはある有限集合のことである．アルファベット A の要素のことを**文字**(letter)という．文字を有限個並べたものを**文字列**(string)という．特に**空な文字列**(null-string)を ϵ で表す．2つの文字列 v, w に対してそれらを並べたものを vw で表し，v と w の積

(concatenation)と呼ぶ. A 上の文字列全体の集合を A^* で表す. A^* の部分集合を A 上の**言語**(language)という. □

定義 3.2 A をアルファベットとするとき, $M=(\Sigma, A, \mu, F, s_0)$ が(A 上の)**有限オートマトン**(finite state automaton)であるとは次を満たすことである. (有限オートマトンを単に**オートマトン**ともいう.)

(i) Σ は有限集合で, F は Σ の部分集合で, s_0 は Σ の元である.

(ii) $\mu: \Sigma \times A \to \Sigma$ は関数である.

Σ を**状態集合**(state set), Σ の元を**状態**(state), s_0 を**初期状態**(initial state), F の元を**最終状態**(final state)あるいは**受理状態**(accept state)という. □

定義 3.3 $M=(\Sigma, A, \mu, F, s_0)$ をオートマトンとする. A^* の文字列 $w = a_1 \cdots a_n$ と $s \in \Sigma$ に対して, $\mu(s, w) = \mu(\mu(\cdots \mu(\mu(s, a_1), a_2)\cdots, a_{n-1}), a_n)$ とすることによって, $\mu: \Sigma \times A^* \to \Sigma$ を定義する. $\mu(s_0, w) \in F$ であるとき, w は M によって**受理される**(accepted)という. M によって受理される文字列の全体を $L(M)$ と表す. □

定義 3.4 言語 L はある有限オートマトン M が存在して, $L = L(M)$ となっているとき, **正規**(regular)であるという. □

以降混乱を生じないときは, $\mu(s, a)$ を sa と書き, アルファベット A および A^* は状態集合 Σ に右から作用しているとみなす.

例 3.5 図 3.1 に示すオートマトンはアルファベットが $\{0, 1\}$ で, 偶数個の 0 と偶数個の 1 からなる文字列を受理するものである. 一般に図では状態を ○, 初期状態を →○, 最終状態を ◎, で表すことにする. □

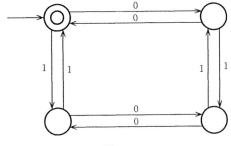

図 3.1

例 3.6 図 3.2 はアルファベットが $\{x, y, x^{-1}, y^{-1}\}$ で，x, y で生成される自由群の既約表示となる文字列を受理するものである．同様にして，有限生成自由群についてその生成系に関する既約表示のみを受理するオートマトンが作れる． □

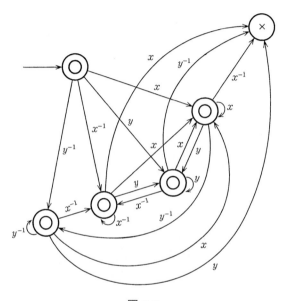

図 3.2

定義 3.7 オートマトン M の状態で，初期状態からいかなる A^* の語によっても到達できない状態を**到達不可能状態**(inaccessible state)という．また最終状態でない状態で，いかなる A^* の元によっても F に到達できない状態を**失敗状態**(failure state)という．上の例の図 3.2 で × で表した状態は失敗状態である．M の到達不可能状態は取り除き，失敗状態を 1 つの状態にまとめて，M と同じ言語を受理するオートマトンが作れる．これを M の**正規化**(normalization)と呼ぶ． □

上の定義のオートマトンは最も厳しい条件のものである．より一般化された概念として，次の非決定的オートマトンがある．

定義 3.8 **非決定的オートマトン**(non-deterministic automaton) M とは，

オートマトン同様の5つ組 $(\Sigma, A, \mu, F, \Sigma_0)$ で，Σ が状態集合，A がアルファベットであることはオートマトンと同じであるが，次の点が異なる．

(i) μ は関数でなく，3つ組 (s_1, x, s_2) $(s_1, s_2 \in \Sigma, x \in A \cup \{\epsilon\})$ の集合である．μ の元はオートマトンの図において，s_1 から s_2 へのラベル x を持った矢であると思い，矢(arrow)と呼ぶ．

(ii) 初期状態は1つのみでなくてよい．初期状態全体の集合が Σ_0 である．

(iii) ある語 $w \in A^*$ が M に受理されるとは，μ の元の有限列 (s_0, x_1, s_1), $(s_1, x_2, s_2), \cdots, (s_{n-1}, x_n, s_n)$ で，$s_0 \in \Sigma_0$, $s_n \in F$ となり，$w = x_1 x_2 \cdots x_n$ となっていることをいう． □

非決定的オートマトンではある状態と文字を与えたとき，次に行く状態の存在も一意性も保証されない．オートマトンのときと同様に非決定的オートマトンについて，それによって受理される言語を定義できる．

補題 3.9 言語 L がある非決定的オートマトンに受理されるなら L は正規である．

[証明] L を受理する非決定的オートマトンを $M = (\Sigma, A, \mu, F, \Sigma_0)$ とする．Σ の部分集合 X に対して，その ϵ-閉包 $\overline{X}$ を X から ϵ のみを有限個作用させて到達できる状態の全体とする．(X 自体の状態には0個の作用で行けると思い，$X \subset \overline{X}$ とする．) $\overline{X} = X$ となる部分集合 X を ϵ-閉であるという．明らかに $\overline{\overline{X}} = \overline{X}$ が常に成立する．

Y を Σ の ϵ-閉部分集合の全体の集合(∅も含める)とする．Y を状態集合とするオートマトンを次のように作る．$a \in A$, $X \in Y$ に対して，$Xa = \overline{\{s \in \Sigma \mid (x, a, s) \in \mu \text{ となる } x \in X \text{ が存在する}\}}$ によって，Y 上の A の作用を定義する．また初期状態を M の初期状態全体の集合の ϵ-閉包，最終状態は Y の元で F の状態を1つでも含むものとする．

こうしてできたオートマトンの受理する言語は簡単にわかるように，M の受理する言語と一致する． ■

より一般化された概念として次の一般的非決定的オートマトンの概念がある．

定義 3.10 $M=(\Sigma, A, \mu, F, \Sigma_0)$ が一般的非決定的オートマトン(generalized non-deterministic automaton)であるとは，μ 以外は非決定的オートマトンと同じで，μ を次のようなものとすることである．μ は 3 つ組 (s_1, x, s_2) $(s_1, s_2 \in \Sigma, \ x \in A^*)$ の集合である．すなわち矢に付けるラベルがアルファベット，ϵ のみならず A 上の任意の語であることを許す．

ある語 w が M に受理されるとは，$(s_0, w_1, s_1), (s_1, w_2, s_2), \cdots, (s_{n-1} w_n, s_n) \in \mu$ が存在し，$s_0 \in \Sigma_0, s_n \in F$ かつ $w = w_1 w_2 \cdots w_n$ となっていることである． □

さらに次がわかる．

補題 3.11 言語 L がある一般的非決定的オートマトンに受理されれば，L は正規である．

［証明］ $M=(\Sigma, A, \mu, F, \Sigma_0)$ が一般的非決定的オートマトンで L を受理するとする．各 $(s, w, s') \in \mu$ について，次のように M を変形する．$w \in A \cup \{\epsilon\}$ である場合はそのままにする．それ以外の場合，$w = a_1 \cdots a_k$ と A の元の積で表し，新しい状態 $\bar{s}_1, \cdots, \bar{s}_{k-1}$ を用意する．s から $\bar{s}_1$ には a_1 のラベルが付いた矢のみが行くようにする．同様に $\bar{s}_j$ から $\bar{s}_{j+1}$ $(j=1, \cdots, k-2)$ へは a_{j+1} のラベルが付いた矢のみが行くようにし，$\bar{s}_{k-1}$ から s' へは a_k のラベルが付いた矢のみが行くようにする．すべての μ の元に対してこの操作を行えばラベルはすべて $A \cup \{\epsilon\}$ の元になる．新しく加えた状態は Σ_0 にも F にも属していないとして，もとの Σ_0, F を初期状態，最終状態としてできた非決定的オートマトンは明らかに M と同じ受理言語を持つ．よって補題 3.9 より L は正規である． ∎

これより正規言語について次の性質がわかる．

系 3.12 A, B をアルファベットとして，$f: A^* \to B^*$ を半群準同型とする．いま L を A 上の正規言語とすると，$f(L)$ は B 上の正規言語である．

［証明］ L を受理するオートマトンを M としよう．M と同じ状態集合，初期状態，最終状態を持ち，M の各矢のラベル a を $f(a)$ に付け替えてできる一般的非決定的オートマトンを M' とすれば M' は $f(L)$ を受理する．よって前補題より $f(L)$ は正規である． ∎

次に我々は，2 つのアルファベット A, B に対して，A^* の元と B^* の元の

対を入力できるようなオートマトンを考えたい.まず対 (A, B) 上の言語を以下のように定義する.

定義 3.13 A^* の元と B^* の元の対を (A, B) **上の文字列**という.(A, B) 上の文字列の集合を (A, B) **上の言語**という. □

単純に $A \times B$ をアルファベットとする言語やオートマトンを考えると,A^* と B^* の長さが同じ元の対しか入力することができなくなるので,以下のような工夫をする.

定義 3.14 A, B をアルファベットとする.A, B の要素でない新しい記号 \$ (**詰物記号**(padding symbol) と呼ぶ) をとり,新たなアルファベット C を $(A \cup \{\$\}) \times (B \cup \{\$\}) \setminus \{(\$, \$)\}$ と定義する.C の文字列で,いったん第 1 または第 2 成分に \$ を持つ文字が現れたら,それ以降の文字の第 1 または第 2 成分はすべて \$ であるようなものを**詰物入文字列**(padded string) という.詰物入文字列からなる集合を**詰物入言語**(padded language) という. □

定義 3.15 (A, B) 上の言語 L に対して,L の**詰物入拡大**(padded extension) $L^{\$}$ を次のように定義する.$(v, w) \in L$ (ただし $v \in A^*$,$w \in B^*$) であるとき,v, w の長さが短い方の文字列の後に,\$ を長さが足りない個数だけ加えて,もう一方と同じ長さの文字列にする.それらの第 1 番目の文字の対,第 2 番目の文字の対,…,を並べて得られる詰物入文字列を $(v, w)^{\$}$ と表そう.$\{(v, w)^{\$} | (v, w) \in L\}$ を $L^{\$}$ で表し,L の詰物入拡大という. □

定義 3.16 アルファベットの対 (A, B) に対して,定義 3.14 のようにアルファベット C を作る.C 上のオートマトンで,ある詰物入言語を受理するものを (A, B) **上のオートマトン**という.その受理する言語が $L^{\$}$ であるとき,L を受理する **2 変数オートマトン**であるという.このようなオートマトンが存在するとき L は**正規**であるという. □

(b) 論理演算による正規性の保存

この項では言語が正規であるという性質が補集合,和集合,共通部分,積,累乗の演算で保たれることを見る.

命題 3.17 あるアルファベット A 上の言語 L_1, L_2 が正規であれば,$L_1 \cup$

L_2, $L_1 \cap L_2$ および $A^* \setminus L_1$ も正規である.

[証明] まず L が正規ならその補集合 $A^* \setminus L$ も正規であることを示す. L を受理するオートマトン M を考える. M の状態集合のうち, 最終状態になっているものをそうでなくし, 最終状態になっていないものを最終状態に変えたオートマトンを M' とする. すなわち M の最終状態集合が F なら, M' の最終状態集合は $\Sigma \setminus F$ とする. このとき明らかに M' の受理する語の全体は $A^* \setminus L$ になる. よって L の補集合も正規であることがわかった.

次に L_1, L_2 が正規のとき, $L_1 \cap L_2$ も正規であることを示す. L_1, L_2 を受理するオートマトンを, それぞれ $M_1 = (\Sigma_1, A, \mu_1, F_1, s_0^1)$, $M_2 = (\Sigma_2, A, \mu_2, F_2, s_0^2)$ としよう. そこでオートマトン $M' = (\Sigma_1 \times \Sigma_2, A, \mu', F_1 \times F_2, (s_0^1, s_0^2))$ を $\mu' : \Sigma_1 \times \Sigma_2 \times A \to \Sigma_1 \times \Sigma_2$ を次のように定義して作る.
$$\mu((s_1, s_2), a) = (\mu_1(s_1, a), \mu_2(s_2, a)).$$
簡単にわかるように, 語 $w \in A^*$ によって, 初期状態から, M_1, M_2 でそれぞれ状態 s, s' に行ったとすると, M' では (s, s') に行く. よって M' で受理される語全体は $L_1 \cap L_2$ に等しい. 従って $L_1 \cap L_2$ は正規である.

$L_1 \cup L_1 = A^* \setminus \{(A^* \setminus L_1) \cap (A^* \setminus L_2)\}$ であるから, 上の2つより, $L_1 \cup L_2$ も正規であることがわかる. ∎

定義 3.18 L_1, L_2 を A 上の言語とするとき, $\{w \in A \mid w = w_1 w_2, w_1 \in L_1, w_2 \in L_2\}$ を $L_1 L_2$ と表し, L_1, L_2 の積(concatenation)という. □

命題 3.19 L_1, L_2 が A 上の正規言語なら, $L_1 L_2$ もそうである.

[証明] L_1, L_2 を受理するオートマトンをそれぞれ M_1, M_2 としよう. 次のようにして非決定的オートマトンを作る. M_1 の最終状態全体を $\{s_1, \cdots, s_m\}$ としよう. M_2 のコピーを m 個用意して, $M_2^1, \cdots, M_2^m$ とする. s_k ($k = 1, \cdots, m$) から M_2^k の初期状態へはラベル ϵ の付いた矢でつなぐ. 他は元々の作用を矢と思う. このようにして非決定的オートマトン M ができる. $L(M) = L_1 L_2$ であることは明らかであろう. 非決定的オートマトンで受理できれば正規であることは補題 3.9 でわかっていた. ∎

$L^0 = \{\varepsilon\}$, $L^2 = LL$, $L^n = L^{n-1} L$ により L の累乗を定義し, $L^* = \bigcup_{n=0}^{\infty} L^n$ と定める.

系 3.20 L が A 上の正規言語なら，L^* もそうである．

[証明] L を受理するオートマトン M に対して，その最終状態それぞれから初期状態へ，ϵ によって行けるとして作った，非決定的オートマトンを M' とすると，$L(M') = L^*$ である． ∎

§3.2 オートマティック群の定義と基本的性質

(a) オートマティック群の定義

オートマティック群とは，直観的にいうと，群の代数構造がオートマトンによって支配できる群のことである．数学的な定義は以下のようになる．

定義 3.21 群 G の**オートマティック構造**(automatic structure)とは以下のような $(S, W, M_x (x \in S \cup \{\epsilon\}))$ のことである．

(i) S は有限集合で半群として G を生成する．$\pi: S^* \to G$ を S の元から G の生成元への対応の半群準同型としての拡張とする．

(ii) W は S 上の有限オートマトンで，**語受理機**(word acceptor)と呼ばれ，$\pi|L(W): L(W) \to G$ は全射である．

(iii) $S \cup \{\epsilon\}$ の各元 x に対して，M_x は (S, S) 上の2変数有限オートマトンで，乗数オートマトン(multiplier automaton)と呼ばれ($x = \epsilon$ のときは，等号認識機(equality recognizer)と呼ばれる)，$(w_1, w_2) \in L(M_x)$ となることは，$\pi(w_1) = \pi(w_2 x)$ かつ $w_1, w_2 \in L(W)$ であることと同値である．

ある生成系についてオートマティック構造を持つような群をオートマティック群(automatic group)という． ∎

以降この章では，群の生成系 S は半群としての生成系で $S^{-1} = S$ であるとする．生成系の文字列 w に対してその表す群の元 $\pi(w)$ を $\overline{w}$ と書く．

定義 3.22 アルファベット A 上の文字列 w に対して，w を構成する文字の最初から n 番目までを並べた文字列を w の長さ n の前綴(prefix)といい，$w(n)$ で表す． ∎

いま $w \in S^*$ が与えられたとき，Cayley グラフ $\Gamma(G, S)$ 上の径 $\hat{w}: [0, \infty) \to$

§3.2 オートマティック群の定義と基本的性質

$\Gamma(G,S)$ を以下のように定義する．
 （ⅰ） 整数 $n \leq |w|$ では，$\hat{w}(n) = \overline{w(n)} \in \Gamma(G,S)$ と定める．
 （ⅱ） $t \leq |w|$ の実数については，整数での値を速度1で連続につなぐ．
 （ⅲ） $t \geq |w|$ では点 $\overline{w}$ から動かない．

定義 3.23 Cayley グラフ上の 2 つの径 $p, q: [0, \infty) \to \Gamma(G,S)$ について，その一様距離(uniform distance)を $d_u(p,q) = \sup_{t \in [0,\infty)} d_{\Gamma(G,S)}(p(t), q(t))$ で定める．
□

群がオートマティックであるという条件は，一様距離を使って，乗数オートマトンを表に出さずに言い替えられる．まず次の同伴者条件を定義しよう．

定義 3.24 G の有限生成系 S 上の言語 L が**同伴者条件**(fellow traveller's condition)を満たすとは，ある定数 K があって，$w_1, w_2 \in L$ で，かつある $x \in S \cup \{\epsilon\}$ について $\overline{w_1 x} = \overline{w_2}$ となっているとき，$d_u(\hat{w}_1, \hat{w}_2) \leq K$ となることである．
□

定理 3.25 群 G がその有限生成系 S について，オートマティック構造を持つことは，ある同伴者条件を満たす正規言語 $L \subset S^*$ で，$\pi|L: L \to G$ が全射であるものが存在することと同値である．
□

まず (G,S) についてオートマティック構造 (S, W, M_x) が存在するとして，$L(W)$ が同伴者条件を満たすことを見よう．

S は有限集合で，M_x は有限オートマトンであるから，M_x の状態集合 Σ_x の濃度の最大値が存在する．それを C で表そう．

いま $\overline{w_1 x} = \overline{w_2}$, $w_1 \in L(W)$, $w_2 \in L(W)$ とすると，(w_1, w_2) は M_x に受理される．M_x の初期状態を s_x としよう．そこで，$n \in \mathbb{N}$ について，$s_x(w_1(n), w_2(n))$ は，(w_1, w_2) が受理されることより，失敗状態ではない．この点から最終状態へ到達するための最短の語を $(u_1, u_2) \in S^* \times S^*$ としよう．最短であることから同じ状態を二度以上通ることはないので，$|u_1| < C$, $|u_2| < C$ である．ここで $(w_1(n)u_1, w_2(n)u_2)$ は M_x に受理されるので，$\overline{w_1(n)u_1 x} = \overline{w_2(n)u_2}$ となる．これより三角不等式から，$d_{\Gamma(G,S)}(\hat{w}_1(n), \hat{w}_2(n)) \leq 2(C-1) + 1 = 2C - 1$ を得る．整数でない値についての $w_1(t), w_2(t)$ は整数での点から $1/2$ 以下の距離にあるから，一般に $d_{\Gamma(G,S)}(\hat{w}_1(t), \hat{w}_2(t)) \leq 2C$ となる．すな

わち $d_u(\hat{w}_1, \hat{w}_2) \leqq 2C$ となり，$L(W)$ は同伴者条件を満たすことがわかった．

逆に同伴者条件を満たし，G に全射で写る S 上の言語 L からオートマティック構造を作ろう．そのためにまず下のように標準オートマトンを定義する．

定義 3.26 G を有限生成系 S を持つ群で，L を S 上の正規言語，$N \subset G$ を S に関する語距離についての e の k-近傍 $(k \geqq 1)$ とする．このとき $x \in S \cup \{\epsilon\}$ に対して L, N に関する**標準オートマトン** (standard automaton) M_x を以下のように定義する．まず $L\{\$\}^*$ を受理するオートマトンを $W' = (\Sigma, S, \mu, F, s_0)$ とする．(L は正規なので命題 3.18，系 3.20 により，$L\{\$\}^*$ も明らかに正規である．)

s_f を失敗状態として，$\Sigma \times \Sigma \times N$ の元 (s_1, s_2, g) は s_1 あるいは s_2 が失敗状態の時 s_f と $\sim$ で同値であると定義し，$M_x = (\Sigma \times \Sigma \times N \cup \{s_F\})/\sim$ とおく．初期状態は (s_0, s_0, e) とする．状態 (s_1, s_2, g) は，(S, S) の詰め物入り文字 (w_1, w_2) により，$\overline{w_1}^{-1} g \overline{w_2} \in N$ のときには $(s_1 w_1, s_2 w_2, \overline{w_1}^{-1} g \overline{w_2})$ に写され，それ以外では失敗状態に写されるものとする．状態 (s_1, s_2, g) は $s_1, s_2 \in F$，$g = x$ のとき受理状態とする．　□

次の命題を示せば定理 3.25 の証明が終わる．

命題 3.27 S を群 G の有限生成系として，$L = L(W)$ は S 上の同伴者条件を持つ言語で $\pi|L: L \to G$ は全射であるとする．このとき e の十分大きな k-近傍 N をとり，$x \in S \cup \{\epsilon\}$ について標準オートマトン M_x をとると，(S, W, M_x) は G 上のオートマティック構造を定める．

[証明] L は同伴者条件を満たすので，ある $K > 0$ があり，$w_1, w_2 \in L$ で，$x \in S \cup \{\epsilon\}$，$\overline{w_1 x} = \overline{w_2}$ なら $d_u(\hat{w}_1, \hat{w}_2) \leqq K$ となっている．$k \geqq K$ として N をとる．

すると w_1, w_2 が W に受理され，$\overline{w_1 x} = \overline{w_2}$ であるときには，$\forall n \in \mathbb{N}$，$\overline{w_1(n)}^{-1} \overline{w_2(n)} \in N$ となっている．これは M_x において，(s_0, s_0, e) から失敗状態に行かずに，(s_1, s_2, x) に到達できること，すなわち $(w_1, w_2) \in L(M_x)$ を意味する．逆に $(w_1, w_2) \in L(M_x)$ なら，$w_1, w_2 \in L(W)$ で，$\overline{w_1 x} = \overline{w_2}$ であることは明らかである． ∎

定理 3.25 より有限生成系と同伴者条件を満たす言語を受理する語受理機

§3.2 オートマティック群の定義と基本的性質 —— 75

によってオートマティック構造が決まるので，今後オートマティック構造を生成系と同伴者条件を持つ語受理機の対 (S,W) の形で表すことにする．

これを使って，オートマティックとわかる群の例を2つ述べよう．

例 3.28 有限生成自由群はオートマティックである．

［証明］ 例 3.6 で述べたように，$g_1,\cdots,g_n$ で生成される自由群 F_n に対して，$S=\{g_1^{\pm 1},\cdots,g_n^{\pm 1}\}$ の既約語のみを受理するオートマトン W が存在する．そこで S をアルファベット，W を語受理機とする．明らかに $\pi|L(W):L(W)\to F_n$ は全単射である．また，$h,k\in L(W)$ について，$\overline{hg_i}=\overline{k}$ となる $g_i\in S$ があったとすると，$hg_i=k$ または $h=kg_i^{-1}$ であり，$d_u(\hat{h},\hat{k})\leqq 1$ である．よって W は同伴者条件を満たすので，オートマティック構造を定める． ∎

例 3.29 有限生成 Abel 群はオートマティックである．

［証明］ G を有限生成 Abel 群とすると，有限生成 Abel 群の基本定理より，G は有限個の巡回群の直積と同型である．そこで各因子の巡回群から生成元をとってきて，G の生成系 $S=\{g_1^{\pm 1},\cdots,g_n^{\pm 1}\}$ を作る．いま $g_1^{p_1}g_2^{p_2}\cdots g_n^{p_n}$ という形の語で，g_i が無限位数のときは p_i は任意の整数で，g_i が有限位数 q を持つときは $0\leqq p_i<q$ となる整数であるようなものを考えると，G の元はこのような語で一意的に表せる．このような語の全体を L とすれば $\pi|L:L\to G$ は全単射である．L が正規であることは，実際に L を受理するオートマトンを作れば示せるが，これは読者に委ねる．

次に L が同伴者条件を満たすことをみよう．$\pi|L$ の全単射性より，$\overline{w_1}=\overline{w_2}$，$w_1,w_2\in L$ なら $w_1=w_2$ である．そこで $w_1,w_2\in L$ で，$\overline{w_1g_i}=\overline{w_2}$ となる $g_i\in S$ があるとしよう．L の定義より，w_1 と w_2 は g_i の指数を除いては同じで，g_i の指数が w_2 のものの方が 1 だけ大きくなっている．G が Abel 群であることを考えあわせると，$w_1(n)$ が g_{i+1} を含まないような小さい n では $\overline{w_1(n)}=\overline{w_2(n)}$ であり，それ以降は $\overline{w_1(n)g_i}=\overline{w_2(n+1)}$ であることがわかる．従って，$d_u(\hat{w}_1,\hat{w}_2)\leqq 2$ であり，L は同伴者条件を満たす． ∎

(b) 生成系の取り替え

オートマティック構造の定義は生成系に依存していた．この項では群があ

る生成系についてオートマティックなら，別の生成系についてもそうであることを示す．

命題 3.30 S, S' を群 G の有限生成系とする．G が S 上のオートマティック構造 (S, W) を持つならば，S' 上でもオートマティック構造を持つ．

[証明] 生成系を取り替えると語の長さが変わるため，そのままでは同伴者条件を証明するときに困難な点が生じる．これを回避するためまず生成系に単位元を表す文字 e を加えてもオートマティック構造が作れること，および e が生成系に入っていて，オートマティック構造があるときは，それを除去してもオートマティック構造が作れることを証明する．

まず e は S に含まれていない文字で，G の単位元を表すとする．$S_+ = S \cup \{e\}$ として，S_+ 上のオートマティック構造が作れることを示そう．S_+ 上のオートマトン W_+ を W と同じ状態集合を持ち，どの状態からも e によっては失敗状態へ行くものとする．このとき明らかに $L(W_+) = L(W)$ である．また $w_1, w_2 \in L(W_+)$ のとき，$\overline{w}_1$ と $\overline{w}_2$ の S に関する語距離と S_+ に関する語距離は同じである．従って $L(W_+)$ も同伴者条件を満たす．

次に e が S に含まれているとして，$S_- = S \setminus \{e\}$ 上にもオートマティック構造があることを示そう．S_- 上の語で空文字列でなく G の単位元を表すものの z を 1 つとる．(例えば $x \in S_-$ のとき xx^{-1} を考えればよい．) $m = |z|$ とする．$w \in L(W)$ について，w 中に e が出てきたらそのうち m 個につき 1 つごとに z に置き換え，他は除去する．こうしてできた語全体の集合を L_- とする．

L_- は正規であることを示そう．元の語受理機 $W = (\Sigma, S, \mu, F, s_0)$ を用いて，次のような一般的非決定的オートマトン M を考える．状態集合は $s \in \Sigma$ と $0 \leq i < m$ となる整数 i の対 (s, i) 全体の集合とする．初期状態は $(s_0, 0)$ 1 つとする．最終状態は (s, i), $s \in F$ という形の状態とする．μ' を $s \in \Sigma$, $x \in S$ に対して，$((s, i), x, (\mu(s, x), i))$, $((s, 0), z, (\mu(s, e), m-1))$, $((s, i), \epsilon, (\mu(s, e), i-1))$ いずれかの形をした元全体からなるとする．

$L(M) = L_-$ であることを見る．M において $(s_0, 0)$ から (s, i) ($s \in F$) に語 $w \in S^*$ で到達したとしよう．いまラベルに z または ϵ の付いた矢を通るとき

§3.2 オートマティック群の定義と基本的性質 ―― 77

に，それぞれ z を e に取り替えるか，e を挿入するかし，語 w' を作ると，左の成分を考えれば，$w' \in L$ がわかる．逆に見ると w は w' の e を z に取り替えるか省くかしたもので，状態の右の成分を考えると一度 e を z に取り替えると次の $m-1$ 回は e は省かれることがわかる．よって $w \in L_-$ である．逆に $w \in L_-$ なら M に受理されることも明らかであろう．

次に L_- が同伴者条件を満たすことを見よう．$w_1, w_2 \in L_-$ で，$\overline{w_1 x} = \overline{w}_2$ となる $x \in S \cup \{\epsilon\}$ があったとしよう．L_- の定義より，w_1, w_2 のもととなった L の元 w_1', w_2' がある．w_1 は w_1' の e を m 個ごとに z に変えたので，$\hat{w}_1$ の径は $\hat{w}_1'$ から z の箇所で m 以下の距離だけ離れる他は $\hat{w}_1'$ 上にのっていて，パラメーターの遅れも m 以下である．従って $d_u(\hat{w}_1, \hat{w}_1') \leqq m$ で，同様にして，$d_u(\hat{w}_2, \hat{w}_2') \leqq m$ となる．仮定より L は同伴者条件を満たすので，語によらない定数 K があり，$d_u(\hat{w}_1', \hat{w}_2') \leqq K$ となるから，三角不等式より，$d_u(\hat{w}_1, \hat{w}_2) \leqq K+2m$ となり，L_- は同伴者条件を満たすことがわかった．

以上を踏まえて，一般の場合を考えよう．S_1, S_2 を 2 つの生成系とする．上で示されたことより，双方とも e を含むとして考えればよい．S_1, S_2 双方とも生成系なので，S_1 の各元は S_2 の元の積で表せ，S_2 の各元は S_1 の元の積で表せる．S_1, S_2 は有限集合なので定数 c_1, c_2 で，S_1 の各元は S_2 の長さ c_1 以下の積で表せ，S_2 の各元は S_1 の長さ c_2 以下の積で表せるようなものがある．双方 e を含むので，e を挿入することにより，積で表したときの長さを一定の数，c_1, c_2 にそれぞれできる．いま各生成元の別の生成系の積の表し方で，上のように長さ c_1, c_2 のものを 1 つ固定する．これは写像 $f_1 : S_1 \to S_2^*$，$f_2 : S_2 \to S_1^*$ を定め，それぞれを拡張した半群準同型 f_1, f_2 ができる．

S_1 上の語受理機 W について，$f_1(L(W))$ を L_2 とおく．系 3.12 より L_2 は正規である．L_2 が同伴者条件を満たすことを見よう．$w, w' \in L_2$ を $\overline{wx} = \overline{w'}$ となる $x \in S_2$ があるものとする．L_2 の定義より $u, u' \in L(W)$ があり，$w = f_1(u)$，$w' = f_1(u')$ となっている．すると，$\overline{u'} = \overline{w'} = \overline{wx} = \overline{uf_2(x)}$ となる．$f_2(x)$ は長さ c_2 の S_1 上の語であるから，$L(W)$ が同伴者条件を満たすことと，三角不等式より，$\Gamma(G, S_1)$ 上で，$d_u(\hat{u}, \hat{u}') \leqq c_2 K$ となっているはずである．(K は $L(W)$ の同伴者条件により存在の保証された，一様距離を抑える

定数である.)

われわれは $\hat{w}$ と $\hat{w}'$ の一様距離を $\Gamma(G, S_2)$ 上で抑える必要があるのであった.$n \in \mathbb{N}$ について,$\overline{w(n)}$ と $\overline{w'(n)}$ の距離を考えよう.w, w' は u, u' に f_1 によって代入を施したものなので,代入の切れ目を考えれば,ある整数 m があり,$d_{\Gamma(G,S_2)}(\overline{u(m)}, \overline{w(n)}) \leqq c_1$, $d_{\Gamma(G,S_2)}(\overline{u'(m)}, \overline{w'(n)}) \leqq c_1$ となることがわかる.上で注意したように,$d_{\Gamma(G,S_1)}(\overline{u(m)}, \overline{u'(m)}) \leqq c_2 K$ であるから,補題 1.10 の証明より,$d_{\Gamma(G,S_2)}(\overline{u(m)}, \overline{u'(m)}) \leqq c_1 c_2 K$ がわかる.これらより $d_{\Gamma(G,S_2)}(\overline{w(n)}, \overline{w'(n)}) \leqq c_1 c_2 K + 2c_1$ を得,$\hat{w}$ と $\hat{w}'$ の $\Gamma(G, S_2)$ における一様距離が抑えられ,L_2 が同伴者条件を満たすことがわかった. ∎

§3.3 双曲的群のオートマティック構造

この節では前章で定義した双曲的群がオートマティック群であることを示す.そのためにまず錐型とよばれるものを定義する.この節でも引き続き群の(半群としての)生成系 S は常に逆元をとる操作について閉じている,すなわち,$x \in S \Rightarrow x^{-1} \in S$ であるとする.

定義 3.31 S を群 G の有限生成系とするとき $w \in S^*$ が測地語(geodesic word)であるとは,$\hat{w}|[0, |w|]$ が Cayley グラフ $\Gamma(G, S)$ において測地線分であることである. □

以降簡単のため $\hat{w}|[0, |w|]$ も $\hat{w}$ と表すことにする.

定義 3.32 G, S を上と同様とするとき,$w \in S^*$ について,w の錐型(cone type)とは,集合 $C(w) = \{\gamma \in S^* \mid w\gamma$ が測地語$\}$ のことである.w 自体が測地語でなければ $C(w)$ は空集合である.w, w' が測地語で,$\overline{w} = \overline{w'} = g \in G$ なら,$C(w) = C(w')$ であることが簡単にわかる.これを $C(g)$ で表し,g の(S に関する)錐型と呼ぶ. □

錐型が有限通りしかない場合,次のようにしてオートマトンを作ることができる.

定義 3.33 G の元の S に関する錐型が有限通りしかないとする.このとき次のようにしてオートマトン $M = (\Sigma, S, \mu, F, s_0)$ を作る.Σ は G の元の

§3.3 双曲的群のオートマティック構造

S に関する錐型全体および空集合の作る有限集合とする．$C \in \Sigma$, $x \in S$ について，$\mu(C, x) = C(cx)$ (c は C を錐型とする測地語) とする．c, c' が C を錐型とするとき，$y \in C(cx) \Leftrightarrow cxy$ は測地線分 $\Leftrightarrow xy \in C \Leftrightarrow c'xy$ は測地語 $\Leftrightarrow y \in C(c'x)$ となるので，上の定義は c の選び方によらない．

初期状態 s_0 は $C(e)$ とし，最終状態 F は空集合を除くすべての状態とする．空集合は失敗状態とする．

このようにしてできたオートマトンを G の S に関する**錐型オートマトン**という．明らかに M が受理するのは S に関する測地語全体の作る言語である． □

双曲的群についてはこのオートマトンがオートマティック構造を与える．

定理 3.34 G を双曲的群として，S をその有限生成系とする．このとき G には S に関する錐型オートマトンを語受理機とするオートマティック構造が存在する． □

まず次の補題を証明しよう．

補題 3.35 G を δ-双曲的群としたとき，$u, v \in S^*$ が測地語で，$\overline{ux} = \overline{v}$ となるような $x \in S \cup \{\epsilon\}$ が存在するならば，$d_u(\hat{u}, \hat{v}) \leq 8\delta + 2$ である．

[証明] $x \neq \epsilon$ ならば，$\Gamma(G, x)$ で $\overline{u}$ と $\overline{v}$ を結ぶ長さ 1 の測地線分 a が存在する．そこで測地三角形 $\Delta = \hat{u} \cup \hat{v} \cup a$ を考える．Δ が 4δ-細であることより，任意の $\hat{u}(t)$ に対して $d_{\Gamma(G, S)}(\hat{u}(t), \hat{v}(s)) \leq 4\delta + 1$ となる s がある．(三脚で同一視される点が a にのっていてもそこから距離 1 以内に $\hat{v}$ の像がある．) $x = \epsilon$ のときは，同様にして $d_{\Gamma(G, S)}(\hat{u}(t), \hat{v}(s)) \leq 4\delta$ となる s がある．

ここで $0 \leq t \leq |u|$ する．さて $d_{\Gamma(G, S)}(\hat{u}(t), \hat{v}(s)) \leq 4\delta + 1$ なら $\hat{u}, \hat{v}$ 双方が測地線分であることより，$|s - t| \leq 4\delta + 1$ である．よって，$d_{\Gamma(G, S)}(\hat{u}(t), \hat{v}(t)) \leq 8\delta + 2$ がわかる．$t \geq |u|$ では $\hat{u}(t)$ は $\overline{u}$ に止まっていて，$\hat{v}(t)$ の方は進めても，あと 1 だけで $\overline{v}$ に到達するので明らかに同じ不等式が成立する． ■

この補題より，もし測地語全体の作る言語 L が正規なら，それは同伴者条件を満たし，G のオートマティック構造を定めることがわかる．G の生成系 S に関する錐型が有限通りしかなければ，L は錐型オートマトンに受理されるので正規になる．従ってあとは G の錐型が有限通りであることを示せばよ

補題 3.36 この状況で G の S に関する錐型は有限個である.

[証明] 自然数 r について, $g \in G$ の r-階層とは $\ell_S(h) \leqq r$ となる $h \in G$ で, $\ell_S(gh) < \ell_S(g)$ となるもの全体の集合のことであるとする. いま g, g' が同じ $(8\delta+3)$-階層を持つなら $C(g) = C(g')$ であることを示す. r-階層は e から r 以下の語距離にある G の元からなる集合であるから, 有限通りしかない. 従ってこれが示されれば錐型も有限通りであることがわかる.

g, g' が同じ $(8\delta+3)$-階層を持つとして, g, g' を表す測地語 w, w' をとる. g, g' の錐型が同じであるとは, wu が測地語であることと $w'u$ が測地線であることが同値であるということであった. そこで wu が測地語なら $w'u$ もそうであることを $|u|$ に関する帰納法で示そう. $|u| = 0$ のときは双方とも測地語なので自明である. そこで $x \in S$ として, wux と $w'u$ が測地語であるとき, $w'ux$ も測地語であることを示す.

いまこの状況で $w'ux$ が測地語でないと仮定しよう. すると $\overline{w'ux}$ を表す測地語があるので, その $|w'|-1$ 前綴を v_1 とおき, 全体として $v_1 v_2$ と表す. ($w'u$ は測地語だったので, $\ell_S(\overline{w'ux}) \geqq |w'|$ である.) $v_1 v_2$ は測地語であるから $|v_1 v_2| < |w'| + |u| + 1$ なので, $|v_1| + |v_2| = |v_1 v_2| \leqq |w'| + |u|$, すなわち $|v_2| \leqq |u| + 1$ となる.

一方 $v_1 v_2$ と $w'u$ は終点が 1 だけ離れた測地線分なので, 補題 3.35 より, $d_u(\widehat{v_1 v_2}, \widehat{w'u}) \leqq 8\delta+2$ である. v_1 と w' はそれぞれの前綴で長さは 1 だけ違うので, $d_u(\hat{v}_1, \hat{w}') \leqq 8\delta+3$ を得る. よって特に $\overline{w'}^{-1}\overline{v_1}$ は e から距離 $8\delta+3$ 以下にある. $\ell_S(\overline{v}_1) = |v_1| < |w'| = \ell_S(\overline{w'})$ より, $\overline{w'}^{-1}\overline{v_1}$ は $\overline{w'}$ の $(8\delta+3)$-階層であり, 仮定より $\overline{w}$ の $(8\delta+3)$-階層にもなっているはずである. 従って, $\ell_S(\overline{ww'^{-1}v_1}) < \ell_S(\overline{w}) = |w|$ である. これより $\ell_S(\overline{wux}) = \ell_S(\overline{ww'^{-1}v_1 v_2}) \leqq \ell_S(\overline{ww'^{-1}v_1}) + \ell_S(\overline{v}_2) < |w| + |u| + 1$ となるが, これは wux が測地語であることに矛盾する.

よって g の錐型の元が g' の錐型に含まれることがわかった. まったく同じ議論で逆も成立するので, g と g' の錐型は一致する. ∎

これで G の S に関する錐型は有限通りしかないことがわかったので, 錐

型オートマトンが構成できる．これは測地語全体からなる言語を受理するが，補題 3.35 よりこの言語は同伴者条件を満たすので，オートマティック構造を定める．かくして定理 3.34 が証明された．

§3.4 測地オートマトンと双曲的群

前節では双曲的群は，測地語全体が受理される語となるようなオートマティック構造を持つことを示した．この節では逆にそのようなオートマティック構造を持つ群は，双曲的群に限るという Papasoglu による結果を紹介する．

定理 3.37 群 G が測地語全体の集合が語受理機の受理言語であるようなオートマティック構造を持つならば，G は双曲的群である． □

命題 2.33 で双曲的測地空間の測地線は指数的に発散することを見た．ここでは逆に測地線が発散する測地的空間は双曲的であることを見る．そのためにまず次の補題を示す．

補題 3.38 X を測地空間として，X の測地線が発散するとすると，それは指数的に発散する．

[証明] f を発散関数で $\lim_{r\to\infty} f(r) = \infty$ であるとしよう．発散関数を $f(0)$ は保ったまま，最も厳しく評価するもの，つまり最も大きいものに取り替える．すなわち始点 x を共にする測地線分 γ, γ' で $d_X(\gamma(R), \gamma'(R)) \geq f(0)$ のときの $\gamma(R+r)$ と $\gamma'(R+r)$ を $\mathrm{Int}\, B_x(R+r)$ の外で結ぶ弧の長さの下限を，このような測地線分 γ, γ' も動かして下限をとった値を $f(r)$ とする．もちろんこのとき $\lim_{r\to\infty} f(r) = \infty$ は保たれる．

いま $r_0 = \sup\{r \mid f(r) \leq 9f(0)\}$，$r_1 = r_0 + 3f(0) + 1$ とおく．また $s = \sup\{r \mid f(r) \leq 4r_1 + 2\}$ とおく．このとき次の主張を示す．

主張 1 $r \geq r_1 + s$ なら $f(r) \geq \dfrac{3}{2} f(r-r_1)$ となる． □

この主張が正しければ明らかに f は指数関数で下から抑えられるので補題の証明は終わる．

この主張の証明を始める前に，まず γ, γ' が共通の始点 x を持つ測地線分で，$d_X(\gamma(R), \gamma'(R)) \geq f(0)$ なら $d_X(\gamma(R+r_1), \gamma'(R+r_1)) \geq 3f(0)$ であること

を背理法で示す．この状況で $d_X(\gamma(R+r_1), \gamma'(R+r_1)) < 3f(0)$ であったとしよう．すると $\gamma(R+r_1)$ と $\gamma'(R+r_1)$ は，長さが $3f(0)$ より短い測地線分 α で結べる．$r_1 > 3f(0)$ であるから，α は $B_x(R+r_1-3f(0))$ の外にある．そこで弧 $\alpha' = \gamma([R+r_1-3f(0), R+r_1]) \cup \alpha \cup \gamma'([R+r_1-3f(0), R+r_1])$ を考えよう．α' は長さが $9f(0)$ より短い．しかし一方 r_0 の定義より $r > r_0$ で $f(r) > 9f(0)$ であるから，$f(R+r_1-3f(0)) > 9f(0)$ であり，f のとり方より $\text{length}(\alpha') > 9f(0)$ でなくてはならない．これは矛盾である．

主張の証明を始めよう．いまある $r \geq r_1 + s$ をとる．f の定義から，ある点 x を始点とする測地線分 γ, γ' と，$d_X(\gamma(R), \gamma'(R)) \geq f(0)$ で $\gamma(R+r)$ と $\gamma'(R+r)$ を $\text{Int} B_x(R+r)$ の外で結ぶ弧 α で，長さが $f(r)+1$ より小さいものがとれる．α は $\gamma(R+r)$ の方を始点としておく．いま $t_1 \in [0, \text{length}(\alpha)/2]$ を $d_X(x, \alpha(t_1)) = R+r+r_1$，かつ $t \in (t_1, \text{length}(\alpha)/2] \Rightarrow d_X(x, f(t)) \geq R+r+r_1$ となるものとしてとる．このような t_1 がないときは $t_1 = \text{length}(\alpha)/2$ とおく．同様に $t_2 \in [\text{length}(\alpha)/2, \text{length}(\alpha)]$ を $d_X(x, \alpha(t_2)) = R+r+r_1$ かつ $t \in [\text{length}(\alpha/2), t_2) \Rightarrow d_X(x, f(t)) \geq R+r+r_1$ となるものとしてとる．このような t_2 がなければ，$t_2 = \text{length}(\alpha)/2$ とする．すると $t_1 = t_2 = \text{length}(\alpha)/2$ の場合を除いて，$d_X(x, \alpha(t_1)) = d_X(x, \alpha(t_2)) = R+r+r_1$ で，$\forall t \in [t_1, t_2]$, $d(x, \alpha(t)) \geq R+r+r_1$ である．

$t_1 = t_2 = \text{length}(\alpha)/2$ でないとする．β_1, β_2 をそれぞれ x と $\alpha(t_1), \alpha(t_2)$ を結ぶ測地線分とする．すると $d_X(\gamma(R+r_1), \beta_1(R+r_1)) + d_X(\beta_1(R+r_1), \beta_2(R+r_1)) + d_X(\beta_2(R+r_1), \gamma'(R+r_1)) \geq d_X(\gamma(R+r_1), \gamma'(R+r_1))$ だが，右辺は上に示したように，$3f(0)$ 以上である．よって左の3項のうち1つは必ず $f(0)$ 以上であるはずである．

まず $d_X(\beta_1(R+r_1), \beta_2(R+r_1)) \geq f(0)$ として考えよう．すると β_1, β_2 に発散関数 f による下からの評価を適用すると，$\beta_1(R+r_1+r)$ と $\beta_2(R+r_1+r)$ を $\text{Int} B_x(R+r_1+r)$ の外で結ぶ弧の長さは $f(r)$ 以上のはずである．定義より $\alpha|[t_1, t_2]$ は $\beta_1(R+r_1+r)$ と $\beta_2(R+r_1+r)$ を $\text{Int} B_x(R+r_1+r)$ の外で結ぶ弧であるから，その長さは $f(r)$ 以上である．一方 $\text{length}(\alpha|[0, t_1]) \geq d_X(\gamma(R+r), \alpha(t_1)) \geq d_X(x, \alpha(t_1)) - d_X(x, \gamma(R+r)) = r_1$ であり，同様に $\text{length}(\alpha|[t_2,$

length(α)])$\geqq r_1$ であるから，length($\alpha|[t_1,t_2]$)$\leqq$ length(α)$-2r_1 \leqq f(r)+1-2r_1 < f(r)$ となる．これは矛盾である．

よって第1項か第3項が $f(0)$ 以上となるが，γ と γ' の立場は同じだから，$d_X(\gamma(R+r_1),\beta_1(R+r_1))\geqq f(0)$ として考えればよい．弧 $\alpha'=\alpha|[0,t_1]\cup \beta_1|[R+r,R+r_1+r]$ は $\gamma(R+r)$ と $\beta_1(R+r)$ を Int $B_x(R+r)$ の外で結んでいる．また length(α')$\leqq$ length(α)$/2+r_1 \leqq (f(r)+1)/2+r_1$ となる．このとき f による下からの評価が，γ と β_1 が $R+r_1$ で $f(0)$ 以上離れていることより使えて，length(α')$\geqq f(r-r_1)$ を得る．従って $(f(r)+1)/2+r_1 \geqq f(r-r_1)$，すなわち $f(r)\geqq 2\{f(r-r_1)-r_1-1/2\}$ となる．一方で $r\geqq r_1+s$ だったので，$f(r-r_1)\geqq 4r_1+2$ であるから，$f(r-r_1)-r_1-1/2\geqq \frac{3}{4}f(r-r_1)$ となる．これより $f(r)\geqq \frac{3}{2}f(r-r_1)$ が得られる．

$t_1=t_2=$ length(α)$/2$ のときは，β_1 を x と $\alpha($length(α)$/2)$ を結ぶ測地線分とし，その長さが l だったとする．上と同様の不等式 $d(\gamma(R+r),\beta_1(l))+d(\beta_1(l),\gamma'(R+r))\geqq 3f(0)$ を得るので，片方は $f(0)$ 以上であるから，$d(\gamma(R+r),\beta_1(l))\geqq f(0)$ としてよい．そこで $\alpha'=\alpha|[0,$length(α)$/2]\cup \beta_1|[R+r,l]$ として，$l\leqq R+r+r_1$ を使い前段と同様の議論を行えば，同じ不等式を得る．∎

次に測地線の発散から空間が双曲的であることを導こう．

補題 3.39 X が測地空間で測地線が指数的に発散するとする．すると X は双曲的である． □

（実は以下の証明では発散関数が1次より大きい，すなわち1次関数で上から抑えられないことだけが必要である．）

[証明] f を X の発散関数で指数関数であるとする．f のみで決まる定数 $\delta\geqq 0$ が存在して，X の測地三角形がすべて δ-狭であることを示す．

$\varDelta=\overline{xy}\cup\overline{yz}\cup\overline{zx}$ を測地三角形とする．$L=\min\{$length($\overline{xy}$), length($\overline{xz}$)$\}$ として，$t_x=\sup\{t\in[0,L]|d_X(\overline{xy}(t),\overline{xz}(t))\leqq f(0)\}$，$x_y=\overline{xy}(t_x)$，$x_z=\overline{xz}(t_x)$ とする．同様にして t_y, t_z と $y_z\in\overline{yz}$，$y_x\in\overline{yx}$，$z_x\in\overline{zx}$，$z_y\in\overline{zy}$ を定義する．以降 $\varDelta$ の辺上の2点を結ぶ測地線は必ずその辺の上にとることとする．

まず $\overline{xx_y}\cap\overline{y_xy}\neq\emptyset$，$\overline{yy_z}\cap\overline{z_yz}\neq\emptyset$，$\overline{zz_x}\cap\overline{x_zx}\neq\emptyset$ のいずれかが成り立つ

場合を考える。$w \in \overline{xx_y} \cap \overline{y_xy}$ とすると、$w' \in \overline{xx_z}$, $w'' \in \overline{yy_z}$ で $d_X(x,w) = d_X(x,w')$, $d_X(y,w) = d_X(y,w'')$ となるものをとれば、t_x, t_y の定義より、$d_X(w,w') \leq f(0)$, $d_X(w,w'') \leq f(0)$ であるから、$d_X(w',w'') \leq 2f(0)$ を得る。このとき $d_X(z_x, w'), d_X(z_y, w'')$ は f のみで決まる定数で上から抑えられることを示す。いまある $r \leq \min\{d_X(z,w'), d_X(z,w'')\} - t_z$ について、$d_X(z, \overline{w'w''}) < t_z + r$ であるとすると、length$(\overline{w'w''}) \leq 2f(0)$ より $d_X(z,w') < 2f(0) + t_z + r$, $d_X(z,w'') < 2f(0) + t_z + r$ となる。そこで $r = \max\{d_X(z,w'), d_X(z,w'')\} - t_z - 2f(0)$, $v' = \overline{zw'}(t_z + r)$, $v'' = \overline{zw''}(t_z + r)$ とおこう。すると $d_X(w',w'') \leq 2f(0)$ より、$r \leq \min\{d_X(z,w'), d_X(z,w'')\} - t_z$ は成立する。$r \leq 0$ であれば、そのままにしておき、$r > 0$ のときを考える。すると上で見たことにより、Int $B_z(t_z + r) \cap \overline{w'w''} = \emptyset$ とならなくてはいけない。そこで、$\alpha = \overline{v'w'} \cup \overline{w'w''} \cup \overline{w''v''}$ を考えると、これは v', v'' を Int $B_z(t_z + r)$ の外で結ぶ弧であるから発散関数を使い、$f(r)$ で下から抑えられるはずである。よって $d_X(z,w') + d_X(z,w'') - 2r - 2t_z + 2f(0) \geq f(r)$, さらに $6f(0) \geq f(r)$ を得る。これより r が上から抑えられた。よって $r \leq 0$ の場合も含めて、$\max\{d_X(z,w'), d_X(z,w'')\} - t_z$ が f のみで決まる定数で上から抑えられた。これは $\overline{xz} \backslash (\overline{xw'} \cup \overline{zz_x})$, $\overline{yz} \backslash (\overline{yw''} \cup \overline{zz_y})$ の長さを f のみで決まる定数 K で上から抑えたことになるので、Δ は $2f(0) + K/2$-狭であるからこの場合は補題の証明が終わった。$\overline{yy_z} \cap \overline{z_yz} \neq \emptyset$, $\overline{zz_x} \cap \overline{x_zx} \neq \emptyset$ でもまったく同じ議論ができる。

そこで $\overline{xx_y} \cap \overline{yy_x} = \emptyset$, $\overline{yy_z} \cap \overline{z_yz} = \emptyset$, $\overline{zz_x} \cap \overline{x_zx} = \emptyset$ と仮定してよい。いま $M = \max\{d_X(x_y, y_x), d_X(y_z, z_y), d_X(z_x, x_z)\}$ とおくとき、Δ は $(M/2 + f(0))$-狭であるから、M が上から抑えられることを見ればよい。必要なら x, y, z を取り替えて、$d_X(x_y, y_x) = M$, $d_X(y_z, z_y) \geq d_X(z_x, x_z)$ としてよい。

$\overline{x_yy_x} \subset \overline{xy}$ の中点を m としよう。x を中心とする半径 $d_X(x, m)$ の閉近傍 B_x と y を中心とする半径 $d_X(y, m)$ の閉近傍 B_y を考える。明らかに Int $B_x \cap B_y = \emptyset$ である。

Int $B_y \cap \overline{xz}$ が空集合のときとそうでないときに分けて考える。まず Int $B_y \cap \overline{xz} = \emptyset$ と仮定しよう。$\partial B_y \cap \overline{yz} = p$ とすると、$d_X(y, y_x) = d_X(y, y_z)$ であるから、$p \in \overline{y_zz}$ である。p と m は $\overline{pz_y}, \overline{z_yz_x}, \overline{z_xx_z}, \overline{x_zx_y}, \overline{x_ym}$ をつない

だ弧 a で結ばれ,仮定より $a\cap \text{Int} B_y=\varnothing$ である.それぞれの弧の長さを上から抑えて,$\text{length}(a)\leqq 2M+2f(0)$ となるが,指数的な発散関数 f があるとの仮定より,左辺が $f(M/2)$ で下から抑えられるので,これは M が f による定数で上から抑えられることを導く.Δ は明らかに $(M/2+f(0))$-狭であるので,これは X が双曲的であることを意味する.

次に $\text{Int} B_y\cap \overline{xz}\neq\varnothing$ としよう.$w\in\text{Int} B_y\cap\overline{xz}$ をとる.$\text{Int} B_y\cap B_x=\varnothing$ なので $w\notin B_x$ である.まず $w\in\overline{xx_z}$ ではあり得ないことに注意する.実際 $w\in\overline{xx_z}$ であったとすると,y と x を結ぶ長さ $d_X(y,m)+d_X(m,x)$ 未満の弧がとれて,$\overline{xy}$ が測地線分であることに矛盾する.よって $w\in\overline{x_zz}$ である.$d_X(z_y,y_z)\geqq d_X(z_x,x_z)$ と仮定したから,$\overline{y_zz}$ 上の点 v で $d_X(z,w)=d_X(z,v)$ となる点がとれる.また $d_X(z,x_z)\leqq d_X(z,y_z)$ となる.いま $w\notin B_x$ を使って,$d_X(v,y_z)=d_X(z,y_z)-d_X(z,v)=d_X(z,y_z)-d_X(z,w)\geqq d_X(z,x_z)-d_X(z,w)=d_X(x_z,w)>d_X(x_y,m)=d_X(y_x,m)$ を得る.従って,$d_X(v,y)=d_X(v,y_z)+d_X(y_z,y)>d_X(y_x,m)+d_X(y,y_x)=d_X(y,m)$ となり,$v\notin B_y$ となる.一方 $d_X(v,y)=d_X(z,y)-d_X(z,v)\leqq d_X(z,w)+d_X(w,y)-d_X(z,v)=d_X(w,y)<d_X(y,m)$ なので,$v\in B_y$ である.これは矛盾である.従って実は $\text{Int} B_y\cap \overline{xz}=\varnothing$ が成立し,X は双曲的であることが示された.∎

この 2 つの補題より次のことがわかった.

系 3.40 測地空間 X で測地線が発散するなら X は双曲的である. □

この結果を踏まえて定理 3.37 の証明に入ろう.実際には下の命題 3.42 を示す.まず次の用語を準備しよう.

定義 3.41 X を距離空間として,x,y を結ぶ測地線分 a,b があるとき,$a\cup b$ を**二角形**と呼ぶ.t を長さのパラメーター ($t\in[0,\text{length}(a)]$) とするき,$\forall t, d_X(a(t),b(t))\leqq \epsilon$ であれば,この二角形は ϵ-細であるという.逆に $d_X(a(t),b(t))\geqq \epsilon$ となる t があるとき,ϵ-**厚**(ϵ-thick)という.(これは三角形の ϵ-細の定義の自然な拡張である.ϵ-厚の定義で等号を含めるかどうかは重要でない.) □

命題 3.42 X を測地空間として,ある実数 $\epsilon>0$ が存在して,X の任意の二角形は ϵ-細であるとする.このとき X は双曲的である. □

まずこの命題が定理 3.37 を導くことを見よう．群 G が生成系 S に関する測地語全体の集合を受理言語とするオートマティック構造を持ったとする．いま $a \cup b$ が $\Gamma(G,S)$ の二角形とすると，$a \cup b$ を等長変換で移動して片方の頂点は単位元 $e \in G$ であるとしてよい．すると，a, b は同じ元 $g \in G$ を表すある 2 つの測地語 w_a, w_b の表す径である．測地語は受理言語の語なので，同伴者条件より，a, b によらないある定数 K があって，$d_u(\hat{w}_a, \hat{w}_b) \leqq K$ となっている．これはすなわち $a \cup b$ が K-細であるということに他ならない．

最後に命題 3.42 を証明しよう．

［命題 3.42 の証明］　対偶を示す．すなわち $\Gamma(G,S)$ が双曲的でないとしたならば，任意の $n \in \mathbb{N}$ に対して X 内に n-厚である二角形が存在することを証明する．$f: [0, \infty) \to [0, \infty)$ を e を始点とする測地線の発散関数で，$f(0) = 2n^2$ であり，補題 3.38 の証明中のように最も厳しく発散を評価するものとする．すなわち $f(r) = \inf\{d_{\Gamma(G,S)}(\gamma(R+r), \gamma'(R+r)) | \gamma(0) = \gamma'(0) = e,\ d_{\Gamma(G,S)}(\gamma(R), \gamma'(R)) \geqq 2n^2\}$ とする．（ただし γ, γ' は測地線分である．ここで $\Gamma(G,S)$ は有界でないのでいくらでも長い測地線分があることに注意する．）

いま $\lim_{r \to \infty} f(r) = \infty$ であるとしよう．任意の $\Gamma(G,S)$ の始点を同じにする測地線分は始点が G にのっていれば，等長変換で始点を e に移して考えられるし，そうでないときも始点が G にのっている測地線の対でそれぞれ一様距離で 1 以下しか離れていないものが作れるから，このとき $\Gamma(G,S)$ の測地線は発散する．系 3.40 よりこれは $\Gamma(G,S)$ が双曲的であることを意味するので仮定に反する．

そこで $\liminf_{r \to \infty} f(r) = M < \infty$ としてよい．さて $\Gamma(G,S)$ で G の 2 点の距離は整数であるから，r が整数であるとき，$f(r)$ も整数であり，$\liminf_{r \in \mathbb{N}} f(r)$ も M に一致する．よって $f(r) = M$ となる整数 r は無限に存在するはずである．

まず測地線分 γ, γ', $\gamma(0) = \gamma'(0) = e$ で $d_{\Gamma(G,S)}(\gamma(R), \gamma'(R)) \geqq 2n^2$ となり，ある 2 つの整数 $0 \leqq t < t'$ について，

(3.1) $\quad d_{\Gamma(G,S)}(\gamma(R+t), \gamma'(R+t)) \geqq n d_{\Gamma(G,S)}(\gamma(R+t'), \gamma'(R+t'))$

§3.4 測地オートマトンと双曲的群 ―― 87

となるものがとれる場合を考えよう.すなわちある区間で測地線分が急激に近寄る場合である.このときに n-厚二角形が作れることを証明する.

$d_{\Gamma(G,S)}(\gamma(R+t'),\gamma'(R+t'))=m$ とおいて $a:[0,m]\to \Gamma(G,S)$ を $\gamma(R+t')$, $\gamma'(R+t')$ を結ぶ測地線分とする.さらに e と $a(i)$ $(i=0,\cdots,m)$ を結ぶ測地線分を $b_0,b_1,\cdots,b_m$ とし,length$(b_i)=l_i$ とおこう.この状況で $\gamma(R+t)$ と $\gamma'(R+t)$ は区分的に測地的な弧 $\overline{b_0(R+t)b_1(R+t)}\cup\overline{b_1(R+t)b_2(R+t)}\cup\cdots\cup\overline{b_{m-1}(R+t)b_m(R+t)}$ で結ばれている.($b_i(R+t)$ が定義されていない可能性もあるが,そのときは $a(i)$ で代用する.)いま条件(3.1)より,$d_{\Gamma(G,S)}(\gamma(R+t),\gamma'(R+t))\geqq nm$ であるから,少なくとも1つの i については $d_{\Gamma(G,S)}(b_i(R+t),b_{i+1}(R+t))\geqq n$ でなければならない.

そこで n-厚な二角形を次のようにして作れる.まず $l_i<l_{i+1}$(すなわち $l_i+1=l_{i+1}$)であるときは $b_i'=b_i\cup a[i,i+1]$ は測地線分である.従って $b_i'\cup b_{i+1}$ は n-厚な二角形である.$l_i>l_{i+1}$ の場合も同様である.次に $l_i=l_{i+1}$ であったとする.このときは $b_i'=b_i\cup a[i,i+1/2]$, $b_{i+1}'=b_{i+1}\cup a[i+1/2,i+1]$ は双方とも測地線分であり,$b_i'\cup b_{i+1}'$ が n-厚な二角形になる.

それでは次に上のような γ,γ',t,t' が存在しない場合を考えよう.これは直観的には e を発する γ,γ' がずっとほとんど平行であり続けることを意味する.いま r に対して γ,γ' を適当に選べば,$d_{\Gamma(G,S)}(\gamma(R),\gamma'(R))\geqq 2n^2$ で,$d_{\Gamma(G,S)}(\gamma(R+r),\gamma'(R+r))=M$ となるような r はいくらでも大きくとれたので,$r\geqq(2^{Mn}-1)(Mn)^2$ となるようにできる.

すると $t\in[0,r]\cap\mathbb{N}$ について,$2n<d_{\Gamma(G,S)}(\gamma(R+t),\gamma'(R+t))<Mn$ となっている.実際もし $d_{\Gamma(G,S)}(\gamma(R+t),\gamma'(R+t))<2n$ とすると,$d_{\Gamma(G,S)}(\gamma(R),\gamma'(R))>nd_{\Gamma(G,S)}(\gamma(R+t),\gamma'(R+t))$ であるから,式(3.1)を満たすことになり仮定に反する.また $d_{\Gamma(G,S)}(\gamma(R+t),\gamma'(R+t))>Mn$ であるとすると,$d_{\Gamma(G,S)}(\gamma(R+t),\gamma'(R+t))>nd_{\Gamma(G,S)}(\gamma(R+r),\gamma'(R+r))$ であるから,やはり式(3.1)を満たし仮定に反する.

$t\in[0,r]$ が整数のとき $d_{\Gamma(G,S)}(\gamma(t),\gamma'(t))$ も整数であり,$(2n,Mn)$ に入っているから,ある整数 $L\in(2n,Mn)$ で,$d_{\Gamma(G,S)}(\gamma(t),\gamma'(t))=L$ となる $[0,r]$ の整数が $r/(M-2)n\geqq(2^{Mn}-1)Mn$ 以上あるようなものがある.この L に

ついて $L/2$-厚二角形があることを示せば，それは n-厚でもあるので証明が完結する．上のように $d_{\Gamma(G,S)}(\gamma(t), \gamma'(t)) = L$ となり，$t \in [0, r]$ が整数のときの $\gamma(t)$ の作る集合を $L(\gamma)$，$\gamma'(t)$ の作る集合を $L(\gamma')$ で表そう．

主張2 $\Gamma(G, S)$ に $L/2$-厚二角形がないとする．$P = \gamma(t) \in L(\gamma)$ として，$Q = \gamma'(t') \in L(\gamma')$ で，$t' \geq t$ であり，Q は $\gamma'(t)$ から $(2^p - 1)L$ 番目の $L(\gamma')$ の点であるとする．すると $d_{\Gamma(G,S)}(P, Q) \leq t' - t + L - p$ となる．

[証明] p に関する帰納法で証明する．$p = 0$ のときは $Q = \gamma'(t) \in L(\gamma')$ であり，$d_{\Gamma(G,S)}(P, Q) = L$ なので，主張は成立する．

p で正しいとして，$p+1$ でも正しいことを示そう．そこで Q は $\gamma'(t)$ から $(2^{p+1} - 1)L$ 番目の $L(\gamma')$ の点 $\gamma'(r')$ としよう．いま $Q_1 = \gamma'(t_1)$, $Q_2 = \gamma'(t_2) \in L(\gamma')$ をそれぞれ $\gamma'(t)$ から Q の方向へそれぞれ $(2^p - 1)L$ 番目，$2^p L$ 番目の $L(\gamma')$ の点とする．また $P_1 = \gamma(t_1)$, $P_2 = \gamma(t_2)$ としよう．

帰納法の仮定より，$d_{\Gamma(G,S)}(P, Q_1) \leq t_1 - t + L - p$, $d_{\Gamma(G,S)}(P_2, Q) \leq t' - t_2 + L - p$ となっている．いま $d_{\Gamma(G,S)}(P, Q_1) < t_1 - t + L - p$（すなわち $\leq t_1 - t + L - p - 1$）であったと仮定しよう．すると
$$d_{\Gamma(G,S)}(P, Q) \leq d_{\Gamma(G,S)}(P, Q_1) + d_{\Gamma(G,S)}(Q_1, Q)$$
$$\leq t_1 - t + L - p - 1 + t' - t_1 = t' - t + L - (p+1)$$
となり主張が $p+1$ で正しいことがわかる．よって $d_{\Gamma(G,S)}(P, Q_1) = t_1 - t + L - p$ として考えればよい．同様にして $d_{\Gamma(G,S)}(P_2, Q) < t' - t_2 + L - p$ のときも主張が正しいことを示せるので，$d_{\Gamma(G,S)}(P_2, Q) = t' - t + L - p$ として考えてよい．

このとき上と同じ不等式より，$d_{\Gamma(G,S)}(P, Q) \leq t' - t + L - p$ は成立する．これが不等式 $<$ で成立すれば，$p+1$ で正しいことになるので，$d_{\Gamma(G,S)}(P, Q) = t' - t + L - p$ のときのみが問題なので，そう仮定しよう．いま $a = \overline{PQ_1} \cup \overline{Q_1 Q}$, $b = \overline{PP_2} \cup \overline{P_2 Q}$ としよう．すると
$$d_{\Gamma(G,S)}(P, Q_1) = t_1 - t + L - p, \quad d_{\Gamma(G,S)}(Q_1, Q) = t' - t_1,$$
$$d_{\Gamma(G,S)}(P, Q) = t_1 - t + L - p$$
より a は測地線分である．同様にして b も測地線分である．よって $a \cup b$ は二角形であるが，これが $L/2$-厚であることを示そう．

§3.4 測地オートマトンと双曲的群 ——— 89

もし $d_{\Gamma(G,S)}(P_2,x) < L/2$ となる $x \in \overline{Q_1Q}$ が存在したとすると，$d_{\Gamma(G,S)}(P_2,Q_2) = L$ より $d_{\Gamma(G,S)}(x,Q_2) > L/2$ となる．すると $x \in \overline{Q_1Q_2}$ であり，
$$d_{\Gamma(G,S)}(e,P_2) \leqq d_{\Gamma(G,S)}(e,x) + d_{\Gamma(G,S)}(x,P_2)$$
$$< d_{\Gamma(G,S)}(e,x) + d_{\Gamma(G,S)}(x,Q_2) = d_{\Gamma(G,S)}(e,Q_2)$$
であるが，$d_{\Gamma(G,S)}(e,P_2) = t_2 = d_{\Gamma(G,S)}(e,Q_2)$ であるからこれは矛盾である．

一方もし $d_{\Gamma(G,S)}(P_2,x) < L/2$ となる $x \in \overline{PQ_1}$ があったとすると，
$$d_{\Gamma(G,S)}(P,x) \geqq d_{\Gamma(G,S)}(P,P_2) - d_{\Gamma(G,S)}(P_2,x)$$
$$> d_{\Gamma(G,S)}(P,P_2) - L/2 \geqq d_{\Gamma(G,S)}(P,P_1) + L/2$$
となる ($t_2 - t_1 \geqq L$ より，$d(P_1,P_2) \geqq L$ である)．また
$$d_{\Gamma(G,S)}(P,Q_1) \leqq d_{\Gamma(G,S)}(P,P_1) + d_{\Gamma(G,S)}(P_1,Q_1) = d_{\Gamma(G,S)}(P,P_1) + L$$
なので，
$$d_{\Gamma(G,S)}(x,Q_1) = d_{\Gamma(G,S)}(P,Q_1) - d_{\Gamma(G,S)}(P,x) < L/2$$
を得る．従って
$$d_{\Gamma(G,S)}(P_2,Q_1) \leqq d_{\Gamma(G,S)}(P_2,x) + d_{\Gamma(G,S)}(x,Q_1) < L \leqq d_{\Gamma(G,S)}(Q_1,Q_2)$$
となり，前同様
$$d_{\Gamma(G,S)}(e,P_2) \leqq d_{\Gamma(G,S)}(e,Q_1) + d_{\Gamma(G,S)}(Q_1,P_2)$$
$$< d_{\Gamma(G,S)}(e,Q_1) + d_{\Gamma(G,S)}(Q_1,Q_2) = d_{\Gamma(G,S)}(e,Q_2)$$
となるので矛盾を得る．

こうして $d_{\Gamma(G,S)}(P_2,a) \geqq L/2$ がわかったから，$a \cup b$ は $L/2$-厚である．これは仮定に反するので主張の証明が終わった． ∎

$d_{\Gamma(G,S)}(\gamma(t),\gamma'(t)) = L$ となる点は $(2^{Mn}-1)Mn \geqq (2^{L+1}-1)(L+1) \geqq (2^{L+1}-1)L$ 以上あったので，$P = \gamma(t) \in L(\gamma)$ と $Q = \gamma'(t') \in L(\gamma')$ を Q が $\gamma'(t)$ から $(2^{L+1}-1)L$ 番目の $L(\gamma')$ の点であるようにとれる．するともし $L/2$-厚な二角形がないとすると，上の主張より，$d_{\Gamma(G,S)}(P,Q) \leqq t' - t + L - (L+1) = t' - t - 1$ となるが，$d_{\Gamma(G,S)}(e,P) = t$ なので，これは $t' = d_{\Gamma(G,S)}(e,Q) \leqq d_{\Gamma(G,S)}(P,Q) + d_{\Gamma(G,S)}(e,P) \leqq t' - t - 1 + t = t' - 1$ となり矛盾である．

かくして命題 3.42 が証明された． ∎

第3章 オートマティック群

《要約》

3.1 オートマトン,正規言語の定義.

3.2 群がオートマティックであることの定義,同伴者条件,定義が生成系の選び方によらないこと.

3.3 双曲的群のオートマティック構造.

3.4 測地オートマトンを受理言語とするオートマティック群が双曲的であること.

Klein 群

　第 3 章までは有限生成群が抽象群としてある性質を持つ類を考察した．この章では Lie 群の離散部分群のうち最も豊かな理論を持っている Klein 群，$PSL_2\mathbb{C}$ の離散部分群を扱う．Klein 群はそれによる $\mathbb{H}^3$ の商空間を考えることによって，3 次元双曲多様体と対応する．そこで 3 次元多様体論，双曲幾何学を用いて豊富な理論を展開することができる．

§4.1　Klein 群の定義と例，幾何的有限群

（a）　Klein 群の定義と基本的性質

　まず Klein 群の定義から始めよう．

定義 4.1　Lie 群 $PSL_2\mathbb{C} = SL_2\mathbb{C}/\{\pm E\}$ の離散部分群を **Klein 群**(Kleinian group)という． □

　以下のこの項に記される事実で証明を省いたものは，深谷[11]等を参照してほしい．

　$PSL_2\mathbb{C}$ は Riemann 球面上の 1 次分数変換全体の群であり，Riemann 球面の向きを保つ自己等角変換は 1 次分数変換になるので，向きを保つ自己等角変換全体の群とも思える．またこれは双曲空間 $\mathbb{H}^3$ の向きを保つ等長変換全体の群に等しい．この章においては，双曲空間は Poincaré モデルまたは上半空間モデルで考える．Poincaré モデルは $\mathbb{R}^3$ の単位開球体 $\{(x_1, x_2, x_3) \in \mathbb{R}^3 \mid x_1^2 +$

$x_2^2+x_3^2<1\}$ に Riemann 計量 $ds^2=4(dx_1^2+dx_2^2+dx_3^2)/(1-x_1^2-x_2^2-x_3^2)^2$ を入れたものである．単位球を Riemann 球面と自然に同一視して，S_∞^2 と表し，$\mathbb{H}^3$ の**無限遠球面**(sphere at infinity)と呼ぶ．また上半空間モデルは $\mathbb{H}^3$ を上半空間 $\{(x_1,x_2,x_3)\,|\,x_3>0\}$ に Riemann 計量 $ds^2=(dx_1^2+dx_2^2+dx_3^2)/x_3^2$ を与えたものとして捉えたものである．このとき無限遠球面 S_∞^2 は平面 $x_3=0$ と無限遠点 ∞ を合わせたものと思える．

$\mathbb{H}^3$ の測地線は Poincaré モデルでは S_∞^2 と垂直に交わるような円弧から両端点を除いたものである．特にこの両端点を測地線の無限遠端点と呼ぶ．また全測地的面は S_∞^2 とその境界で垂直に交わるような球面の，$\mathbb{H}^3$ に入る部分である．これを上半空間モデルで見ると，測地線は $x_3=0$ と垂直に交わる半円(の両端点を除いたもの)または x_3-軸に平行な直線の $x_3>0$ 部分となる．全測地的面は $x_3=0$ と垂直に交わる球面の北半球または $x_3=0$ に垂直な平面の $x_3>0$ 部分になっている．

$PSL_2\mathbb{C}$ の単位元以外の元 γ は Jordan 標準形を考えることによって次の3種類に分類できる．

(ⅰ) **楕円的元**(elliptic element): γ が対角化可能で，2つの固有値が絶対値1であるとき，すなわち，$SL_2\mathbb{C}$ で $\begin{bmatrix}\omega & 0\\0 & \bar{\omega}\end{bmatrix}$ に $\{\pm E\}$ を法として共役で，$|\omega|=1$ であるとき．

(ⅱ) **斜航的元**(loxodromic element): γ が対角化可能で，固有値の絶対値が1に等しくないとき，すなわち $SL_2\mathbb{C}$ で，$\begin{bmatrix}\lambda & 0\\0 & \lambda^{-1}\end{bmatrix}$ に $\{\pm E\}$ を法として共役で，$|\lambda|>1$ であるとき．

(ⅲ) **放物的元**(parabolic element): γ が対角化不可能のとき．行列式が1であることより，このとき固有値は1か-1 であり，$SL_2\mathbb{C}$ で，$\begin{bmatrix}1 & 1\\0 & 1\end{bmatrix}$ に $\{\pm E\}$ を法として共役になる．

それぞれ固有和の絶対値が $<2, >2, =2$ の場合に対応している．

これらが $\mathbb{H}^3$ の等長変換としてどのようなものであるか見よう．そのためには $\mathbb{H}^3$ を上半空間モデルで考えるのが簡便である．このとき $\gamma=\dfrac{az+b}{cz+d}$ に対して，(x_1,x_2,x_3) を四元数 $w=x_1+ix_2+jx_3$ と思って，$\gamma(x_1+ix_2+jx_3)=$

§4.1 Klein群の定義と例,幾何的有限群 —— 93

$\dfrac{aw+b}{cw+d}$ とすることによって γ の $\mathbb{H}^3$ の等長変換としての作用が対応する.

まず γ が楕円的であるときを考えよう.このとき γ は1次分数変換 $\tau_\omega: w \to \omega^2 w$ ($|\omega|=1$) に $PSL_2\mathbb{C}$ で共役である.この変換 τ_ω は上半空間で ($\mathbb{H}^3$ の測地線である)開半直線 $x_1=x_2=0$ を軸とする回転になっている.従って γ はある測地線を軸とした回転となっている.

次に γ が斜航的であるとしよう.このとき γ は $\tau_\lambda: w \to \lambda^2 w$ ($|\lambda|>1$) に $PSL_2\mathbb{C}$ で共役である.τ_λ は $x_1=x_2=0$ を軸として $2\arg\lambda$ だけ回転しながら原点を中心に $|\lambda|^2$ だけ拡大する変換になっている.別の表現をするならばこれは $x_1=x_2=0$ を軸とする回転と $x_1=x_2=0$ に沿った双曲的平行移動(translation)を合成したものである.従って γ はある測地線に沿った平行移動とそれを軸とする回転を合成したものとなっている.この場合 γ は $\mathbb{H}^3$ 上には固定点を持たず,S^2_∞ 上では2点(固定される測地線の無限遠端点)が固定点となる.またこの場合,γ による $\mathbb{H}^3$ の点の最短移動距離は $2\log\lambda$ で,この値は軸上の点で実現される.この値を単に γ の**移動距離**(translation length)と呼ぶ.

最後に γ が放物的であるときを考えよう.このとき γ は $\pi: w \to w+1$ に共役である.π は通常の Euclid 計量での平行移動で平面 $x_3=0$ を固定するものになっている.このとき π は ∞ のみを固定するから,γ は $\mathbb{H}^3$ 上には固定点を持たず,S^2_∞ 上では1点のみを固定する.

放物的元をよりよく理解するためには次の**境球**(horosphere)を考えるのがよい.上半空間モデルで,$h>0$ に対して,$\{(x_1,x_2,x_3) \mid x_3=h\}$ という形の集合を ∞ を中心とする境球という.また $\{(x_1,x_2,x_3) \mid x_3 \geq h\}$ を ∞ を中心とする**境球体**(horoball)と呼ぶ.境球上に $\mathbb{H}^3$ から誘導される Riemann 計量について境球は Euclid 平面に等長である.∞ を固定する $PSL_2\mathbb{C}$ の元により,明らかに境球は境球に写される.同様にして ∞ を $PSL_2\mathbb{C}$ の元の作用で別の点に持っていったとき,その等長変換による ∞ を中心とする境球,境球体の像をその点を中心とする境球,境球体と呼ぶ.上の注意によりこれは $PSL_2\mathbb{C}$ の元の選び方によらない.∞ を固定する放物的元は ∞ を中心とす

る境球を自分自身に写す．またこの作用は境球上の Euclid 距離について等長変換である．$PSL_2\mathbb{C}$ の元で共役をとれば他の点を中心とする境球についてもまったく同じことが成り立つことがわかる．

以上より次が簡単にわかる．

補題 4.2 Klein 群に含まれる楕円的元は有限位数を持つ．

[証明] G を Klein 群として，$\gamma \in G$ が楕円的であったとする．すると γ は $\mathbb{H}^3$ の測地線を固定する．その測地線上の点 x をとろう．$A = \{\gamma^n \mid n \in \mathbb{Z}\}$ の元はすべて x を固定する．もし A が無限集合であったとすると x を固定する無限個の等長変換が G に入っていることになる．x を固定する等長変換全体は $SO(3)$ に同型なコンパクト群なので，その中に無限個の元を持つ群は離散的ではあり得ない．これは G が Klein 群であることに矛盾する． ■

さらにここで証明は与えないが次の定理が知られている．

定理 4.3（Selberg） 任意の Klein 群は有限指数部分群でねじれのないものを含む． □

(b) 極限集合

Klein 群の球面 S_∞^2 への作用に関して，S_∞^2 を以下に定義する極限集合という部分と不連続領域という部分に分割する．

定義 4.4 G を Klein 群とするとき，集合 $F_G = \{x \in S_\infty^2 \mid$ ある非自明で楕円的でない $\gamma \in G$ について $\gamma x = \gamma\}$ を考え，その閉包を Λ_G と表し，G の**極限集合**(limit set)と呼ぶ．Λ_G の S_∞^2 における補集合を Ω_G と表し，G の**不連続領域**(region of discontinuity)と呼ぶ． □

補題 4.5 Λ_G が 2 点以下からなるとき，G は Abel 群の有限拡大である．特に G にねじれがない場合は，G は Abel 群になる．Λ_G は 3 点以上あれば，無限集合である．

[証明] 前に見たように，すべての $PSL_2\mathbb{C}$ の元は S_∞^2 に固定点を持つから，$\Lambda_G = \emptyset$ であれば，定義より G は楕円的元のみよりなる．すなわち G は有限位数の元のみよりなり，定理 4.3 よりこれは有限群であることを意味する．次に Λ_G が 1 点 $x \in S_\infty^2$ のみよりなっているとしよう．斜航的元は S_∞^2 に固

§4.1 Klein 群の定義と例,幾何的有限群 —— 95

定点を 2 点持つから,G には含まれない.定理 4.3 より G の有限指数部分群 G' で楕円的元を含まないようなものがある.G' が単位群なら G は有限群なので主張は成立する.G' が自明でないとすると,それは放物的元のみよりなる.G' の元はすべて x を固定するので,共役をとり x を ∞ に持ってくれば,すべての元は,$\begin{bmatrix} 1 & \lambda \\ 0 & 1 \end{bmatrix}$ の形の元となる.これは $\mathbb{R}^2$ の平行移動の群の離散部分群であるから,$\mathbb{Z}$ か $\mathbb{Z} \times \mathbb{Z}$ に同型である.

最後に Λ_G が 2 点 $\{x, y\}$ からなる場合を考えよう.前同様 $G' \subset G$ を有限指数の,楕円的元を含まない部分群としよう.G' が放物的元 g を含んだとしよう.g は x か y を固定するので,必要なら名前を付け替えて x を固定するとする.すると $g(y) \neq y$,$g(y) \neq x$ である.G は y を固定する無限位数の元を含むので,それを何乗かすると G' に入る.よって G' は y を固定する元 h を含まなくてはいけない.そこで $ghg^{-1} \in G'$ を考えるとこれは $g(y)$ を固定し,G' の元なので楕円的でない.従って $g(y) \in \Lambda_G$ となり,Λ_G に,x, y 以外の元が含まれることになり矛盾である.よって G' は斜航的元のみよりなる.これらはすべて x, y を無限遠端点とする測地線 l を保ちその上に平行移動として等長的に作用する.G' が離散的であることより l の平行移動の距離は最小値を持たなければならず,すべての元がこの最小の平行移動の整数倍だけ平行移動する.すなわち最小の平行移動距離を持つ元を $k \in G'$ とすると,任意の $g \in G'$ に対して,$p \in \mathbb{Z}$ があり,k^p と g が l 上に同じ平行移動を与える.このとき $k^p g^{-1}$ は l を固定するから G' が楕円的元を含まないことより,$g = k^p$ となる.よって G' は無限巡回群である.特に G にねじれがない場合は,上の議論での G' は G に等しくとれるので,G 自身が Abel 群になる.

Λ_G が 3 点 x, y, z を含むとしよう.G' に放物的元 g があり,x を固定したとすると,前同様の議論で,$\{g^p(y) \mid p \in \mathbb{Z}\} \subset \Lambda_G$ で Λ_G は無限集合である.G' の元がすべて斜航的なとき,x, y, z の名前を付け替え,x, y を固定する $g \in G'$ と y, z を固定する $h \in G'$ があるとしてよい.このとき $\{g^p(z) \mid p \in \mathbb{Z}\}$ は $g^p h g^{-p}$ に固定されて,互いに異なるので Λ_G は無限集合である.

上のように極限集合が有限集合,従って 2 点以下であるような Klein 群を**初等的**(elementary),そうでないものを**非初等的**(non-elementary)という.

以下特に断らなくても，Klein 群は常に非初等的なもののみを考える．

極限集合は次のように特徴付けられる．

補題 4.6 G を非初等的な Klein 群とすると，極限集合 Λ_G は S^2_∞ の G-不変で空でない閉集合のうち最小のものになっている．

［証明］　まず Λ_G が G-不変であることを示す．$x \in F_G$ とすると，定義より，ある楕円的でない $g \in G$ があり，$gx = x$ となる．このとき，任意の $\gamma \in G$ について，$(\gamma g \gamma^{-1})\gamma x = \gamma g x = \gamma x$ であるから，γx は $\gamma g \gamma^{-1}$ という，楕円的でない G の元により固定されるので，$\gamma x \in F_G$ である．すなわち $\gamma F_G \subset F_G$ であるので，閉包をとれば $\gamma \Lambda_G \subset \Lambda_G$ となる．同じ式が γ^{-1} についても成立するので，$\gamma \Lambda_G = \Lambda_G$ が任意の $\gamma \in G$ について成立し，Λ_G は G-不変であることがわかった．Λ_G は定義より閉集合である．

次に最小性を証明しよう．いま X を S^2_∞ の空でない G-不変閉部分集合としよう．$\gamma \in G$ を任意の楕円的でない元とする．$x \in X$ をとると，任意の $n \in \mathbb{Z}$ に対して $\gamma^n x \in X$ となる．いま γ が斜航的であるとすると，斜航的元が拡大と回転の合成で表されることからわかるように，$a_\gamma = \lim_{n \to \infty} \gamma^n x$, $b_\gamma = \lim_{n \to -\infty} \gamma^n x$ が γ の 2 つの固定点になっている．X は閉集合であると仮定したので，$a_\gamma, b_\gamma \in X$ となる．同様にして，γ が放物的であるときは，$\lim_{n \to \infty} \gamma^n x$, $\lim_{n \to -\infty} \gamma^n x$ は一致して γ の唯一の固定点となり，X に含まれる．従って $F_G \subset X$ であることがわかった．両辺の閉包をとって $\Lambda_G \subset X$ がわかる．よって Λ_G はかかる閉集合のうち最小のものである． ∎

系 4.7 G を Klein 群，H をその正規部分群とすると，$\Lambda_G = \Lambda_H$ が成立する．

［証明］　$g \in G$ について，$g\Lambda_H = \Lambda_{gHg^{-1}} = \Lambda_H$ が成立するので，Λ_H は G 不変である．$\Lambda_H \subset \Lambda_G$ であるから，補題 4.6 より，$\Lambda_H = \Lambda_G$ を得る． ∎

系 4.8 G を Klein 群として，H をその有限指数部分群とする．すると $\Lambda_G = \Lambda_H$ である．

［証明］　H は G の有限指数部分群なので，$H' \subset H$ で，G の有限指数正規部分群となっているものがとれる．いま $g \in G$ について，$g\Lambda_{H'} = \Lambda_{gH'g^{-1}} = \Lambda_{H'}$ が成立するので，$\Lambda_{H'}$ は Λ_G に含まれる G-不変な閉集合である．前補題

より，このような集合は Λ_G に一致しなければならない．$\Lambda_{H'} \subset \Lambda_H \subset \Lambda_G$ となり，前系より $\Lambda_{H'} = \Lambda_G$ なので，これは $\Lambda_H = \Lambda_G$ が従う． ∎

系 4.9 有限指数の Abel 群を部分群に持つ Klein 群は初等的である．

[証明] 初等的かどうかという性質は系 4.8 より，有限指数の部分群をとっても変わらないので，G 自身が Abel 群である場合を考えればよい．また定理 4.3 より，G はねじれがないと仮定してよい．$g \in G$ を単位元でないとする．g によって生成される巡回群 H を考えると，Λ_H は g が放物的なら 1 点，斜行的なら 2 点からなる．G は Abel 群なので，H は G の正規部分群であるから，系 4.7 より，$\Lambda_H = \Lambda_G$ で，Λ_G も 1 点か 2 点よりなる．したがって，G は初等的である． ∎

定義 4.10 X を S_∞^2 の閉部分集合とする．X に両方の無限遠端点を持つ測地線全体の和集合を含む，最小の $\mathbb{H}^3$ の凸部分集合を X の凸包（convex hull）といい，H_X と書く．極限集合 Λ_G の凸包を G の **Nielsen 凸領域**（Nielsen convex region）といい，H_G で表す． □

(c) 簡単な Klein 群の例

ここで Klein 群の簡単な例を 2 つ見てみよう．

(1) Fuchs 群

S を有限面積の双曲構造を持った曲面とする．すると忠実な離散表現 $\rho: \pi_1(S) \to PSL_2\mathbb{R}$ が共役を除いて一意的に定まる．自然に包含関係 $PSL_2\mathbb{R} \subset PSL_2\mathbb{C}$ があるので，$G = \rho(\pi_1(S))$ は Klein 群ともみなせる．ここで S の尖点の周りを回ってくることによって定まる $\pi_1(S)$ の元は，$PSL_2\mathbb{C}$ の放物的元に写ることに注意しよう．

$PSL_2\mathbb{R}$ は $\mathbb{C} \cup \{\infty\}$ で実軸を保つ変換であるから，実軸上の開平面 $H = \{(x_1, x_2, x_3) \mid x_3 > 0, \ x_2 = 0\}$ を保ち，H に $\mathbb{H}^3$ から誘導される計量について，$H/\pi_1(S)$ が S 上のもとの双曲構造に等長である．$\hat{\mathbb{R}}$ = 実軸 $\cup \{\infty\}$ は G-不変であるから，補題 4.6 より $\Lambda_G \subset \hat{\mathbb{R}}$ となるはずである．特に S は有限面積であると仮定したから，$\Lambda_G = \hat{\mathbb{R}}$ となる．（今吉–谷口 [16] を参照．）また Nielsen 領域 H_G は H に等しい．

(2) Schottky 群

2以上の整数 g に対して，$\mathbb{C} \cup \{\infty\}$ に $2g$ 個の互いに交わらない円板 $D_1, \cdots,$ $D_g, D'_1, \cdots, D'_g$ の境界となっている円 $C_1, \cdots, C_g, C'_1, \cdots, C'_g$ を考える．$k=1, \cdots,$ g に対して，γ_k を円 C_k を C'_k に D_k の内部が D'_k の外部に行くように写すような1次分数変換とする．$\gamma_1, \cdots, \gamma_g$ が $PSL_2\mathbb{C}$ で生成する群は，自由群であることが次のようにしてわかる．まず γ_j は j 以外の i について，円板 D_i, D'_i を D'_j の内部に写すことに注意しよう．するといま $\gamma_1, \cdots, \gamma_g$ の既約語 $\gamma_{i_1}^{p_1} \cdots \gamma_{i_k}^{p_k}$ が与えられたとすると，$p_1 > 0$ であるとすれば，D_i $(i \neq i_1)$ はこの語の作用で，最終的に D'_{i_1} の内部に含まれ，$p_1 < 0$ なら，D_{i_1} の内部に含まれる．いずれにせよこの語が単位元を表すことはない．従って $\gamma_1, \cdots, \gamma_g$ で生成される群は自由群である．離散性も同様の考察でわかる．

(d) 最近点写像

以下，特にことわらなくても Klein 群はねじれのないもののみを考える．Klein 群 G について，$\mathbb{H}^3/G$ の位相構造を調べるときに役立つものとして，次に定義する最近点写像がある．

定義 4.11 $Y \subset \mathbb{H}^3$ を閉凸部分集合とする．このとき Y への**最近点写像** (nearest point map) $r_Y: \mathbb{H}^3 \to Y$ を次のように定義する．$x \in Y$ のときは $r_Y(x) = x$ とする．$x \in \mathbb{H}^3 \setminus Y$ のときは，$r_Y(x)$ は x から最も近い Y の点とする．（このような点が一意的に決まることは下で見る．）

さらに $\bar{r}_Y: \mathbb{H}^3 \cup S^2_\infty \to \overline{Y}$ を次のように定義する．ただし $\overline{Y}$ は Y の $\mathbb{H}^3 \cup S^2_\infty$ での通常の球体としての位相に関する閉包を表す．$x \in \overline{Y}$ のときは $\bar{r}_Y(x) = x$ とする．$x \in \mathbb{H}^3$ では $\bar{r}_Y(x) = r_Y(x)$ とする．最後に $x \in S^2_\infty \setminus \overline{Y}$ であるときは，x を中心とする境球体達を考え，境球をだんだん大きくしていって最初に $\overline{Y}$ とぶつかった点を $\bar{r}_Y(x)$ とする． □

r_Y の定義を $\bar{r}_Y$ と同じ述べ方をするならば，x を中心とした $\mathbb{H}^3$ の距離に関する半径 r の球体 $B_r(x)$ を考え，これが Y と交わりを持つ最小の r をとって，そのときの交点を $r_Y(x)$ としたことになる．いま $B_r(x)$ は強い意味で凸，すなわちその2点を結ぶ測地線分は常に $B_r(x)$ の内部に入っている．従

§4.1 Klein 群の定義と例,幾何的有限群―― 99

って $B_r(x)$ が Y と交わる最小の半径のものをとり,それが Y と 2 点以上で交わっていたとするとその 2 点を結ぶ測地線分は Y に含まれるのに,端点以外では $B_r(x)$ の内部に入る.これは $B_r(x)$ より半径が小さい $B_{r'}(x)$ で,Y と交わるものがあることになり,$B_r(x)$ のとり方に矛盾する.よって $B_r(x)$ と Y は 1 点で交わり,$r_Y(x)$ が一意的に決まることがわかった.

$x \in S_\infty^2$ のときも,境球体が強い意味で凸であることを使って,まったく同じ議論で,$\bar{r}_Y(x)$ が一意的に決まることが示せる.

補題 4.12 Y を $\mathbb{H}^3$ の閉凸集合とするとき,$\bar{r}_Y: \mathbb{H}^3 \cup S_\infty^2 \to Y$ は連続である.

[証明] まず $x \in \mathbb{H}^3 \setminus Y$ として,x で r_Y が連続であることを見よう.x に収束する $\mathbb{H}^3$ の点列 $\{x_i\}$ をとろう.上で述べたように,各 x_i に対して,x_i を中心とする球体 $B(x_i)$ で Y と 1 点のみで交わるものがあり,$B(x_i) \cap Y = \{r_Y(x)\} \subset \partial B(x_i)$ となっている.$B(x_i)$ は Hausdorff 位相で x を中心とする半径 0 や ∞ かもしれない球体 B に収束する.B が内部に Y の点を含むとすると,十分大きな i について,$B(x_i)$ も内部に Y の点を含むことになり,矛盾する.よって $B \cap Y \subset \partial B$ である.これは特に B の半径は ∞ でないとも含んでいる.∂B_i は ∂B に収束するから,$\{r_Y(x_i)\}$ は必要なら部分列をとることによって ∂B のある点 y に収束し,Y が閉であることより,$y \in Y$ である.B は Y と ∂B でしか交わらないので,B は x を中心とする球体で Y と交わるもので最小半径である.よって $B \cap Y = \{y\}$ で,$y = r_Y(x)$ となる.これよりいかなる $\{r_Y(x_i)\}$ の部分列もそのまた部分列をとると y に収束するから,$\lim_{i \to \infty} r_Y(x_i) = y = r_Y(x)$ を得る.

次に $x \in Y$ のときを考えよう.x が Y の内部に入っているなら,x の近傍で r_Y は恒等写像であるから明らかに連続である.$x \in \partial Y$ としよう.前同様 x に収束する点列 $\{x_i\}$ を考える.$x_i \notin Y$ の場合だけを考えればよい.$B(x_i)$ を上と同じように定義する.その Hausdorff 位相に関する極限 B を考えよう.B は x を中心とする球体で,境界でのみ Y と交わるから,B の半径が 0 でないとすると,$x \notin Y$ となり,仮定に反する.従って,$B = \{x\}$ である.$r_Y(x_i) \in B(x_i)$ は B の点に収束するから,$\lim_{i \to \infty} r_Y(x_i) = x = r_Y(x)$ を得る.

$x \in S_\infty^2$ のときは,上とまったく同じ議論を,通常の球体の代わりに境球体

を使ってすればよい.

最近点写像を使って凸包の特徴付けが以下のようにできる. $\mathbb{H}^3$ の中の全測地的面で分けられた片側を開半空間, その $\mathbb{H}^3$ での閉包を閉半空間と呼ぼう.

補題 4.13 $X \subset S^2_\infty$ を閉集合とするとき, 凸包 H_X は, $\mathbb{H}^3$ の閉半空間で $\mathbb{H}^3 \cup S^2_\infty$ での閉包が X を含むようなもの全体の共通部分に等しい.

[証明] I_X を閉包が X を含むような閉半空間全体の共通部分としよう. 各閉半空間は凸集合であるから, I_X は閉凸集合である. 従って, 凸包の定義より, $H_X \subset I_X$ を得る.

反対向きの包含関係を示そう. H_X は閉凸集合であるから, 最近点写像 $r_{H_X}: \mathbb{H}^3 \to H_X$ が定義できる. これより $\mathbb{H}^3$ の点 $x \notin H_X$ をとると, x を中心とする正の半径を持った球体 $B(x)$ で, H_X と $r_{H_X}(x)$ 1 点で交わるものがとれる. いま $B(x)$ に $r_{H_X}(x)$ で接する全測地的面 P を考えよう. H_X の凸性より H_X は P の片側にあり, x と P で分離される. 従って, P の H_X 側の閉半空間 D_P は x を含まない. 定義より $I_X \subset D_P$ であるから, $x \notin I_X$ となる. よって $I_X \subset H_X$ となり, 等号が示された.

定義より Ω_G も G の作用で不変であることに注意する.

補題 4.14 Klein 群 G は $\mathbb{H}^3 \cup \Omega_G$ 上に $\mathbb{H}^3 \cup S^2_\infty$ の通常の位相に関して真性不連続(properly discontinuous)にはたらく.

[証明] G の作用が真性不連続でないとしよう. すると $\mathbb{H}^3 \cup \Omega_G$ のコンパクト集合 K で, $\{g \in G \mid gK \cap K \neq \emptyset\}$ が無限集合であるものが存在する. これを写像 $\bar{r}_{H_G}$ で Nielsen 凸領域に写せば, $\{g \in G \mid g\bar{r}_{H_G}(K) \cap \bar{r}_{H_G}(K) \neq \emptyset\} \supset \{g \in G \mid gK \cap K \neq \emptyset\}$ が無限集合である. いま r_{H_G} は補題 4.12 より連続であったので, $\bar{r}_{H_G}(K)$ はコンパクトである. 従って G の $\mathbb{H}^3$ への作用が真性不連続でないことになるが, G は等長変換群の離散部分群であるからこれは矛盾である.

とくに Ω_G 上 G は真性不連続に等角写像としてはたらくので, Ω_G/G は Riemann 面の構造を持つ. 一方次の補題により Ω_G と H_G の近傍の境界を同一視できる.

補題 4.15 ある $\delta > 0$ をとり, H_G の δ-近傍を $H_G(\delta)$ とする. $\bar{r}_{H_G(\delta)}$ は Ω_G

§4.1 Klein 群の定義と例,幾何的有限群 —— 101

から $\partial H_G(\delta)$ への同相写像を導く.

[証明] まず $H_G(\delta)$ は強い意味で凸であることを見る.(ここで述べる証明は一般の凸集合の δ-近傍で成立する.) $p, q \in H_G(\delta)$ としよう.$p' = r_{H_G}(p)$, $q' = r_{H_G}(q)$ とし,$d = \max\{d(p, H_G), d(q, H_G)\}$ とおく.H_G は凸なので,p', q' を結ぶ測地線分 γ は H_G に含まれる.γ の周りの d-管,すなわち γ へ長さ d 以下の垂線が下ろせる点全体の集合を $N_d(\gamma)$ と表そう.$N_d(\gamma)$ が強い意味で凸であることは例えば上半空間モデルで,$x_1 = x_2 = 0$ の近傍を考えればわかる.$d \leq \delta$ なので $N_d(\gamma) \subset H_G(\delta)$ で,かつ $p, q \in N_d(\gamma)$ より,$H_G(\delta)$ が強い意味で凸であることが従う.

また $H_G(\delta)$ の $\mathbb{H}^3 \cup S_\infty^2$ における閉包の S_∞^2 に含まれる部分は各項が一定の距離にある 2 つの点列が S_∞^2 の点にそれぞれ収束すればその 2 つの収束先は同一であることから,H_G の閉包の S_∞^2 に含まれる部分,すなわち Λ_G に等しいことがわかる.これより,$\bar{r}_{H_G(\delta)} : \Omega_G \to \partial H_G(\delta)$ が定義される.

次に $\bar{r}_{H_G(\delta)}|\Omega_G$ が固有(proper)であること,すなわち任意のコンパクト集合の逆像はコンパクトであることを見よう.いま $\{x_i\}$ を Ω_G の点列でコンパクト集合に含まれないものとしよう.すると部分列をとれば $\{x_i\}$ は Ω_G に入らない S_∞^2 の点,すなわち Λ_G の点 x に収束するとしてよい.いま $H_G(\delta)$ の $\mathbb{H}^3 \cup S_\infty^2$ における閉包は Λ_G を含むので,$\bar{r}_{H_G(\delta)}(x) = x$ である.よって,$\bar{r}_{H_G(\delta)}$ の連続性より,$\{\bar{r}_{H_G(\delta)}(x_i)\}$ は $\mathbb{H}^3$ 内に集積しない.従ってコンパクト集合の逆像はこのような点列を持ち得ず,コンパクトになる.

あとは $\bar{r}_{H_G(\delta)}$ が全単射であることを証明すればよい.まず全射であることを示そう.$y \in H_G(\delta)$ に対して y から発する $\partial H_G(\delta)$ に垂直で $H_G(\delta)$ の外側に向いた測地半直線 ρ_y を考えよう.(ここで $\partial H_G(\delta)$ に垂直とはその測地半直線を直径とする y で $H_G(\delta)$ に接する境球がとれることをいう.$\partial H_G(\delta)$ がその点で C^1 でなければこのような半直線は 2 本以上あるかもしれない.) $H_G(\delta)$ が凸であることより,ρ_y は端点以外で $H_G(\delta)$ と交わらない.ρ_y の無限遠端点を z としよう.z が Λ_G に入っていたとすると,z と y を結ぶ ρ_y は $H_G(\delta)$ に入っているはずなので矛盾する.従って $z \in \Omega_G$ である.$\bar{r}_{H_G(\delta)}(z) = y$ であることは定義より簡単にわかるので,$\bar{r}_{H_G(\delta)}$ は全射であることがわかっ

た.

次に単射であることを見よう.そのためにまず $x \in \mathbb{H}^3 \setminus H_G(\delta)$ に対して, $r_{H_G(\delta)}(x) \in \overline{xr_{H_G}(x)}$ であることを見る.
$$d(x, r_{H_G(\delta)}(x)) = d(x, H_G(\delta)), \quad d(r_{H_G(\delta)}(x), r_{H_G} \circ r_{H_G(\delta)}(x)) = \delta$$
である.一方,$\overline{xr_{H_G}(x)}$ は必ず $\partial H_G(\delta)$ を通過するから,少なくとも $d(x, H_G(\delta))+\delta$ の長さをもつ.x から H_G への最短測地線分は一意的だったので,これは
$$\overline{xr_{H_G}(\delta)} \cup \overline{r_{H_G(\delta)}(x)r_{H_G} \circ r_{H_G(\delta)}(x)} = \overline{xr_{H_G}(x)}$$
を意味する.

同様にして距離の代わりに境球の半径を用いて,$x \in \Omega_G$ のときも H_G へ垂直に下ろした測地半直線は $H_G(\delta)$ へ垂直に下ろした測地半直線を含むことがわかる.

従ってもし $x, y \in \Omega_G$ について $\bar{r}_{H_G(\delta)}(x) = \bar{r}_{H_G(\delta)}(y)$ であるとすると,x, y から H_G へ垂直に下ろした測地半直線は $\partial H_G(\delta)$ から ∂H_G までの間,まったく同じであるはずだが,これはその2つの測地半直線自体が一致することになるので,$x = y$ となる.よって $\bar{r}_{H_G(\delta)}|\Omega_G$ は単射である. ∎

(e) 幾何的有限 Klein 群の定義

この項では Klein 群論の中で重要な役割を果たす,幾何的有限な Klein 群の定義をし,基本的な例を述べる.

定義 4.16 Klein 群 G に対して,Nielsen 凸領域 H_G の商集合 $H_G/G \subset \mathbb{H}^3/G$ を $\mathbb{H}^3/G$ の凸芯 (convex core) といい,C_G と表す. □

補題 4.17 凸芯 C_G は $\mathbb{H}^3/G$ の局所凸な閉部分集合で $\mathbb{H}^3/G$ の変位レトラクトになっているものの中で最小のものである.

[証明] まず C_G は閉集合 H_G の被覆写像による像であるから,明らかに閉集合である.また H_G は凸集合なので C_G は局所凸である.最近点写像 $r_G : \mathbb{H}^3 \to H_G$ は G-同変なので連続写像 $\hat{r}_G : \mathbb{H}^3/G \to C_G$ を定義する.これが変位レトラクションになっていることをみよう.

いま $H : \mathbb{H}^3 \times I \to \mathbb{H}^3$ を次のように定義する.$x, y \in \mathbb{H}^3$ に対して,x と y を

結ぶ測地線分上で, x と y を $t:1-t$ に内分する点を $tx+(1-t)y$ と表すことにしよう. そこで $H(x,t)=(1-t)x+tr_G(y)$ として H を定義する. 簡単にわかるように H は G-同変である. 従って H に被覆される連続写像 $\overline{H}:\mathbb{H}^3/G\times I\to\mathbb{H}^3/G$ が定義できる. $\overline{H}|C_G\times I$ は明らかに第 1 成分への射影になる. これより $\hat{r}_G$ が $\mathbb{H}^3/G$ から C_G への変位レトラクションになることが簡単にわかる.

次に別の閉集合 $F\subset\mathbb{H}^3/G$ が局所凸な変位レトラクトであったとする. このとき $z\in F$ を基点とする任意の $\mathbb{H}^3/G$ の閉曲線は, F の中の閉曲線にホモトピックであることに注意する. そこで F の $\mathbb{H}^3$ での普遍被覆写像に関する逆像 $\tilde{F}$ を考えると, 次の性質を持つことがわかる. 任意の斜航的な $\gamma\in G$ について, γ の S_∞^2 における固定点を x_γ, y_γ としよう. 今 γ は $\pi_1(\mathbb{H}^3/G,z)$ の元と思えるが, それを表す閉曲線が F に入っている. それの持ち上げの 1 つは, 固有な開弧 $l:\mathbb{R}\to\tilde{F}$ で $\mathbb{H}^3\cup S_\infty^2$ で閉包をとると端点が x_γ, y_γ であるようなものになっている. F は局所凸であったからその持ち上げ $\tilde{F}$ も局所凸であり, 単連結の空間の中なので, 凸になっている. よって任意の $t\in\mathbb{R}$ に対して $l(t)$ と $l(-t)$ を結ぶ測地線分は $\tilde{F}$ に含まれる. このような測地線分は x_γ, y_γ を両端点とする測地線 l_γ に広義一様収束するので, $l_\gamma\subset\tilde{F}$ を得る.

いま G の斜航的元の固定点全体の集合を L_G と表すとすると, 上の議論より $L_G\subset\overline{\tilde{F}}$ となる. ただしここで $\overline{X}$ は X の $\mathbb{H}^3\cup S_\infty^2$ での閉包を表すものとする. すると $\overline{L_G}\subset\overline{\tilde{F}}$ を得る. $\overline{L_G}$ は G-不変な閉集合なので, 補題 4.6 より $\overline{L_G}=\Lambda_G$ となる. よって $\tilde{F}$ は $\mathbb{H}^3\cup S_\infty^2$ での閉包が L_G を含む凸閉集合なので, 定義より $H_G\subset\tilde{F}$, すなわち $C_G\subset F$ となる. ∎

上の証明で, 最小性の部分では局所凸な F から $\mathbb{H}^3/G$ への包含写像がホモトピー同値であることしか使っていない. よって C_G はそのような局所凸閉集合の中で最小である.

定義 4.18 有限生成 Klein 群 G が**幾何的有限**(geometrically finite)であるとは, $\mathbb{H}^3/G$ の凸芯が有限体積を持つことである. □

有限生成 Fuchs 群は幾何的有限群であることが以下のようにわかる.

例 4.19 S を有限面積の双曲型 Riemann 面とする. 前述のように S の双

曲構造に対応して，Fuchs 群 G と同型写像 $\psi\colon \pi_1(S) \to G$ が定まる．Λ_G は S_∞^2 の円であり，H_G はそれの張る全測地的面である．よって C_G は $\mathbb{H}^3/G$ に埋め込まれた，S に等長な全測地的面になる．この体積は 0 であるから，このような Fuchs 群は幾何的有限である． □

（f）擬等角変形

この項では Klein 群の擬等角変形と呼ばれるものを定義する．

定義 4.20 同相写像 $f\colon S_\infty^2 \to S_\infty^2$ が**擬等角写像**(quasi-conformal map)であるとは，f がほとんどすべての点で $z, \bar{z}$ の方向微分ができ，関数 $\mu\colon S^2 \to \mathbb{C}$ で，$\|\mu\|_\infty < 1$ であり，ほとんどすべての点で，$f_{\bar{z}}/f_z = \mu$ となることである．ただしここで z および $\bar{z}$ での方向微分は超関数(distribution)の意味でのものとする． □

一般に方程式 $f_{\bar{z}}/f_z = \mu$ (a.e.) を **Beltrami 方程式**という．この方程式が解を持つことは，例えば今吉–谷口[16]を参照されたい．

次に Fuchs 群の一般化である，**擬 Fuchs 群**(quasi-Fuchsian group)を定義しよう．いま Fuchs 群 G について，G を S_∞^2 上に作用しているものと思い，$\mu(\gamma z)\overline{\gamma'}/\gamma' = \mu(z)$ が任意の $z \in S_\infty^2$ と $\gamma \in G$ について成立し，$\|\mu\|_\infty < 1$ となる μ について，$f_{\bar{z}}/f_z = \mu$ となる擬等角写像 $f\colon S_\infty^2 \to S_\infty^2$ を考える．（ここで γ' は $\dfrac{d\gamma(z)}{dz}$ を意味する．）このとき $fGf^{-1} = \{f\gamma f^{-1} \mid \gamma \in G\}$ は Klein 群になる．このように，Fuchs 群の擬等角写像での共役をとって得られる Klein 群を擬 Fuchs 群と呼ぶ．

Ahlfors, Bers 等の理論により，擬 Fuchs 群は互いに $PSL_2\mathbb{C}$ で共役になるものを除いて，S の Teichmüller 空間の次元の 2 倍の次元を持つことが知られている．（次節でこれについてはさらに解説する．）

定義から簡単にわかるように，Klein 群 fGf^{-1} の極限集合は $f(\Lambda_G)$ になる．f は同相写像であったから，$f(\Lambda_G)$ は S_∞^2 の単純閉曲線になる．擬 Fuchs 群が幾何的有限であることは後に議論する．（補題 4.63 を参照.）

§4.2 双曲多様体の位相構造

(a) Margulis の補題

この項では次の Margulis の補題を証明することによって，双曲多様体の細部分の構造は特定のものしかないことを示す．この結果はより一般の次元の双曲多様体で成立するものであるが，ここでは 3 次元の場合のみを扱う．

定理 4.21（Margulis） 次のような正定数 ϵ が存在する．M を 3 次元双曲多様体とする．M_ϵ を M 中のその点での**単射半径**（injectivity radius）が ϵ 未満である点全体よりなる部分集合とすると，M_ϵ は有限個の互いに疎な，次の 3 種類のいずれかの集合の和となる．

(ⅰ) **$\mathbb{Z}$-尖点近傍**（cusp neighbourhood）：$\mathbb{H}^3$ のある境球体の内部を，それを保存する放物的な元よりなる無限巡回群によって商をとったもの．

(ⅱ) **$\mathbb{Z} \times \mathbb{Z}$-尖点近傍**：$\mathbb{H}^3$ のある境球体の内部をそれを保存する放物的な元よりなる 2 元生成自由 Abel 群により商をとったもの．

(ⅲ) **Margulis 管**（Margulis tube）：長さ 2ϵ 未満の閉測地線の開管状近傍．

このような定数 ϵ を **Margulis 定数**（Margulis constant）と呼ぶ． □

この定理を言い替えるためにまず次の $PSL_2\mathbb{C}$ のベキ零群の特徴付けをしよう．

補題 4.22 G を非自明でねじれを持たないベキ零な Klein 群とすると，G は次のいずれかであり，特に Abel 群である．

(ⅰ) S^2_∞ のある 2 点 x, y があり，G は x, y を固定する斜航的元よりなる無限巡回群になっている．

(ⅱ) S^2_∞ のある点 z があり，G は z を固定する放物的元のなす無限巡回群か，2 元生成自由 Abel 群になっている．

[証明] $\alpha, \beta \in PSL_2\mathbb{C}$ が可換であるとする．補題 4.6 の証明で示されているように，$p \in S^2_\infty$ が α の固定点であることと，$\beta(p)$ が $\beta\alpha\beta^{-1}(=\alpha)$ の固定点であることは同値である．従って，もし α が斜航的な元なら，β はその

S_∞^2 での2つの固定点を固定するので，α と同じ固定点を持つ斜航的な元になる．α が放物的であるとするとその S_∞^2 での唯一の固定点を β も固定する．β が斜航的であると，α, β の役割を変えて上の議論をすれば，α が斜航的でなくてはならないので，この場合 β も放物的であるはずである．よってこのとき α, β は共通の固定点を持つ放物的元になる．

G はベキ零群であるから，$G^{(0)} = G$, $G^{(i+1)} = [G, G^{(i)}]$ とするとある n について，$G^{(n+1)} = [G, G^{(n)}] = \{1\}$ となる．($G^{(n)} \neq \{1\}$ とする．$[\ ,\ ]$ は交換子群を表すこととする．) $\beta \in G^{(n)}$ をとる．β が斜航的であるとすると，その固定点を $x, y \in S_\infty^2$ とすれば，上の議論より G のすべての元は x, y を固定する斜航的元になる．l を x, y を端点とする $\mathbb{H}^3$ の測地線とすると，G は l 上に平行移動としてはたらく．G は離散的であったから，G の元はすべてある平行移動の整数倍になっており，特に $G \cong \mathbb{Z}$ である．

次に β が放物的であったとして，$x \in S_\infty^2$ を β の固定点とすると，上の議論より G のすべての元は x を固定する放物的元である．x を中心とする境球 H を考える．H 上に $\mathbb{H}^3$ の計量を制限すると Euclid 平面に等長で，G はその上に向きを保つ等長変換として作用するので，平行移動である．G が離散的であることから，$G \cong \mathbb{Z}$ であるか $G \cong \mathbb{Z} \times \mathbb{Z}$ であるかのいずれかである．∎

これより定理 4.21 を証明するためには次の定理を証明すればよいことがわかる．

定理 4.23 次のような正定数 ϵ が存在する．(ねじれを持たない) Klein 群 G と $x \in \mathbb{H}^3$ に対して，$G_\epsilon(x)$ を $S(G)_\epsilon(x) = \{g \in G \mid d(gx, x) \leq \epsilon\}$ によって生成される G の部分群とすると，$G_\epsilon(x)$ は常に Abel 群である． □

この定理を証明するためにまず $SL_2\mathbb{C}$ の行列についての次の事実を示す．

補題 4.24 $A, B \in SL_2\mathbb{C}$ について，$A \neq E$, $B \neq E$ で，$\|A - E\| \leq \delta$, $\|B - E\| \leq \delta$ とすると，

$$\|[A, B] - E\| \leq \frac{2\delta}{(1-\delta)^2} \max\{\|A - E\|, \|B - E\|\}$$

となる．

[証明] $\|A^{-1} - E\| \leq \|A - E\| + \|A - E\| \|A^{-1} - E\|$ なので，

$$\|A^{-1}-E\| \leq \frac{\|A-E\|}{1-\|A-E\|} \leq \frac{\delta}{1-\delta}$$

となる．いま $X \in SL_2\mathbb{C}$ に対して

$$\|XA^{-1}\| = \|X+X(A^{-1}-E)\| \leq \|X\|+\|X\|\|A^{-1}-E\| \leq \frac{\|X\|}{1-\delta}$$

を得る．$[A,B]-E = \{(A-E)(B-E)-(B-E)(A-E)\}A^{-1}B^{-1}$ であることより，上の不等式を使えば，

$$\|[A,B]-E\| \leq \frac{\|(A-E)(B-E)-(B-E)(A-E)\|}{(1-\delta)^2} \leq \frac{2\|A-E\|\|B-E\|}{(1-\delta)^2}$$

すなわち，

$$\|[A,B]-E\| \leq \frac{2\delta}{(1-\delta)^2} \max\{\|A-E\|, \|B-E\|\}$$

となる． ∎

特に δ を十分小さくとれば，$\|[A,B]-E\| \leq \frac{1}{2}\max\{\|A-E\|,\|B-E\|\}$ とできることに注意する．

次にノルムが小さい $PSL_2\mathbb{C}$ の元の $\mathbb{H}^3$ への作用を調べよう．行列のノルムは -1 倍しても不変なので，$PSL_2\mathbb{C}$ の元にもノルムが定義されることに注意する．

補題 4.25 上半空間モデルで，$w=(0,0,1)$ とおく．このとき $A \in PSL_2\mathbb{C}$ について，$\cosh d(w, Aw) = \|A\|^2/2$ が成立する．

[証明] 上半空間モデルの距離 d は，U を上半空間で，$|\ |_E$ をそこの Euclid ノルムとし，$x=(x_1,x_2,x_3)$, $y=(y_1,y_2,y_3) \in U$ としたとき，

$$\cosh d(x,y) = 1 + \frac{|x-y|_E^2}{2x_3 y_3}$$

で与えられるのであった．$A = \begin{bmatrix} a & b \\ c & d \end{bmatrix}$ とすると，A の U への作用は，$x=(x_1,x_2,x_3)$ を四元数の $x_1+ix_2+jx_3$ とみなして，A を 1 次分数変換として作用させることによって得られた．特に w は A の作用で四元数 $(a\bar{c}+b\bar{d}+j)/(|c|^2+|d|^2)$ に対応する点に移ることがわかる．よって

$$2\cosh d(w, Aw) = \frac{|a\bar{c}+b\bar{d}|^2+1}{|c|^2+|d|^2} + |c|^2+|d|^2$$

となり，$|a\bar{c}+b\bar{d}|^2+1 = (a\bar{c}+b\bar{d})(\bar{a}c+\bar{b}d)+(ad-bc)(\bar{a}\bar{d}-\bar{b}\bar{c}) = (|a|^2+|b|^2)(|c|^2$

$+|d|^2)$ を使えば，$\cosh d(w, Aw) = \dfrac{1}{2}(|a|^2+|b|^2+|c|^2+|d|^2)$ を得る．∎

[定理 4.23 の証明] まず $x=(0,0,1)$ として，G によらない定数 $\epsilon > 0$ で，$G_\epsilon(x)$ が Abel 群になるものがとれることを示す．補題 4.24 より，ある正定数 δ があり，$A, B \in SL_2\mathbb{C}$ について，$\|A-E\| \le \delta$，$\|B-E\| \le \delta$ なら，$\|[A,B]-E\| \le \dfrac{1}{2}\max\{\|A-E\|, \|B-E\|\}$ となるようにできる．T_δ を $SL_2\mathbb{C}$ の行列 A で，$\|A-E\| \le \delta$ となる元全体の集合とする．δ を十分小さくとれば，T_δ は $PSL_2\mathbb{C}$ へ単射で落ちる．その $PSL_2\mathbb{C}$ での像も T_δ で表すことにする．H_δ を $G \cap T_\delta$ で生成される G の部分群とする．十分小さい δ をとると，H_δ が Abel 群になることを示そう．

G は離散的であるから，G に依存して，ある $\eta > 0$ がとれて，$g \in SL_2\mathbb{C}$ が G の元を表し，$\|g-E\| \le \eta$ を満たすなら，$g=E$ となる．$m \in \mathbb{N}$ を $\delta/2^m < \eta$ となるようにとる．そこで，$g_1, \cdots, g_m$ を $G \cap T_\delta$ の元とすると，それらを $T_\delta \subset SL_2\mathbb{C}$ の元とみなすと，補題 4.24 と δ のとり方により，$[g_1, [g_2, [g_3, \cdots [g_{m-1}, g_m]\cdots]]] = E$ となる．一般に $[g, hk] = [g,h][h,[g,k]][g,k]$ が成立するので，H_δ の元の m-交換子は $G \cap T_\delta$ の元の m-交換子の積で表せる．したがって上の式より，H_δ はベキ零であり，さらに補題 4.22 より Abel 群になる．また系 4.9 より，H_δ は初等的であることがわかる．

次に ϵ を十分小さくとれば，$G_\epsilon(x) \cap H_\delta$ が $G_\epsilon(x)$ の中で有限指数になるようにできることを示す．$\zeta > 0$ を $T_\zeta T_\zeta^{-1} \subset T_\delta$ となるようにとる．$S(G)_1(x)$ はコンパクトだから，自然数 $L \in \mathbb{N}$ で，T_ζ の $S(G)_1(x)$ の元による左からの移動で L 個の互いに疎なものはとれるが，$L+1$ 個の互いに疎なものはとれないというようなものがある．このような L について，$s_1 T_\zeta, \cdots, s_L T_\zeta$ $(s_1, \cdots, s_L \in S(G)_1(x))$ が互いに疎であるとしよう．

$\epsilon > 0$ を $\epsilon < 1/(L+1)$ となるようにとる．γ を $G_\epsilon(x)$ の任意の元として，$S(G)_\epsilon(x)$ の積として表したとき最短のものをとり，$\gamma = \sigma_1 \cdots \sigma_p$ とする．まず $p \le L$ の場合を考える．$d_{\mathbb{H}^3}(x, \gamma x) = d_{\mathbb{H}^3}(x, \sigma_1 \cdots \sigma_p x) \le \sum_{k=1}^p d_{\mathbb{H}^3}(x, \sigma_k x) < p\epsilon < 1$ となるので，γ は $S(G)_1(x)$ に含まれる．上の $s_1, \cdots, s_L$ の定義より，ある s_k が存在して，$\gamma T_\zeta \cap s_k T_\zeta \ne \emptyset$ となるので，$s_k^{-1}\gamma \in T_\zeta T_\zeta^{-1} \subset T_\delta$ を得る．これは γ と s_k が $G_\epsilon(x)/(G_\epsilon(x) \cap H_\delta)$ の同じ剰余類に属することを示している．

§4.2 双曲多様体の位相構造 —— 109

次に $p > L$ の場合を考えよう. $t_1 = \sigma_p$, $t_2 = \sigma_{p-1}\sigma_p$, $\cdots$, $t_{L+1} = \sigma_{p-L}\cdots\sigma_p$ と定義する. L の定義より, $t_1 T_\zeta, \cdots, t_{L+1} T_\zeta$ が全て互いに疎であることはない. したがってある $i < j$ について, $t_i T_\zeta \cap t_j T_\zeta \neq \emptyset$ となる. これは $t_j^{-1} t_i \in T_\zeta T_\zeta^{-1} \subset T_\delta$ を導き, $t_j^{-1} t_i \in G_\epsilon(x) \cap H_\delta$ となる. すると $\gamma(G_\epsilon(x) \cap H_\delta) = \gamma t_j^{-1} t_i (G_\epsilon \cap H_\delta) = \sigma_1 \cdots \sigma_{p-j-1} \sigma_{p-i} \cdots \sigma_p (G_\epsilon(x) \cap H_\delta)$ を得る. この議論を繰り返すことにより, γ と同じ $G_\epsilon(x)/(G_\epsilon(x) \cap H_\delta)$ 剰余類に属する $S(G)_\epsilon(x)$ の L 個以下の積を得る. ここで前段落の議論を適用することにより, γ と同じ剰余類に属する s_k を得る. したがっていずれの場合にも, 任意の $\gamma \in G_\epsilon(x)$ は, L 個の元 $s_1, \cdots, s_L$ のいずれかと同じ剰余類に属することになり, $|G_\epsilon(x)/(G_\epsilon(x) \cap H_\delta)| \leq L$ を得る.

H_δ は初等的だったので, $G_\epsilon(x) \cap H_\delta$ も初等的で, 系 4.8 より, $G_\epsilon(x)$ は初等的になる. 補題 4.5 よりこれは $G_\epsilon(x)$ が Abel 群であることを意味する. 以上で $x = (0, 0, 1)$ の場合の証明が完成した.

最後に一般の点 $x \in \mathbb{H}^3$ について $G_\epsilon(x)$ が Abel 群になることを見よう. いま w を x に写す $PSL_2\mathbb{C}$ の元を t としよう. すると $g \in G$ について, $d(gx, x) = d(gt(w), t(w)) = d(t^{-1}gt(w), w)$ であることに注意すれば, $t^{-1} S_\epsilon(x) t = t^{-1}\{g \in G \mid d(gx, x) \leq \epsilon\} t = \{t^{-1}gt \in t^{-1}Gt \mid d(t^{-1}gt(w), w) \leq \epsilon\} = S(t^{-1}Gt)_\epsilon(w)$ となる. 従ってそれぞれが生成する群を考えて, $G_\epsilon(x) = t(t^{-1}Gt)_\epsilon(w) t^{-1}$ となる. 後者が Abel 群であることは前段落の議論よりわかっているので, $G_\epsilon(x)$ も Abel 群である. ∎

定義 4.26 定理 4.21 で定義した M_ϵ を M の ϵ-細部分(ϵ-thin part)という. 定理より Margulis 定数より小さい ϵ をとれば, ϵ-細部分は尖点近傍と Margulis 管の互いに疎な和になる. このような ϵ を 1 つ固定して, ϵ-細部分を単に細部分と呼び M_{thin} で表す. またその補集合を**厚部分**(thick part)といい, M_{thick} で表す. さらに M_{thin} の尖点近傍成分のみを M から取り除いたものを, M の非尖点部分といい, M_0 で表す. □

(b) Scott のコンパクト芯

有限生成基本群を持つ双曲多様体の幾何学的構造を調べるためには, その

中に以下で定義される，コンパクト芯と呼ばれる部分多様体が埋め込まれることを用いることが有効である．この章で扱う3次元多様体はすべて C^∞ とする．3次元多様体はすべて C^∞-構造を持つことが知られているので(Bing, Moise)，この条件は何の制限も与えない．さらに，考える3次元多様体と曲面はすべて向き付け可能であるとする．

定義 4.27 N を(コンパクトとは限らない)3次元多様体とする．N に埋め込まれた3次元部分多様体 C が N の**コンパクト芯**(compact core)であるとは，C から N への包含写像がホモトピー同値であることである． □

定義より明らかにわかるように，N がコンパクト芯を持てば，N の基本群は有限表示である．以下では3次元多様体は次に述べる既約なもののみを扱う．

定義 4.28 3次元多様体 N は，その中に埋め込まれた球面が，常に埋め込まれた3次元球体の境界になっているとき，**既約**(irreducible)であるという． □

既約3次元多様体について次に述べる Scott の強力な定理がある．

定理 4.29(Scott) N を既約3次元多様体で，基本群 $\pi_1(N)$ が有限生成であるとする．このとき N の中にはコンパクト芯が存在する． □

この定理を証明するために，まず古典的3次元多様体論の基本的な結果である次の2つの定理(ループ定理，球面定理)を証明なしで述べる．

定理 4.30(ループ定理) N を向き付け可能な3次元多様体として，S をその中に埋め込まれた向き付け可能な曲面とする．S に境界がある場合は，$S \cap \partial N = \partial S$ となっているとする．いま，包含写像 $\iota: S \to N$ によって誘導される準同型写像 $\iota_\#: \pi_1(S) \to \pi_1(N)$ が単射でなかったとする．すると N に埋め込まれた円板 D で，$D \cap S = \partial D$ で，∂D は S で零ホモトピックでないものが存在する．(このような円板を**圧縮円板**(compressing disc)と呼ぶ.) □

従って N に埋め込まれた S が圧縮円板を持たなければ，$\pi_1(S)$ は $\pi_1(N)$ に $\iota_\#$ で単射で写る．このようなとき S は N で**圧縮不能**(incompressible)といい，圧縮円板がとれるときは**圧縮可能**(compressible)という．

定理 4.31(球面定理) 既約な3次元多様体の2次元ホモトピー群は自明

である. □

定理4.29の証明は大きく分けて2つのステップよりなっている.最初のステップは次の命題を証明することである.これは定理4.29の自由積分解不能な基本群を持つ場合の証明でもある.

命題 4.32(Scott) 3次元多様体の基本群が有限生成であれば有限表示である. □

これは4次元以上では成り立たない.実際4次元以上ではいかなる群に対してもそれを基本群として持つ多様体を構成できる.従って有限生成だが有限表示でない群を基本群に持つこともできる.

まずGrushkoの定理(定理1.23)より,G が m 個の生成元で生成されたとすると,G の自由積分解は m 以下の(非自明な)因子しか持たないことに注意しよう.従って有限生成群には各因子がもはや(非自明な)自由積には分かれないような自由積分解が存在する.このような分解を**既約自由積分解**(irreducible free product decomposition)と呼ぶ.非自明な自由積分解を持たないような群を**自由積分解不能**(freely indecomposable)という.

$G = G_1 * \cdots * G_r$ が既約自由積分解であるとき,系1.22より,分解の表し方は同型を除いて一意的である.いまこの分解の中で,無限巡回群に同型な因子の個数を q とする.このとき,$c(G) = (r, q)$ として c を定義して,このような順序対に辞書式順序 $<$ を入れておく.

補題 4.33 有限生成群 G, H について,全射 $\phi: H \to G$ があり,H の既約自由積分解 $H = H_1 * \cdots * H_r$ の,無限巡回群と同型でない因子上では単射であるとする.このとき ϕ は同型であるか,$c(G) < c(H)$ であるかのいずれかが成立する.

[証明] $c(G) \geqq c(H)$ と仮定して,ϕ が同型であることを示す.G の既約自由積分解 $G_1 * \cdots * G_t$ を $1, \cdots, s$ までが無限巡回群でないようにとる.CW複体 X で $\pi_1(X) \cong G$ となるものを以下のように作る.各 H_i ($i = 1, \cdots, t$) について,非球面的(aspherical) CW複体 X_i で,そのある頂点 x_i を基点として $\pi_1(G_i, x_i) \cong G_i$ であるようなものを作る.X_i の各 x_i と用意した基点 x を1胞体 b_i で結んで,CW複体 X を作れば,$\pi_1(X, x) \cong G$ となる.一方 H の

分解 $H_1 * \cdots * H_r$ について,コンパクト2次元 CW 複体 Y_j $(j=1,\cdots,r)$ を頂点 $y_j \in Y$ について $\pi_1(Y_j, y_j) \cong H_j$ となるように作る.ただし H_j が無限巡回群であるときは,Y_j は単純閉曲線にしておく.基点 y を用意し,各 j について1胞体 a_j によって y と y_j を結ぶ.こうしてできた2次元 CW 複体を Y とすれば $\pi_1(Y, y) \cong H$ である.

Y から X への胞体写像 f で ϕ を誘導するものを以下のように作る.まず基点 y は x に写すことにする.次に H_j が無限巡回群であるような j については Y_j に向きを入れたものを $[Y_j]$ とし閉曲線 $\ell = a_j[Y_j]a_j^{-1}$ が H_j の元 h_j を表しているとするとき,$f(\ell)$ が $\phi(h_j)$ を表すような X の1骨格上の閉曲線に写るように $f|(Y_j \cup a_j)$ を決める.

次に H_j が無限巡回群でないときを考えよう.仮定により $\phi|H_j$ は単射で,$\phi(H_j)$ は自由積分解不能なので,定理1.21より,$\phi(H_j)$ はある G_i の部分群 G'_j の共役 uG_ju^{-1} に等しい.そこで,a_j が u を表す X の1骨格内の閉曲線に写されるようにして,$f|Y_j$ は G'_j への同型写像 $u^{-1}(\phi|H_j)u$ を実現する胞体写像で,$f(Y_j) \subset X_i$ となるように各 $Y_j \cup a_j$ 上の f を定義する.Y_j は2次元複体なので,これは可能である.f の作り方から,基点 x の逆像は $\bigcup_{j=1}^{r} a_j$ と,Y_j のうち単純閉曲線であるものの和に含まれている.よって f を x に横断的にしておけば,$f^{-1}(x)$ は有限個の点からなっているとしてよい.

定理1.23の証明と同じ議論によって,帰納的に Y と $f: Y \to X$ を作り替えて,$f': Y' \to X$ で $Y \subset Y'$ が変位レトラクトになっていて,$f'|Y = Y$ かつ $f^{-1}(x)$ は連結で単連結であるものを構成できる.このとき $Y' \setminus f^{-1}(x)$ の連結成分を $Z_1, \cdots, Z_m$ とすると,$H \cong \pi_1(Z_1) * \cdots * \pi_1(Z_m)$ で,各 $\phi(\pi_1(Z_k))$ はある G_i に含まれている.π_1 が自明な連結成分は f をホモトピーで動かして消すことができるので,$\pi_1(Z_k)$ はすべて非自明としてよい.ϕ が全射であることから,$m \geq t$ で,仮定より $t \geq r$ なので,$m \geq r$ である.系1.22から既約な自由積分解は因子の数が最大になるので,$m = r$ でなくてはならず,また $\pi_1(Z_k)$ はもはや自由積分解不能であることがわかる.特に $t = r$ もわかる.また ϕ は全射なので,番号を付け替えれば,$\phi(\pi_1(Z_k)) = G_k$ $(k=1,\cdots,r)$ となっているとしてよい.

いま $G_1,\cdots,G_s$ のうち，$G_1,\cdots,G_\sigma$ は有限位数の巡回群でもないものになっているように番号を付け替える．これへの全射があるため，$\pi_1(Z_1),\cdots,\pi_1(Z_\sigma)$ は無限巡回群ではない．定理1.21より，無限巡回群でない $\pi_1(Z_k)$ については $\pi_1(Z_k)$ はある H_j と共役である．このとき仮定より $\phi|H_j$ は単射なので，$\phi|\pi_1(Z_k)$ も単射である．従って $\phi|\pi_1(Z_k)$ は $k=1,\cdots,\sigma$ について G_k への同型写像である．

一方 $c(G) \geqq c(H)$ の仮定と $t=r$ であったことより，G の無限巡回群である因子は少なくとも H のそれと同じ数だけあるから，有限位数巡回群である G_i について，$\pi_1(Z_i)$ が無限巡回群であることはない．従って，$i=\sigma+1,\cdots,s$ についても，上と同じ議論で $\phi|\pi_1(Z_k)$ は G_k への同型写像である．

最後に $k=s+1,\cdots,r$ については，$\phi|\pi_1(Z_k)\to G_k$ は無限巡回群から無限巡回群への全射準同型であるから，同型になる．よって ϕ は各因子上で同型なので，同型写像である．

[命題 4.32 の証明] G が3次元多様体 N の有限生成な基本群であるとしよう．G の生成元の最少数を n とする．n に関する帰納法で命題を証明する．$n=1$ のときは明らかに主張は正しい．

n より少ない生成元で生成される3次元多様体の基本群については，有限表示であったと仮定する．まず G が非自明な自由積分解 G_1*G_2 を持ったとしよう．すると，系 1.24 より，G_1,G_2 の生成元の最少数を足しあわせたものが n であるから，G_1,G_2 については帰納法の仮定より，有限表示であることがわかっている．G はそれらの自由積なのでやはり有限表示である．

そこで以降 G は自由積分解不能として議論を進める．この場合について次の補題を準備しよう．

補題 4.34 上の G に対して，有限表示で自由積分解不能な群 H と全射準同型 $f:H\to G$ で，次の条件を満たすものが存在する．群 H' と全射準同型 $h:H\to H'$，$f':H'\to G$ で，$f'\circ h=f$ となるものがあれば，H' は自由積分解不能になる．

[証明] G は n 元で生成されることを思い出そう．いま G への全射準同型写像で，既約自由積分解の無限巡回群でない因子上では単射になるものを

持つ n 元生成有限表示の群を考える．n 元生成自由群はこの性質を持つから，少なくとも1つこのような群は存在する．このような群の中で最も小さい c の値を持つものを K とし，全射準同型を $q: K \to G$ で表そう．

いま群 L と K から L への同型でない全射準同型 $p: K \to L$, L から G への全射準同型 $q': L \to G$ で $q = q' \circ p$ となるものがあったとする．このとき L は自由積分解不能であることを示そう．$L = L_1 * L_2$ と非自明な自由積分解を持ったとする．L は n 元の生成系を持つから，系 1.24 より，L_1, L_2 とも $n-1$ 個以下の元で生成される．$q'(L_1) = G_1$, $q'(L_2) = G_2$ とすれば，G_1, G_2 は $n-1$ 個以下の元で生成され，G の部分群であるからある3次元多様体の基本群に同型なので，帰納法の仮定より，有限表示である．いま $G' = G_1 * G_2$ とおけば，L から G への全射準同型 q' があることから，G_1, G_2 から G への包含写像で定まる G' から G への準同型写像 ι^* も全射である．一方 $(q'|L_1) * (q'|L_2): L = L_1 * L_2 \to G_1 * G_2 = G'$ を ρ と表すことにすると，ρ は全射であり，$\iota^* \circ \rho = q'$ である．これより，$\rho \circ p$ は全射で，さらに q の性質より K の無限巡回群でない因子の上では単射であることがわかる．従って補題 4.33 より $c(G') < c(K)$ か $\rho \circ p$ が同型かのいずれかでなくてはならないが，K のとり方より，最初の可能性はない．よって $\rho \circ p$ は同型であり，特に p も同型となるので矛盾する．よって L は自由積分解不能でなくてはならない．

さて $q: K \to G$ がもし同型なら $H = K$, $f = q$ とおけば明らかにこの H は補題の条件を満たしている．q が同型でないとしよう．すると $\mathrm{Ker}\, q$ が非自明なので，$e \neq x \in \mathrm{Ker}\, q$ を1つとり，$H = K/\langle x \rangle$ とおき，q から誘導される全射準同型 $f: H \to G$ をとる．ただしここで $\langle x \rangle$ は x の生成する正規部分群を表す．H は明らかに有限表示で，さらに上の議論より自由積分解不能である．この H に対して補題の文中のような H' があれば，それは上の L とみなせるので，自由積分解不能になる．よってこの H が求める群である．∎

命題 4.32 の証明を続けよう．補題 4.34 で得られた有限表示群 H をとる．2次元 CW 複体 K を $\pi_1(K) \cong H$ となるように構成し，写像 $F: K \to N$ を各胞体上 C^∞ で，胞体同士が横断的に写され，$F_\# = f$ であるようにとる．$F(K)$ の正則近傍を N' としよう．F は $\pi_1(K) \cong H$ から $\pi_1(N')$ への準同型

§4.2 双曲多様体の位相構造

π を誘導するので，その像を H' とする．H' は補題 4.34 によって，自由積分解不能でなくてはならない．H' が無限巡回群であれば，G は無限巡回群からの全射準同型がある群，すなわち巡回群になるので，明らかに有限表示である．よって以降 H' は無限巡回群ではないと仮定する．

$\iota: N' \to N$ を包含写像としよう．$\partial N'$ が圧縮不能なら，$\iota_\#: \pi_1(N') \to \pi_1(N)$ は単射であり，かつ $\iota_\# \circ \pi = f$ より，$\iota_\#$ は全射なので，$\pi_1(N') \cong \pi_1(N)$ となる．N' はコンパクトなので，$\pi_1(N')$ は有限表示であり，従って $\pi_1(N) = G$ も有限表示となり，この場合は証明が終わる．

$\partial N'$ が圧縮可能であるとしよう．D を $\partial N'$ の圧縮円板とする．まず D が N' に含まれていないときを考える．このときは N' に D の正則近傍を加えてできる多様体を N'' とすれば，F は $H \cong \pi_1(K)$ から $\pi_1(N'')$ への準同型を誘導する．H' をこの準同型による H の像としてとり直す．明らかに $\iota_\#$ は H' を $f(H) = G$ に写す．

次に D が N' に含まれている場合を考える．このとき N' を D で切ってできる多様体を考えれば，van Kampen の定理より，$\pi_1(N')$ は自由積分解 $A * B$ を持つか無限巡回群 $\mathbb{Z}$ になる．H' は自由積分解不能で無限巡回群でなかったので，定理 1.21 より，A, B のいずれかの部分群 H'' に共役である．H'' を含む因子に対応して N を D で切ってできる多様体の連結成分（あるいは $N \setminus D$ が連結の場合は多様体全体）を N'' とする．H'' を新たな H' とみなす．この場合も H'' は元々の H' の共役なので，$\iota_\#(H') = f(H)$ となる．

こうして，新たな多様体 $N'' \subset N$ で，その基本群が H からの全射準同型の像 H' を含み $\iota_\#(H') = \pi_1(M)$ となるものがとれた．もし N'' の境界が圧縮不能なら前同様 $\pi_1(N'') \cong \pi_1(N)$ で証明は終わり，そうでなければ，圧縮円板で切る操作を繰り返す．圧縮円板で切ると，境界の曲面の Euler 数が増えるので，いつかこの操作は行えなくなる．すなわち有限回の操作で，境界が圧縮不能になるので，その状況で $\pi_1(M)$ はそのコンパクトな多様体の基本群と同型であり，有限表示である． ∎

この命題を使ってこの項の主題である定理 4.29 を証明しよう．まず $\pi_1(N)$ の既約自由積分解 $G_1 * \cdots * G_n$ をとる．これらの因子がすべて無限巡回群だと

したら，N の中にそれらの生成元を表す単純閉曲線を基点からとり，その正則近傍を C とすればよい．よって少なくとも 1 つの因子は無限巡回群でないと仮定しよう．

各因子 G_i に対して，非球面的な CW 複体 K_i を $\pi_1(K_i) \cong G_i$ となるように作る．K_i と K_{i+1} を単純弧で結び，その中点に頂点 v_i をとる．(従って各弧は 2 つの 1 胞体 e_i, e_i' からなるとみなす．) こうしてできた CW 複体を K と表そう．van Kampen の定理より明らかに，$\pi_1(K) \cong \pi_1(N)$ である．K も非球面的であるから，写像の拡張に関する障害類がすべて消え，この同型を実現するように，胞体写像 $h: N \to K$ が作れる．f を各頂点 v_i に横断的なようにしておく．すると $h^{-1}(v_i)$ は N に埋め込まれた曲面になる．$S = \bigcup_{i=1}^{n-1} h^{-1}(v_i)$ とおこう．

主張 3 コンパクト集合 L が与えられたとき，h をホモトピーで動かして，$S \cap L$ が N の中で圧縮不能であるようにできる．

[証明] いま $S \cap L$ が N の中で圧縮可能であったとしよう．$D \subset N$ を $S \cap L$ の圧縮円板とする．∂D は h である頂点 v_i に写されている．D の正則近傍 $D \times I \subset N$ を $D \times I \cap S = \partial D \times I$ となるようにとる．(D は $D \times \{1/2\}$ であるとする．) 次のようにして，$D \times I$ の内部での h を変形することを考える．まず I を十分小さくとれば，$h|(D \times \{0\})$ は $e_{i-1}' \cup K_i \cup e_i$ か $e_i' \cup K_{i+1} \cup e_{i+1}$ に含まれているとしてよい．($i = 1$ のときは $e_{i-1} = \emptyset$, $i = n$ のときは，$e_{i+1} = \emptyset$ とみなす．) この複体を C と表そう．C も非球面的であることに注意しよう．特に $\pi_2(C) = 0$ であるから，$h|D \times \{0\}$ は C の中で，境界を保って v_i への定値写像にホモトピックである．そこで $D \times \{1/2\}$ 上で h は v_i への定値写像と定義し，上のホモトピーを使い，$D \times [0, 1/2]$ での h を定義する．同様にして，$D \times [1/2, 1]$ での h も定める．この状態で，$h^{-1}(v_i)$ は $S \cup D$ になっている．従って h を少し片側に摂動して，v_i に横断的にすることにより，$h^{-1}(v_i)$ が S を D で圧縮してできる曲面にアイソトピックにできる．

$S \cap L$ はコンパクトなので，この操作を有限回繰り返すことによって，$S \cap L$ は圧縮不能にできる．(1 回圧縮することによって $S \cap L$ の Euler 数が上がるので，操作は有限回で終わる．)

$x \in N$ を基点とする．$\pi_1(N, x)$ は命題 4.32 より，有限表示であった．そこで有限 CW 複体 P と連続写像 $g: P \to N$ で，$g_\#: \pi_1(P, y) \to \pi_1(N, x)$ が同型となるようなものがとれる．R を $g(P)$ の正則近傍としよう．これはコンパクトである．R から N への包含写像 ι により，全射準同型 $\iota_\#: \pi_1(R) \to \pi_1(N)$ が導かれる．以降この R を変形していき，コンパクト芯を作ることを考える．

∂R の圧縮円板 D は R に含まれているか境界だけで R と交わっているかのいずれかである．境界だけで R と交わっている場合は D の正則近傍 $D \times I$ を $D \times I \cap R = \partial D \times I$ となるようにして R に加え，新しい R とする．D が R に含まれる場合は，同様な正則近傍 $D \times I$ をとり，$R \setminus D \times I$ の閉包を新しい R とする．R は連結でなくなることもある．この操作により，∂R の Euler 数は上がるので，(R はコンパクトであり，∂R の Euler 数は有限なので，)有限回操作を繰り返すことにより，もはや R を圧縮することができなくなる．この状態での R の連結成分を $R_1, \cdots, R_k$ としよう．各成分 R_j について ∂R_j は N の中で圧縮不能である．いま $\pi_1(R_j) \cong \mathbb{Z}$ であるとすると，N が既約なことから簡単にわかるように R_j は円環体でなくてはならない．このとき ∂R_j は圧縮可能になるので，矛盾である．従って $\pi_1(R_j)$ は無限巡回群ではない．

R を R の中の圧縮円板を使って切って R' を得たとすると，R は R' に 1-ハンドルをつけることによって回復できる．そこで R の中にある圧縮円板で切った操作それぞれに対応する 1-ハンドル達 $h_1, \cdots, h_p$ を考え，$\hat{R} = R_1 \cup \cdots \cup R_j \cup h_1 \cup \cdots \cup h_p$ とすると，残りの操作はすべて R を膨らましたので，元々の R に対して $\hat{R} \supset R$ となる．特に包含写像 ι によって $\pi_1(\hat{R})$ は $\pi_1(N)$ に全射で写される．また $\pi_1(\hat{R})$ は，$\pi_1(R_1) * \cdots * \pi_1(R_k)$ と有限個の無限巡回群の自由積になっている．(これより特に $k=1$ で $p=0$ なら $\hat{R}$ はコンパクト芯になっていることがわかる．)

この状態でまず F と $R_1, \cdots, R_k$ の交わりを単純にすることを考える．

主張 4 写像 h をホモトピーで動かして，$F = \bigcup_{i=1}^{n-1} h^{-1}(v_i)$ について，$F \cap R_j = \emptyset$ $(j = 1, \cdots, k)$ にできる．

[証明] まず h を摂動して，F と R_j 達は横断的に交わっているとしてよ

い．$h_\#$ は同型でかつ h により F の各連結成分は 1 点に写ることより，$F \cap R_j$ に単連結でない連結成分があったとすると，それは圧縮可能になる．主張 3 により，h をホモトピーで動かして，F を圧縮できる．よって $F \cap R_j$ の連結成分はすべて単連結，すなわち円板か球面であるとしてよい．

まず $F \cap R_j$ に球面に同相な連結成分 S があったとしよう．N は既約であると仮定したから，S は N で球体 B の境界になっている．$h|B$ を考えると，これは球体から K への写像で，境界ではある頂点 v_i への定値写像となっている．$\pi_3(K) = 0$ であることから，$h|B$ と B から v_i への定値写像は境界を保ってホモトピックである．従って，h を B でだけホモトピーで動かして，$h(B) = v_i$ にできる．その後に h を少し摂動すれば，h は B の近傍で v_i と交わらないようにでき，$F \cap R_j$ の成分 S を取り除くことができた．この操作を繰り返し行い，$F \cap R_j$ の連結成分で球面に同相なものはなくすことができる．

次に円板 D が $F \cap R_j$ の連結成分であったとしよう．∂R_j は圧縮不能であったから，∂D は ∂R_j 上で円板 D' を囲んでいる．円板に同相な $F \cap R_j$ の連結成分 D をうまく選べば，$\text{Int}\, D'$ はもはや F とは交わらないようにできる．N は既約であると仮定されていたので，$D \cup D'$ は N で球体 B の境界となる．$F \cap R_j$ の連結成分は圧縮不能で，球面である成分は解消したので，B の内部は F とは交わらない．そこで h をホモトピーで動かして，F が D の代わりに D' を含むようにした上で，さらに少し摂動すれば，$F \cap R_j$ の連結成分を 1 つ解消できる．この操作を繰り返せば，最終的に $F \cap R_j$ はすべての $j = 1, \cdots, k$ について空集合にできる．∎

∂R_j が圧縮不能であることより，ある基点を固定すると，van Kampen の定理により，包含写像が誘導する準同型で，$\pi_1(R_j)$ は $\pi_1(N)$ に単射で写る．その像も $\pi_1(R_j)$ で表すことにしよう．

さて，$\hat{R}$ から N への包含写像と，h を合成したものを h' と書くと，$h'_\#$ は基本群の間の全射準同型を導くので，これを $\tilde{f} \colon \pi_1(\hat{R}) \to \pi_1(K)$ と表そう．$\hat{R}$ は $g_\#(\pi_1(P)) = \pi_1(N)$ となる $g(P)$ を含んでいたので，同型写像 $h_\#^{-1} \colon \pi_1(K) \to \pi_1(N)$ は $\pi_1(K)$ から $\pi_1(\hat{R})$ への準同型写像 $\rho \colon \pi_1(K) \to \pi_1(\hat{R})$ と $\hat{R}$ から N への包含写像から導かれる全射準同型の合成として表される．

§4.2 双曲多様体の位相構造 —— 119

このとき $h_\#$ が同型であることから特に $\tilde{f} \circ \rho = id$ であることがわかる.

$\pi_1(K) = G$ の因子 $\pi_1(K_i) = G_i$ が無限巡回群に同型でなかったとすると, $\pi_1(\hat{R}) = \pi_1(R_1) * \cdots * \pi_1(R_k) * \mathbb{Z} * \cdots * \mathbb{Z}$ と表されていたから, 定理 1.23 から, $\rho(G_i)$ はある $\pi_1(R_j)$ の部分群に共役である. R_j は F と交わらないようにしたので, $\tilde{f}(\pi_1(R_j))$ はある $\pi_1(K_i) \cong G_{i'}$ に共役である. $\tilde{f} \circ \rho = id$ より, この状況で $i = i'$ でなくてはならず, また $\rho(G_i)$ は $\pi_1(R_j)$ の共役に等しくなり, $\tilde{f}\pi_1(R_j)$ は G_i の共役になっているはずである.

そこで添字 $i = 1, \cdots, n$ と $j = 1, \cdots, k$ を付け直して, $i = 1, \cdots, m$ までの G_i は無限巡回群ではなく, その後の G_i は無限巡回群であり, また $i = 1, \cdots, m$ について, $\tilde{f}\pi_1(R_i)$ が G_i の共役になっているようにする. G が自由群でない場合のみを考えればよかったので, $m \geq 1$ である. いま ∂R_1 の中に基点 x をとり直そう. $\pi_1(K) = G$ は $h(x)$ を基点として考える. $\tilde{f}\pi_1(R_1)$ が G_1 に等しくなるようにすべての因子を同じ元で共役をとる.(すると $G = G_1 * \cdots * G_m$ であることを保ったままで, $\tilde{f}\pi_1(R_1) = G_1$ にできる.)一方 $i = 2, \cdots, m$ については N 内に適当な径 c_i をとり, x と R_i のある点を c_i が x から R_1 の外に出るようにして結び, $h_\#\pi_1(R_i, x) = G_i$ となるようにできる. なぜなら $h_\#$ は同型で, $\tilde{f}\pi_1(R_i)$ は G_i に共役だったので, その共役を実現するように, 元々 $\hat{R}$ 内で x と R_i を結んでいた径の, x を基点とする N の閉曲線での共役をとればよいからである. また $i = m+1, \cdots, n$ について G_i は無限巡回群であったから, x を基点とする閉曲線 c_i を $h_\#\pi_1(c_i, x) = G_i$ となるようにとる. $R_1, \cdots, R_m$ と $c_2, \cdots, c_n$ の和をとり, その正則近傍を W としよう. $\iota: W \to N$ を包含写像とすると, W の作り方から $(f \circ \iota)_\#: \pi_1(W) \to \pi_1(K) = G$ は全射である. これを同型にするように W を変形していくことが目標である.

W は $R_1, \cdots, R_m$ に曲線 $c_2, \cdots, c_n$ を加えたもの Q とホモトピー的には同じである. Q を作る過程を考えることにより, $\pi_1(Q)$ がいかなるものであるかを見よう. まず Q の原型となるべき Q' を $R_1, \cdots, R_m$ のコピー $R'_1, \cdots, R'_m$ を N と無関係に用意して, それらに曲線 $c'_2, \cdots, c'_n$ を $c'_2, \cdots, c'_m$ は $x' \in R'_1$ と $R'_1, \cdots, R'_m$ を結ぶようにして, $c'_{m+1}, \cdots, c'_n$ は x' を基点とする閉曲線であるようにして作る. すると $\pi_1(Q') \cong \pi_1(N)$ であり, $R'_1, \cdots, R'_m$ を $R_1, \cdots, R_m$ に, $c'_2, \cdots, c'_n$ を

$c_2, \cdots, c_n$ に, x' を x に写す自然な写像を $q\colon Q' \to Q$ とすれば, $(\iota \circ q)_\#$ が同型 $\pi_1(Q') \to \pi_1(N)$ を導く. 曲線 c_j は端点以外でも $R_1, \cdots, R_m$ と交わっているかもしれない. van Kampen の定理より, $c_j \cap \bigl(\bigcup_{i=1}^{m} R_i\bigr)$ の端点を含むもの以外の連結成分 1 つごとに $\pi_1(Q)$ には $q_\# \pi_1(Q')$ の外に無限巡回群の因子ができる. 従って $\pi_1(Q) \cong H * F_r$ という自由積分解で, $\iota_\#|H$ は同型で, F_r は r 元生成自由群であるようなものがとれる. いま $r=0$ であれば, W は求めるコンパクト芯になるので, $\pi_1(N)$ に全射で写るという条件を保ったままで, 帰納的に r を減らしていければよい.

主張 4 より, $F = \bigcup_{i=1}^{m} h^{-1}(v_i)$ は $R_1, \cdots, R_m$ と交わらなかった. $c_1, \cdots, c_n$ を F と横断的に交わるようにしておけば, $W \cap F$ は $c_1, \cdots, c_n$ の近傍である 1-ハンドルの横断的円板からなっている. この $W \cap F$ の個数を s としよう. 以下 $r>0$ のときに, $\pi_1(N)$ へ全射で写るという条件を保ちながら, 帰納的に $r+s$ を減らしていく方法を与える. $r+s$ は有限であるから最終的に $r=0$ となり, 上に注意した事実より証明は終わる.

$r>0$ と仮定したので, $\iota_\#\colon \pi_1(Q) \to \pi_1(N)$ は単射でない. よって, ある Q では零ホモトピックでないが N では零ホモトピックな閉曲線が存在する. このような閉曲線のうち F との交点が最少のものを ℓ としよう. まず $\ell \cap F = \varnothing$ である場合を考える. ℓ は $W \setminus F$ のある連結成分 V に入っている. V が 1-ハンドルの一部だとするとそれは単連結なので零ホモトピックでない閉曲線は存在しないので, V は必ず $R_1, \cdots, R_m$ のいずれかの R_i で, $\ell \cap R_i \neq \varnothing$ となるものを含む. h によって V は $K_1, \cdots, K_n$ のいずれかと 1 胞体 $e_1, \cdots, e_{n-1}, e'_1, \cdots, e'_{n-1}$ の 2 つを付けたものの中に写され, $h_\# \pi_1(R_i) = \pi_1(K_i) = G_i$ であったから, $h(V) \subset e_{i-1} \cup K_i \cup e'_i$ である. R_i の境界は圧縮不能であったから, $\pi_1(R_i)$ は $\pi_1(N)$ に単射で写っている. 従って ℓ が R_i に含まれていることはない. よって R_i に接着されたある 1-ハンドル H で ℓ と本質的に交わるものがある. 特に $\ell \cap F = \varnothing$ より, $H \cap F = \varnothing$ すなわち $H \subset V$ である.

いま W' を $W \setminus H$ の閉包として, 基点 $y \in \ell \cap R_i$ をとれば, $\pi_1(W) \cong \pi_1(W') * \mathbb{Z}$ で, 2 項目の無限巡回群は H の軸の両端を W' で y に結んで得

られる閉曲線 a のホモトピー類で生成される．$H \subset V$ なので，$h(H) \subset e_{i-1} \cup K_i \cup e_i'$ である．$h_\#$ は $\pi_1(R_i)$ から $\pi_1(K_i)$ への同型を導いたので，R_i 内の y を基点とする閉曲線 b で，$h(a) \simeq h(b)$ となるものが存在する．従って，$\iota_\# : \pi_1(W') \to \pi_1(N)$ は全射である．そこで，W を W' に取り替えると，r を 1 だけ減らすことができる．

次に $\ell \cap F \neq \emptyset$ である場合を考えよう．閉曲線 ℓ は N で零ホモトピックであったから，$\Delta : D^2 \to N$ で $\Delta|\partial D^2$ が ℓ になっているものが存在する．Δ を境界を保ったまま摂動して，F に横断的にしておく．$\Delta^{-1}(F)$ は D^2 中の 1 次元部分多様体になり，$\ell \cap F \neq \emptyset$ だったから，その中には必ず単純弧の連結成分がある．$\Delta^{-1}(F)$ の単純弧成分のなかで，最も外にあるものを α としよう．つまり α の両端を結ぶ ∂D^2 の上の単純弧 β があり，$\Delta(\beta)$ の内部は F とは交わらなくなっているようにする．まずこのとき $\Delta(\alpha)$ は F のある連結成分 F_l にのっているので，$\Delta(\beta)$ の両端点 z, w は F_l にのっている．z, w が $F \cap W$ でも同じ連結成分にのっている場合とそうでない場合が考えられる．

まず z, w が $F \cap W$ の同じ連結成分 D にのっている場合を考える．このとき z, w を D 上の単純曲線 γ で結ぼう．$\Delta(\beta)$ を β' で，$\Delta(\partial D^2 \setminus \beta)$ に両端点 z, w を加えてできる曲線を β'' で表す．ℓ が W で零ホモトピックでなかったことから，$\beta' \cup \gamma$ と $\beta'' \cup \gamma$ のいずれか少なくとも一方は W で零ホモトピックでない．それを ℓ' と表すことにしよう．β' と γ は N で端点を固定してホモトピックなので，$\beta' \cup \gamma$ は N で零ホモトピックであり，ℓ も N で零ホモトピックだったから，$\beta'' \cup \gamma$ もそうであるので，ℓ' はいずれにしろ N で零ホモトピックである．ℓ' は γ の部分を摂動して F から離すことによって，ℓ よりも F との交点が少なくできる．これは ℓ のとりかたに矛盾するので，このような場合はあり得ない．

従って z, w は $W \cap F$ の相異なる連結成分 D_1, D_2 にのっているとしてよい．このとき W を次のように改変することを考える．$\Delta(\alpha)$ は F 上で ∂D_1 と ∂D_2 を結ぶ部分弧 α' を含む．α' を N 内でホモトープして，端点以外では W とは交わらない単純弧 γ' にする．W を D_1 で圧縮し，$W \cap F$ の D_1 成分を消したものを W' とする．その後 γ' を F_l の V があるのと反対側に少し移

動したものを考え，その管状近傍である1-ハンドルを H' として，$W' \cup H'$ を $\hat{W}$ とする．この $\hat{W}$ は明らかに W よりも F との交わりの成分数 s が1だけ減っていて，r は変化しない．$\hat{W}$ から N への包含写像が基本群の間の全射準同型を導くことを示せば帰納法のステップが完成する．

いま W 内の x を基点とする任意の閉曲線 c をとろう．c と N でホモトピックな $\hat{W}$ の閉曲線がとれることを示せば証明が完成する．c が D_1 と交わっていないときは，c はそのまま $\hat{W}$ に含まれていると思えるので何も問題はない．c が D_1 と交点を持つとき，交点では横断的であるとしてよい．いま D_1 の W における近傍 $D_1 \times I$ をとると，$\mathrm{pt} \in D_1$ について，弧 $\{\mathrm{pt}\} \times I$ は $\Delta(\beta)$ が γ' と端点を固定して N でホモトピックであることを利用すると，$\hat{W}$ の弧に N の中でホモトピックである．交点の近傍で c は $\{\mathrm{pt}\} \times I$ になっているようにホモトピーで動かせる．その後に各交点ごとに $D_1 \times I$ に入っている c の部分弧を $\hat{W}$ の弧に N のホモトピーで動かすことによって，c は $\hat{W}$ の閉曲線にホモトピーで移せる．以上で定理4.29の証明が完成した．

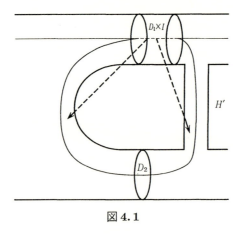

図 4.1

（c） McCullough の相対的芯

双曲多様体の位相的構造を調べる上では，細部分や凸芯を扱う時点において前項の Scott の芯定理のみでは不十分で，その精密化である McCullough–

Kulkarni–Shalen の相対的芯定理が必要になる．（この定理を最も一般的な形で示したのは McCullough であるが，より限られた形では Kulkarni–Shalen により証明が与えられた．）

定理 4.35（McCullough–Kulkarni–Shalen） N を有限生成基本群を持つ既約 3 次元多様体とする．∂N の有限個の連結成分 $F_1, \cdots, F_m$ について，$P_1, \cdots, P_m$ をそのコンパクト部分曲面とする．このとき N のコンパクト芯 C で，$C \cap \partial N = \bigcup_i P_i$ となるものがとれる． □

まず定理の特殊な場合として，$P_1, \cdots, P_m$ が閉曲面の場合を証明する．

主張 5 定理 4.35 の仮定で $F_1, \cdots, F_m$ が閉曲面で，$P_1 = F_1, \cdots, P_m = F_m$ の場合は定理が成立する．

[証明] いま F_i が圧縮可能であるとすると，F_i の圧縮円板 D をとり，N を D で手術することができる．そうしてできた 3 次元多様体を N' として F_i を圧縮した曲面を F_i' としよう．N' と $F_1, \cdots, F_{i-1}, F_i', F_{i+1}, \cdots, F_m \subset \partial N'$ に対して条件を満たすコンパクト芯 C' がとれたとする．C' は D のコピーを 2 つ含み，これらを貼り合わせてできるコンパクト 3 次元多様体を C とすると，C は N に入っている．$\pi_1(C')$ が $\pi_1(N')$ に包含写像から導かれる写像で同型なので，van Kampen の定理より，$\pi_1(C)$ も同様に $\pi_1(N)$ に同型である．N, N', C' が既約なことから，2 次元以上のホモトピー群は消えるので，これより，C は求めるコンパクト芯になる．$F_1, \cdots, F_m$ は上の手術を有限回繰り返せば，その多様体の中で圧縮不能になるので，これらがすべて圧縮不能である場合に証明して，帰納的に上の議論を使うことによって一般の場合が示せる．

以下 $F_1, \cdots, F_m$ は圧縮不能として議論を続ける．定理 4.29 より，コンパクト芯 $C_0 \subset N$ が存在することは証明されている．C_0 を摂動して，$C_0 \cap \partial N = \emptyset$ としておこう．C_0 が F_i を含むように変形できることを示せばよい．C_0 はコンパクト芯であるから，包含写像 $\iota_i : F_i \to N$ にホモトピックな写像 $f_i : F_i \to C_0$ がとれる．それらの間のホモトピーを $H : F_i \times I \to N$ と表そう．

$N \setminus C_0$ の連結成分で F_i を含むものを X と表そう．X の閉包と C_0 の境界の交わりを Σ と表すと，Σ は連結であり，従って $C_0 \cap \partial N = \emptyset$ より ∂C_0 の

連結成分になることが次のようにしてわかる．Σ が連結でないとしよう．X は連結だから，Σ の相異なる連結成分 Σ_1, Σ_2 を結ぶ弧 a が X 内にとれる．C_0 はコンパクト芯であることから，この弧 a は端点を保って $C_0 \cap X$ の中にホモトピーで動かせることが簡単にわかるが，Σ_1, Σ_2 は異なる連結成分なのでこれは矛盾である．

Σ が ∂C_0 の連結成分であることがわかった．次の目標は，Σ が実は F_i にホモトピックであることを示すことである．Σ が C_0 で圧縮可能であるとしよう．Σ の C_0 における圧縮円板 $D_1, \cdots, D_m$ を互いに疎で，平行でもない中で，最多になるようにとる．Σ を $D_1, \cdots, D_m$ で圧縮して得られる曲面は C_0 で圧縮不能であるので，その連結成分を $T_1, \cdots, T_n$ とする．Σ 自体が圧縮不能のときは，$n=1$ で $T_1 = \Sigma$ とみなす．F_i の包含写像は $f_i: F_i \to C_0$ にホモトピックであった．$f_{i\#}$ は単射であったから，もし $f_i(F_i)$ とある圧縮円板 D_j が交わったとすると，D_j と横断的に交わるようにすれば，$f_i^{-1}(D_j)$ は F_i が圧縮不能であることより，F_i 上で零ホモトピックな単純閉曲線からなっており，ホモトピーによって交わりを外すことができる．よって $f_i(F_i)$ は $D_1, \cdots, D_m$ と交わらないとしてよい．

$\Sigma \cup D_1 \cup \cdots \cup D_m$ の正則近傍を V と表そう．∂V は Σ と $T_1, \cdots, T_n$ に対応する成分からなっているので，$T_1, \cdots, T_n$ を必要ならアイソトピーで動かして，$\partial V \setminus \Sigma$ であると思うことにする．$f_i(F_i)$ は $D_1 \cup \cdots \cup D_m$ と交わらないようにできたので，V とも交わらないとしてよい．いまホモトピー $H: F_i \times I \to N$ を ∂V に横断的になるようにとろう．$T_1 \cup \cdots \cup T_n$ は C_0 を V とその他の部分に分けるので，少なくとも１つの T_k について $H(F_i \times I) \cap T_k \neq \emptyset$ となっているはずである．このような T_k について，$H^{-1}(T_k)$ を S_k と表そう．（これは連結とは限らない．）$H(F_i \times \{0,1\})$ は T_k と交わらないので，S_k は $F_i \times I$ の内部に埋め込まれた曲面である．H を変形して，S_k が $F_i \times I$ で圧縮不能であるようにできることを見よう．

圧縮可能なある S_k の圧縮円板 D を D の内部がほかの S_k とは交わらないようにとれる．$f_{i\#}$ は単射だったので，$H(\partial D)$ は N で零ホモトピックになっている．ところが T_k は C_0 で圧縮不能であり，また C_0 は N のコンパクト

芯なので，C_0 から N への包含写像は基本群の同型を導くので，T_k は N でも圧縮不能である．従って $H(\partial D)$ は T_k 上でも零ホモトピックであるはずである．そこで H を次のように変形して，S_k の D による圧縮を実現することを考える．まず D の正則近傍 $D \times I$ を $(D \times I) \cap S_k = \partial D \times I$ となるようにとる．$H|D \times I$ を境界での値は保ったまま，次のように定義し直す．まず $D \times \{1/2\}$ は T_k の上に写されるようにする．$H(\partial D)$ は T_k で零ホモトピックだったのでこれは可能である．次に T_k が圧縮不能であることから，N を $T_1, \cdots, T_n$ で切って得られる多様体は既約であり，従って π_2 が消えることに注意する．そこで $H|D \times [0, 1/2]$ と $H|D \times [1/2, 1]$ をそれぞれ内部で $T_1, \cdots, T_k$ で交わらないように境界での写像を連続に拡張して定義する．こうしてできた新たな H について，$H^{-1}(T_k)$ は $S_k \cup D$ になるので，D の近傍で T_k と横断的になるように摂動して，$H^{-1}(T_k)$ がちょうど S_k を D で圧縮したものになるようにできる．

この操作を有限回繰り返すことによって，最終的に $H^{-1}(T_k) = S_k$ はすべて圧縮不能にできる．$S \times I$ の中の圧縮不能な曲面については次の事実がよく知られている．（Haken により最初に証明された．）証明は単体分割を用いるか，極小曲面論を用いるかしてできるが，ここでは省略する．

補題 4.36 S を有向閉曲面として，F を $S \times I$ に埋め込まれた圧縮不能な有向曲面とする．このとき，F は $S \times \{0\}$ にアイソトピックである． □

主張 5 の証明に戻ろう．S_k の各連結成分は $F_i \times I$ で $F_i \times \{0\}$ にアイソトピックであるから，N の中で F_i の包含写像は T_k への写像にホモトピックであることがわかった．記号を簡略化するために番号を付け替えて，$k = 1$ としよう．次のよく知られた結果に注意する．（Hempel [15] を参照のこと．これは幾何学的にも，閉曲面が非球面的であることを利用しても証明できる．）

補題 4.37 P, Q を球面，射影平面でない閉曲面とする．連続写像 $f: P \to Q$ が基本群の間の単射を誘導するなら，f は被覆写像にホモトピックである． □

いま F_i は閉曲面であり，N は既約であったので，N が球体でない限り，F_i は種数 $g \geq 1$ を持つ．（N が球体のときに主張は明らかなので省略する．）

従って我々の場合も, F_i の包含写像は T_1 への被覆写像にホモトピックであるとしてよい.

N の部分多様体 $Y=X\cup V$ を考えよう. 作り方より, $\partial Y=F_i\cup T_1\cup\cdots\cup T_n$ である. 実は $n=1$ で, かつ Y はコンパクトでなくてはならないことを見よう.

$n\geq 2$ であると, Y の弧 α で F_i と T_2 を結び, 内部では ∂Y と交わらないものが存在する. F_i と α は1点で交わるので, F_i の表す2次元ホモロジー類は α の表す1次元相対ホモロジー類と代数的交点数1を持つ. 一方 F_i の包含写像は T_1 への写像にホモトピックであったから, F_i と同じホモロジー類に属する曲面で α と交わらないものがとれる. これは矛盾である. 次に Y がコンパクトでないとしよう. すると, 固有な半開弧 α で F_i に端点を持ちその他では ∂Y と交わらないようなものがとれる. 固有な半開弧は1次元固有ホモロジー類を表し, コンパクトでない多様体ではこのような類と2次元ホモロジーと交点数が定義されている. α と F_i は1点のみで交わるので, それらの表す類の間の代数的交点数は1であるが, F_i は T_1 の中にホモトピーで移せ, T_1 と α は交わらないので, 前同様これは矛盾である. 従って Y は F_i と T_1 の和を境界とするコンパクト多様体であることがわかった.

F_i の単純閉曲線 α は必ず T_1 のある閉曲線 α' に N でホモトピックである. T_1 は圧縮不能であったから, ホモトピーは Y の中でとれる. α' を α とホモトピックな T_1 の閉曲線の中で, 自己交点数が最少になるようにとっておこう. α と α' の間のホモトピーを $A: S^1\times I\to Y$ で表す. A は分岐点を除いて自分に横断的に交わるようにしておく. いま A が埋め込みでなかったとしよう.

このとき A に関する $S^1\times I$ の中の特異点の集合は有限個の, (分岐点の外で)滑らかな弧や単純閉曲線の, 交点を持つかもしれない和となっている. ただし交点では2つの弧や単純閉曲線は横断的に交わっている. $S^1\times(0,1)$ は F_i や T_1 に写る点を含まないので, 各弧の端点は分岐点か境界にある. $S^1\times\{0\}$ は単純閉曲線に移っていたので, これらの弧の端点はすべて $S^1\times\{1\}$ にのっている. まずある弧 a が分岐点を含み, 自分自身に同一視される場合を考えよう. a が $S^1\times I$ から切り取る半円板を Δ とする. このとき $c=\Delta\cap$

$(S^1\times\{1\})$ は A によって T_1 の閉曲線に写される.さらにこの場合 $A(c)$ は N では零ホモトピックである.T_1 が圧縮不能であることから,$A(c)$ は T_1 でも零ホモトピックであり,この部分をなくして,α' の自己交叉を1つ以上なくすことができる.これは矛盾であるからこのような弧はないとしてよい.

次に $S^1\times I$ の特異点集合の中に,滑らかな弧が埋め込まれていたとする.いま a をこのような弧で,$S^1\times I$ が半円板 Δ を切り取り,$\Delta\cap S^1\times\{1\}$ に含まれる α' の2重点の数がこのような弧の中で最少であるようなものとする.a は $S^1\times I$ の特異点集合中の他の弧 b と同一視される.$\Delta\cap(S^1\times\{1\})$ を c とし,b が $S^1\times I$ から切り取る半円板と $S^1\times\{1\}$ の交わりを d とすることにしよう.$S^1\times I$ に自分と同一視される弧がもはやないことから,$A(c)\cap A(d)=\varnothing$ あるいは $A(c)\subset A(d)$ となっている.$A(c)\cap A(d)=\varnothing$ なら,$A(c), A(d)$ 双方とも端点を固定して $A(a)=A(b)$ にホモトピックだから,これらは N でホモトピックであり,T_1 が圧縮不能であることから,T_1 でもホモトピックである.$A(c)$ の内部の2重点の数は $A(d)$ の内部の2重点の数以下だったから,$A(d)$ を $A(c)$ の所へ移動させてから少し摂動すれば α' の自己交叉を少なくとも2つ減らせる.これは α' のとり方に矛盾するのであり得ない.$A(c)\subset A(d)$ のときも,同様の考察で,交点が減らせることがわかる.

以上により,α' も単純閉曲線でなくてはならないことがわかった.同様の考察により,α,β が F_i で1点のみで交わる単純閉曲線なら,それにホモトピックな α',β' は,1点で交わるようにできる.また α_1,α_2 が F_i で互いに疎なら,それぞれにホモトピックな α'_1,α'_2 を T_1 上で互いに疎にとれる.

するともし F_i の包含写像が T_1 への同相写像でない被覆写像にホモトピックだったとすると,F_i の単純閉曲線で T_1 では単純閉曲線では表せないものにホモトピックなものが存在するので,上の事実に反する.よって F_i と T_1 は同相でなくてはならない.F_i の種数を g として,F_i の上に,相異なるホモトピー類を表す単純閉曲線 $\alpha_1,\cdots,\alpha_g,\beta_1,\cdots,\beta_g$ を α_j と β_j が1点のみで交わり,他とは交わらないようにとる.すると,$F_i\backslash ((\cup\alpha_j)\cup(\cup\beta_j))$ の各連結成分は単連結になっている.上で注意したように,F_i の単純閉曲線が T_1 の単純閉曲線にホモトピックであることを示したのと同じ方法で,$\alpha_1,\cdots,\alpha_g,\beta_1,\cdots,\beta_g$

は T_1 の単純閉曲線 $\alpha'_1, \cdots, \alpha'_g, \beta'_1, \cdots, \beta'_g$ で同じ交わり方をするものにホモトピックであることがわかる．Dehn の補題と同じ証明方法により，この状況で α_j と α'_j, β_j と β'_j はある埋め込まれたアニュラス A_j, B_j の境界となっていることがわかる．A_j 達と B_j 達を横断的に交わるようにして，N が既約であることを使い交わりの中の単純閉曲線の成分はすべて解消することができる．従って，A_j は B_j とのみ交わり，A_j と B_j の交わりは $\alpha_j \cap \beta_j$ と $\alpha'_j \cap \beta'_j$ を結ぶ弧のみになっているようにできる．

そこで Y を $\left(\bigcup_{j=1}^{g} A_j\right) \cup \left(\bigcup_{j=1}^{g} B_j\right)$ で切ってできる多様体 Z を考えよう．$F_i \setminus \left(\left(\bigcup_{j=1}^{g} \alpha_j\right) \cup \left(\bigcup_{j=1}^{g} \beta_j\right)\right)$ および $T_1 \setminus \left(\left(\bigcup_{j=1}^{g} \alpha'_j\right) \cup \left(\bigcup_{j=1}^{g} \beta'_j\right)\right)$ の各成分は円板であることと，A_j, B_j の交わり方を考えると，Z の各連結成分の境界は球面と同相であることがわかる．N は既約であったから，Z の各成分は球体に同相でなくてはならない．その貼り合わせ方を見ると，これは Y は $F_i \times I$ に同相であることを意味している．

いま $\Sigma \subset Y$ でかつ Σ は F_i と T_1 を分離したことを思い出そう．上で述べたように，T_1 は Y の変位レトラクトになっている．従って，Σ が T_1 にホモトピックでないとすると，$\pi_1(C_0)$ の元で $\pi_1(N)$ では自明になるものが存在することになり，C_0 が N のコンパクト芯であることに矛盾する．従って，Σ は T_1 にホモトピックであり，従って F_i にもホモトピックである．（これが目標としていたことであった．）Σ と F_i に上の議論を使えば，これは Σ と F_i が $F_i \times I$ に同相な部分多様体の境界になっていることを意味する．よって $C = C_0 \cup Y$ とすると，C_0 と C はアイソトピックであり，C も N のコンパクト芯となり，F_i を含む芯がとれた．これをすべての $F_1, \cdots, F_m$ について行えば主張のようなコンパクト芯が存在することがわかる．∎

主張の証明を終えたところで，一般の場合の定理 4.35 に移ろう．

[定理 4.35 の証明] $F_1, \cdots, F_m$ の順番を付け替えて，$P_1, \cdots, P_\mu$ は閉曲面でなくて，$P_{\mu+1}, \cdots, P_m$ は閉曲面であるとしよう．主張 5 の証明と同様にして，$P_1, \cdots, P_\mu$ は圧縮不能であるとしてよい．$P_1, \cdots, P_\mu$ の各境界成分について，$F_1, \cdots, F_\mu$ の中で，カラーを互いに交わらないようにとり，その和をそれぞれ

$A_1, \cdots, A_\mu$ とする.$P_1, \cdots, P_\mu$ は圧縮不能なので $A_1, \cdots, A_\mu$ も圧縮不能である. そして N とそれのコピーの向きだけを逆にしたもの $-N$ を考え,上にとったカラーとそのコピーを同一視することによって,$DN = N \cup (-N)$ を作る. DN においては,$P_1, \cdots, P_\mu$ とそのコピー $-P_1, \cdots, -P_\mu$ が境界で貼り合わされて,閉曲面である境界成分ができているので,それを $Q_1, \cdots, Q_\mu$ と表そう. $P_1, \cdots, P_\mu$ が圧縮不能という仮定より,$Q_1, \cdots, Q_\mu$ は圧縮不能であることが簡単にわかる.

そこで主張 5 をこの多様体 DN と境界成分 $Q_1, \cdots, Q_\mu, P_{\mu+1}, \cdots, P_m, -P_{\mu+1}, \cdots, -P_m$ に適用する.すると,DN のコンパクト芯 C_d で,$C_d \cap DN$ がこれらの境界成分の和であるものが存在することがわかる.この C_d について,明らかに $C_d \cap \partial N = P_1 \cup \cdots \cup P_m$ になっている.よって,$C = C_d \cap \partial N$ とおいたとき,これが N のコンパクト芯になっていることを証明すれば,定理の証明が完成する.それには C から N への包含写像 ι がホモトピー同値であることを見ればよい.C_d が既約であることから,C が既約であることは簡単にわかる.従って ι が基本群間の同型写像を導くことさえ示せばよい.

まず ι の全射性を示そう.C_d から DN への包含写像は $\pi_1(DN)$ への全射を導くので,C に基点 x をとれば,x を基点とする N の任意の閉曲線 γ に対して,C_d の x を基点とする閉曲線 γ' で,γ' が DN で x を保ち γ にホモトピックであるようなものがとれる.γ から γ' へのホモトピーを $H: S^1 \times I \to DN$ とし,DN の接着面である,カラー $A_1, \cdots, A_\mu$ に横断的にしておく.すると,$A_1, \cdots, A_\mu$ の H^{-1} による逆像は,$S^1 \times I$ 中の 1 次元部分多様体になる.γ' と H をこの逆像の成分の数がこのような閉曲線とホモトピーの中で最少になるようにとろう.すると $A_1, \cdots, A_\mu$ が圧縮不能であることを用いて,簡単な切り貼りの議論で,Im H は $A_1, \cdots, A_\mu$ と交わらないことがわかる.γ' は C に含まれホモトピーは N に含まれるので,ι が基本群間の全射を導くことがわかった.

次に単射性を見よう.γ を x を基点とする C の閉曲線で,N では零ホモトピックであるとしよう.すると γ は DN で零ホモトピックであるから,C_d で零ホモトピックである.$A_1, \cdots, A_\mu$ が圧縮不能であることから,$\pi_1(C)$

は $\pi_1(C_d)$ の中に単射で写っているので,これは γ が C でも零ホモトピックであることを意味する.よって ι は基本群間の単射を導く.これにより,$\iota_\# : \pi_1(C) \to \pi_1(N)$ が同型であることがわかり,C は N の求める性質を持ったコンパクト芯であることがわかった. ∎

(d) Sullivan の有限性定理と Ahlfors の有限性定理

前項までのコンパクト芯に関する定理を使い,有限生成 Klein 群に関する2つの有限性定理,Sullivan の有限性定理(Sullivan's finiteness theorem)と,Ahlfors の有限性定理(Ahlfors' finiteness theorem)の弱い形を証明しよう.まずコンパクト3次元多様体の Euler 数に関する次の事実を示す.

補題 4.38 M を境界が空でない連結なコンパクト3次元多様体とする.$\pi_1(M)$ が r 個の元で生成できたとする.このとき χ で Euler 数を表すことにすれば,
$$-\chi(\partial M) = -2\chi(M) \leqq 2(r-1)$$
となる.

[証明] M と $-M$ を ∂M で貼り合わせてできる多様体を DM と表そう.DM は奇数次元の閉多様体であるから,Poincaré の双対定理より,$\chi(DM) = 0$ である.一方 Mayer–Vietoris の定理より,$\chi(DM) = 2\chi(M) - \chi(\partial M)$ であるから,$\chi(\partial M) = 2\chi(M)$ となる.さて M の Betti 数を考えると,M は連結なので,$b_0(M) = 1$ であり,$\pi_1(M)$ が r 個の元で生成できることより,$b_1(M) \leqq r$ で,また M の境界が空でないことより,$b_3(M) = 0$ である.よって $-\chi(M) = r - 1 - b_2(M) \leqq r - 1$ を得る.これより $-\chi(\partial M) = -2\chi(M) \leqq 2(r-1)$ が得られた. ∎

これを用いてまず Ahlfors の有限性定理の弱い形,位相的有限性を示す.

定理 4.39(境界の位相的有限性)G を有限生成 Klein 群とする.C を $\mathbb{H}^3/G$ の凸芯とするとき,∂C のそれぞれの成分の Euler 数は有限であり,そのうち負の Euler 数を持つ成分は有限個である.より詳しく述べると,G が r 個の元で生成できれば,$\chi(\partial C) \geqq 2 - 2r$ が成立する.同じ性質を Ω_G/G も持つ.

§4.2 双曲多様体の位相構造 — 131

[証明] ∂C の単連結でない各連結成分 $S_1, \cdots$ について，それぞれのコンパクト部分曲面 $F_1, \cdots$ で，0 以下の Euler 数を持ち ∂F_i の各連結成分 ∂C で零ホモトピックでないようなものをとる．(このような曲面が必ずとれることは簡単にわかる．) C の相対コンパクト芯 K_n を ∂C との交わりがそれらの曲面のうち有限個 $F_1, \cdots, F_n$ の和となるようにとる．(C は $\mathbb{H}^3/G$ の変位レトラクトであることから，既約であり，定理 4.35 よりそのようなコンパクト芯は存在する．) 補題 4.38 より ∂K_n の Euler 数は $\pi_1(C)$ のみで決まる数で抑えられている．$\partial K_n \setminus \partial C$ に正の Euler 数を持つ成分がないことを示そう．K_n も既約なので球面成分がないのは明らかである．円板成分 D があったとしよう．∂D がのっている $K_n \cap \partial C$ の成分を F_k としよう．F_k の境界成分は ∂C で零ホモトピックでないので，D は ∂C の圧縮円板であることがわかる．

D が C を二分しないとする．すると，C 内の単純閉曲線 γ で D と 1 点のみで交わるようなものがとれる．ホモロジーの双対性により，γ は C で零でないホモロジー類を表すことがわかる．ところが，γ は ∂K_n の中にある D と 1 点のみで交わるので，K_n の中にホモトープできない．(定理 4.35 の証明中と同様に，ホモトピーと D の交わりを考察すればわかる．) これは K_n がコンパクト芯であることに矛盾する．よって D は C を二分する．

K_n は D によって C を二分したとき片方に含まれるので，K_n が含まれない方の部分を C' とすれば，K_n がコンパクト芯であることより，C' は単連結でなくてはならない．すると被覆写像 $p: \mathbb{H}^3 \to \mathbb{H}^3/G$ について，C' はそれと同相な多様体 $\tilde{C}$ により被覆され，$g \in G$ について，$g\tilde{C}$ は $\tilde{C}$ に等しいか $\tilde{C}$ と交わらないかになっている．$g\tilde{C}$ が $\tilde{C}$ に等しければ，G がねじれを持たないことにより，$g=1$ となる．円板 D に p で写る円板 $\tilde{D}$ が $\tilde{C}$ 内にある．最近点写像 r_G によって連続写像 $\bar{r}_G: \Omega_G/G \to \partial C$ が定義されていたことを思い出そう．これは ∂C を正則近傍の境界に持ち上げたものへの同相写像になっていたから，Ω_G/G の単純閉曲線 $\bar{\gamma}$ で $\bar{r}_G$ によって ∂D に写るものがある．$\bar{r}_G$ の構成法より，$\bar{\gamma}$ は $\bar{r}_G$ で $\tilde{D}$ に写る，$(\mathbb{H}^3 \cup \Omega_G)/G$ に含まれる圧縮円板 $\overline{D}$ の境界となっていることがわかる．$\overline{D}$ に被覆写像 $\bar{p}: \mathbb{H}^3 \cup \Omega_G \to (\mathbb{H}^3 \cup \Omega_G)/G$ で写る円板のうち，$\tilde{D}$ を含むものを $\hat{D}$ と表そう．$\hat{D}$ は $\mathbb{H}^3 \cup S^2_\infty$ を二分する

ので, $\tilde{C}$ を含む方の部分を E と表す.

$g \in G$ に対して, $gE \cap E \neq \emptyset$ であるとすると, $E \cap H_G = \tilde{C}$ であることに注意すると, $g\tilde{C} \cap \tilde{C} \neq \emptyset$ となる. 前段落で示したように, このとき $g=1$ となる. 一方 $\bar{\gamma}$ は Ω_G で零ホモトピックであると, γ も ∂C で零ホモトピックになり矛盾である. よって $E \cap \Omega_G$ は単連結でなくて, $\partial \hat{D}$ が S^2_∞ で E 側に囲む領域には Λ_G の点がある. 従って, そこに固定点を持つ $g \in G$ があるが, この元で E を写すと, $gE \cap E \neq \emptyset$ なので矛盾が生じる. かくして $\partial K_n \setminus \partial C$ には円板成分がないことがわかった.

よって $\chi(\partial K_n) \leq \sum_{i=1}^{n} \chi(F_i)$ となり, $\sum_{i=1}^{n} \chi(F_i)$ が $\pi_1(C)$ のみで決まる定数で下から抑えられることがわかった. ∂C に無限の Euler 数を持つ成分があると, F_i としていくらでも小さな Euler 数を持つものがとれ, 矛盾する. また ∂C に負の Euler 数を持つ成分が無限個あれば n をいくらでも大きくとれるので, $\sum_{i=1}^{n} \chi(F_i) \leq -n$ より矛盾が生じる. この状況で, ∂C の負の Euler 数を持つ各成分 P_i 中に, $F_i \subset P_i$ がホモトピー同値であるようにコンパクト曲面 F_i をとって上の議論を見直せば, 定理の最後の評価が得られる.

Ω_G/G と ∂C は $\bar{r}_G$ で同相に写るので, Ω_G/G でも同じ性質が成り立つ. (($\mathbb{H}^3 \cup \Omega_G)/G$ に定理 4.35 を使ってもよい.) ■

定理 4.40 (Sullivan の有限性定理) G を有限生成 Klein 群とするとき, $\mathbb{H}^3/G$ の $\mathbb{Z}$-尖点近傍, $\mathbb{Z} \times \mathbb{Z}$-尖点近傍はそれぞれ有限個である.

[証明] まず $\mathbb{Z} \times \mathbb{Z}$-尖点近傍が有限個であることを示そう. $\mathbb{Z} \times \mathbb{Z}$-尖点近傍は, $\mathbb{H}^3/G$ の ϵ-非尖点部分にトーラスで接している. 従って, $\mathbb{Z} \times \mathbb{Z}$-尖点近傍が n 個存在すれば, $(\mathbb{H}^3/G)_0$ の境界に n 個のトーラス成分 $T_1, \cdots, T_n$ が存在することになる. そこで, $(\mathbb{H}^3/G)_0$ の相対コンパクト芯 K を $T_1, \cdots, T_n$ を境界に含むようにとる. すると $T_1, \cdots, T_n$ のうち, 少なくとも $n-1$ 個は K の 2 次元ホモロジー類として, 1 次独立である. よって $b_2(K)+1 \geq n$ であるが, 一方 $-\chi(K) = -1 + b_1(K) - b_2(K)$ より, G が r 個の元で生成されるとすると, $b_2(K) + 1 - \chi(K) = b_1(K) \leq r$ となる. 従って $b_2(K)+1 \leq r + \chi(K)$ であるが, $\chi(K) = \frac{1}{2}\chi(\partial K)$ であり, K は既約なので境界に球面成分がなく, $\chi(\partial K) \leq 0$ である. これらを合わせて, $n \leq r$ を得る.

次に $\mathbb{Z}$-尖点近傍について考えよう．$\mathbb{Z}$-尖点近傍は，$(\mathbb{H}^3/G)_0$ と開いたアニュラスで接しているから，$\mathbb{Z}$-尖点近傍が n 個あれば，$(\mathbb{H}^3/G)_0$ の境界に n 個の開いたアニュラス成分がある．そこで，$(\mathbb{H}^3/G)_0$ の相対コンパクト芯 K を $K \cap \partial(\mathbb{H}^3/G)_0$ がこれらの開いたアニュラスの芯にある閉アニュラス $A_1, \cdots, A_n$ であるようにとる．さて A_i の軸は G の放物的元を表しているので，$\partial K \setminus \mathrm{Int}\left(\bigcup_{i=1}^n A_i\right)$ には円板成分はない．また $\partial K \setminus \mathrm{Int}\left(\bigcup_{i=1}^n A_i\right)$ にアニュラス成分があるとすると，2 つの異なる $\mathbb{Z}$-尖点近傍の軸がホモトピックであることになり，矛盾する．従って，$\partial K \setminus \mathrm{Int}\left(\bigcup_{i=1}^n A_i\right)$ の各成分は負の Euler 数を持つ．さらに $\partial K \setminus \mathrm{Int}\left(\bigcup_{i=1}^n A_i\right)$ はちょうど $2n$ 個の境界成分を持たなくてはならないので，$\chi\left(\partial K \setminus \mathrm{Int}\left(\bigcup_{i=1}^n A_i\right)\right) \leqq -2n/3$ となる．$\chi(\partial K) \leqq \chi\left(\partial K \setminus \mathrm{Int}\left(\bigcup_{i=1}^n A_i\right)\right)$ であり，$-\chi(\partial K) \leqq 2r-2$ であったから，n が r の 1 次関数で上から抑えられる． ∎

Ahlfors の元来の有限性定理は定理 4.39 より強く，Ω_G/G に開いた end をもつ Riemann 面は現れないことも主張している．

定理 4.41（Ahlfors） G が有限生成であるとき，Ω_G/G に開いた end を持つ連結成分はない．すなわち Ω_G/G の各成分は有限個の穴（puncture）のあいた有限種数の Riemann 面となる．各穴は G の放物的元に対応している．また Ω_G/G の連結成分は有限個である． □

この定理の証明には擬等角変形の理論が必要であるため，ここではそれを仮定して証明の概略を述べるにとどめる．

[証明の概略] まず Ω_G/G に開いた end をもつ連結成分がないことを見よう．F が Ω_G/G の連結成分で，開いた end を持っているものとする．すると，Teichmüller 空間論で知られているように，F 上の互いに等角写像で写り合わない擬等角変形は無限次元存在する．いま Ω_G の F に写る成分全体の和にこの擬等角変形を持ち上げれば，G の擬等角変形（で互いに等角でないもの）が無限次元存在することになる．一方 G は有限生成であったから，G の $PSL_2\mathbb{C}$ への表現空間は局所的には有限次元である．これは矛盾である．

Ω_G/G の穴は凸芯 C の境界 ∂C の end に対応する．定理 4.39 の証明で示

されたように，この周りを回る閉曲線は零ホモトピックではあり得ない．またこの元が斜航的であると，簡単にわかるように Ω_G/G の開いた end に対応する．よって穴は G の放物的元に対応している．

G が初等的でないことから，Ω_G が $\mathbb{C}$ や $\mathbb{C} \cup \{\infty\}$ に等角な普遍被覆を持つことはないので，Ω_G/G の連結成分はすべて双曲型である．従って各成分が負の Euler 数を持つので，定理 4.39 より有限個しか連結成分がない．

同じ性質を凸芯の境界も持つことを示すため，次の補題で，$\mathbb{Z}$-尖点近傍と凸芯の交わりの形を決める．

補題 4.42 G を有限生成 Klein 群として，C を $\mathbb{H}^3/G$ の凸芯とする．E を ϵ を十分小さくとったときの細部分 $(\mathbb{H}^3/G)_{\mathrm{thin}}$ の $\mathbb{Z}$-尖点近傍成分の閉包 ($\mathbb{Z}$-尖点閉近傍) とする．このとき $E \cap C$ は，

(ⅰ) 2つの双曲面の尖点近傍の全測地的な埋め込みに挟まれた，$S^1 \times I \times \mathbb{R}$ に同相な部分か，

(ⅱ) 1つの双曲面の尖点近傍の全測地的な埋め込みを境界に持つ $S^1 \times [0,1) \times \mathbb{R}$ に同相な部分か，

(ⅲ) $S^1 \times \mathbb{R}^2$ に同相な部分であるか

のいずれかである．

[証明] E に対応する G の無限巡回部分群の生成元 $g \in G$ をとる．g の固定点を ∞ と同一視して $\mathbb{H}^3$ の上半空間モデルを考える．ここで S^2_∞ は $\mathbb{C} \cup \{\infty\}$ となり，$\mathbb{C}$ は $z=0$ の平面である．$\infty \in \Lambda_G$ であり，G が初等的でないことより，$\mathbb{C} \cap \Lambda_G \neq \emptyset$ となっている．等長変換でモデルとの同一視を変えて，g の $\mathbb{C}$ への作用は x 方向への $+1$ の平行移動であるとしてよい．従って，$\Lambda_G \cap \mathbb{C}$ は x 方向に周期 1 で周期的な集合になっている．

いま $\mathbb{C}$ 上で x-軸に平行な境界を持つ帯 $\{x+iy \mid L_1 \leqq y \leqq L_2\}$ で $\Lambda_G \cap \mathbb{C}$ を含むもののうち最小のものをとり S とする．ただし $L_1 = -\infty$ となることや，$L_2 = \infty$ となることも許す．以下で $U_{L_3} = \{(x,y,z) \in \mathbb{H}^3 \mid x+iy \in S,\ z \geqq L_3\} \subset H_G$ となる $L_3 < \infty$ がとれることを示す．$H_G \subset \{(x,y,z) \mid x+iy \in S\}$ は補題 4.13 より明らかだから，これより $H_G \cap \{(x,y,z) \mid z \geqq L_3\} = U_{L_3}$ となり，補題の主張が従う．

§4.2 双曲多様体の位相構造―― *135*

このような L_3 がとれることを証明しよう．まず直線 $\ell_i = \{x+iy \mid y = L_i\}$ $(i=1,2)$ を考えると，$\ell_i \cap \Lambda_G \neq \emptyset$ であり，g が $+1$ の平行移動として $\mathbb{C}$ にはたらき，Λ_G を保つので，ℓ_i 中で Λ_G に含まれない点は長さ 1 以上続いては存在しない．さて $x+iy \in S$ について，$(x,y,z) \in \mathbb{H}^3 \setminus H_G$ とすると，補題 4.13 より，全測地的半球体 $P \subset \mathbb{H}^3$ があり，$\mathrm{Int}\,P \ni (x,y,z)$ かつ $P \cap H_G = \emptyset$ となっている．P の $\mathbb{H}^3 \cup S_\infty^2$ での閉包に含まれる $\mathbb{C}$ の点はある円板 C となる．(x,y,z) が $x+iy \in S$ となる点であるとしよう．$z \leq \mathrm{radius}(C)$ であるから，$\mathrm{radius}(C)$ を一様に抑えることができれば証明は終わる．ただしここで radius は，通常の Euclid 距離に関する半径である．L_1, L_2 が有限であれば ℓ_1, ℓ_2 と C が長さ 1 以上で交われないことから，$\mathrm{radius}(C)$ を上から抑えることができる．よって，L_1, L_2 の少なくとも片方は無限であるとして考える．

さて $\mathrm{radius}(C)$ が十分大きいとき，C の $\langle g \rangle$ により写した像全体の和を考えると，その中には x-軸に平行な帯が含まれる．$\mathrm{radius}(C)$ が上から抑えられない状況というのは，このような帯が無限にあり，しかも帯の幅が上から抑えられないときである．そうであると仮定しよう．いま $\Sigma \subset S$ を x-軸に平行な帯で内部に Λ_G の点を含まないものの中で，極大なものとする．いま $p \in \Sigma$ に対して，$l_p = \{(x,y,z) \mid x+iy = p\}$ とする．l_p の中に H_G に含まれる点があったとすると，$\infty \in \Lambda_G$ であることより，その点より上にある l_p の点はすべて H_G に含まれている．また $p \notin \Lambda_G$ であることより，l_p 全体が H_G に含まれることはない．

定理 4.21 より，∞ に接するある境球体を $\langle g \rangle$ で割ったものが，$\mathbb{H}^3/G$ の該当する $\mathbb{Z}$-尖点閉近傍になっている．従って十分大きい R について，$B(R) = \{(x,y,z) \in \mathbb{H}^3 \mid z \geq R\}$ とおけば，これを $\langle g \rangle$ で割ったものが $\mathbb{Z}$-尖点閉近傍になっているので，とくに $\gamma \notin \langle g \rangle$ ならば，$\gamma B(R) \cap B(R) = \emptyset$ である．いま S 中にはいくらでも幅の大きい Σ のような帯がとれると仮定していた．Σ' の幅が $2R$ 以上であれば，Σ' の中心線 c は境界から R 以上離れている．従って，中心線上の点 p をとると，p を中心とする半径 R の円が Σ' の中に入っている．Σ' の作り方より，このような円の上にある高さ R の半球は H_G と

交わらない. 従って, $l_p \cap H_G \subset B(R)$ となる.

Π を $\mathbb{C}$ に垂直な $\mathbb{H}^3$ の全測地的平面で, その閉包と $\mathbb{C}$ の交わりが c に等しいものとする. $\Pi \cap H_G$ は Π 内の空でない凸集合で, x-軸方向の平行移動について不変なので, Π 内の c に垂直な直線で, H_G と交わらないものは存在しないことがわかる. したがって, 任意の $p \in c$ について, $l_p \cap H_G$ の z-座標の最小値が存在するので, それを m_p とおく. すると $m_p \in \partial H_G$ で, $\bar{c} = \{m_p \mid p \in c\}$ は xy-座標が c と同じ $\mathbb{R}$ の埋め込みになっている. $B(R)$ は $\mathbb{H}^3/G$ の $\mathbb{Z}$-尖点近傍 $B(R)/\langle g \rangle$ へ写るので, $\bar{c}$ は ∂C 上の単純閉曲線 $s = \bar{c}/\langle g \rangle$ に写る. いま $2R$ 以上の幅を持つような Σ' に対して, このようにして ∂C 上の単純閉曲線がとれたが, こうした極大帯が無限にあると仮定していたので, そのような単純閉曲線が無限個とれている. そこで相異なる極大帯 Σ'_1, Σ'_2 に対して, 上のような単純閉曲線 s_1, s_2 を得たとして, これらが ∂C 上でホモトピックでないことを背理法で示そう.

s_1 と s_2 が ∂C 上でホモトピックであったとしよう. そのホモトピーを $\mathbb{H}^3$ に持ち上げれば, c_1 と c_2 の間の $\mathbb{R}$ から ∂H_G への固有な埋め込みとしてのホモトピーを得る. このホモトピーを, (x,y,z) を $x+iy$ に落とす写像によって, $\mathbb{C}$ に落とせば, Σ'_1 の中心線と Σ'_2 の中心線の間のホモトピーが得られ, 前に注意したように, $p \in \Lambda_G$ なら l_p は ∂H_G と交わらないことから, このホモトピーは Λ_G の点を通過しない. しかし Σ'_1 と Σ'_2 は相異なる極大帯だったので, これらは Λ_G の点により分かたれているはずである. 従ってこうしてできた単純閉曲線達は ∂C でホモトピックでない. 一方 ∂C は定理 4.41 より, 互いに疎でホモトピックでない単純閉曲線を有限個しか含み得ないので, この状況はあり得ない.

かくして極大帯の幅が一様に抑えられたので証明が完成した. ∎

前項では $\mathbb{Z}$-尖点近傍と凸芯の交わり方を見た(補題 4.42). ここでは $\mathbb{Z} \times \mathbb{Z}$-尖点近傍と凸芯の交わり方を見ておこう.

補題 4.43 G を有限生成 Klein 群とする. (幾何的無限でもかまわない.) C を $\mathbb{H}^3/G$ の凸芯とする. このとき, $\mathbb{H}^3/G$ の任意の $\mathbb{Z} \times \mathbb{Z}$-尖点近傍はより小さい近傍にとり直せば, C に含まれる.

[証明] $\mathbb{Z} \times \mathbb{Z}$-尖点を1つ考える．対応する放物的元の作る $\mathbb{Z} \times \mathbb{Z}$ に同型な G の部分群を P と表そう．補題 4.42 の証明と同様に，上半空間モデルを P が ∞ を固定点とするようにとる．$\infty \in \Lambda_G$ である．すると P は $\mathbb{C}$ 上に 2 元生成で基本領域が平行四辺形であるような平行移動の群として働く．G は初等的でないので，$\Lambda_G \cap \mathbb{C}$ は空集合でない．よって $\Lambda_G \cap \mathbb{C}$ は少なくとも基本領域の 4 頂点の P によって移った像達の作る格子点 L を含む．いま $\mathbb{C}$ の中の円を考えると半径が一定以上になると L の点を含んでしまうので Λ_G と交わる．従って H_G と交わらないような全測地的境界を持つ半球体はその閉包と $\mathbb{C}$ の交わりである円の半径が一様に抑えられているので，高さも一定以上になれない．すなわち $U_K = \{(x, y, z) \in \mathbb{H}^3 \mid z > K\}$ を考えると，十分大きな K について，$U_K \subset H_G$ となり，∞ に対応する $\mathbb{Z} \times \mathbb{Z}$-尖点の近傍 U_K/P が C に入っていることがわかった． ∎

系 4.44 G が有限生成 Klein 群であるとき，$\delta > 0$ について，$\mathbb{H}^3/G$ の凸芯の δ-近傍 $C(\delta)$ の境界の面積は有限である．

[証明] 補題 4.14 より，$\partial C(\delta)$ の穴は Ω_G/G の穴に対応している．補題 4.42 より，このような穴の近傍は，凸芯 C の境界上の $\mathbb{H}^3/G$ に全測地的に埋め込まれた尖点近傍に対応している．これは有限面積なので，対応する $\partial C(\delta)$ の穴の近傍も有限面積である．また定理 4.39 より，$\partial C(\delta)$ の成分の数，種数，穴の数は有限なので，$\partial C(\delta)$ の面積は有限である． ∎

（e） 幾何的有限 Klein 群の幾何学的性質

この項では幾何的有限群について，対応する双曲多様体の凸芯の幾何学的な性質を調べる．

まず前項での Ahlfors の有限性定理の応用として，次のことがわかることに注意しよう．

補題 4.45 G を幾何的有限 Klein 群とするとき，任意の $\delta > 0$ に対して，$\mathbb{H}^3/G$ の凸芯 C の δ-近傍 $C(\delta)$ は有限体積である．

[証明] 系 4.44 より，$\partial C(\delta)$ の面積は有限である．従って，$C(\delta) \setminus C$ の体積も有限である．C は仮定から有限体積なので，$C(\delta)$ も有限体積になる． ∎

これを用いて, C の δ-近傍の厚部分のコンパクト性がわかる.

命題 4.46 G を幾何的有限 Klein 群, C を $\mathbb{H}^3/G$ の凸芯とする. このとき, 任意の $\delta > 0$ に対して, $C(\delta)$ の厚部分はコンパクトである.

[証明] $C(\delta)$ の ϵ-厚部分を $C(\delta)_{\text{thick}}$ と表そう. $C(\delta)_{\text{thick}}$ の点で, 互いに ϵ 以上離れた点 $\{x_1, \cdots, x_k\}$ を k が最大になるようにとる. k の値は上から抑えられていることをまず見よう. x_i の $\epsilon/2$-近傍を B_i とすると, x_i が ϵ-厚部分にあることより B_i は埋め込まれた球体で, $x_1, \cdots, x_k$ のとり方から, $B_1, \cdots, B_k$ は内部では交わらない. 体積 $\text{volume}(B_i)$ は一定の数であるから, それを v とすれば, $\text{volume}\left(\bigcup_{i=1}^{k} B_i\right) = kv$ であり, B_i は $C(\delta + \epsilon/2)$ に入っていることから, kv は $C(\delta + \epsilon/2)$ の体積で抑えられる. この体積は前補題より有限なので, k は上から抑えられる.

さて $\{x_1, \cdots, x_k\}$ の極大性より, $C(\delta)_{\text{thick}}$ の点でこれらすべてから ϵ 以上離れている点はない. よって $C(\delta)_{\text{thick}}$ は $x_1, \cdots, x_n$ それぞれの ϵ-近傍の和に入っている. コンパクト集合の有限和の中の閉集合であるから, $C(\delta)_{\text{thick}}$ はコンパクトである. ■

これよりさらに次もわかる.

系 4.47 前命題と同じ状況で, $C(\delta)$ の非尖点部分もコンパクトである.

[証明] 非尖点部分は厚部分に Margulis 管を加えたものだが, 厚部分がコンパクトであることより, それと境界で接する Margulis 管は有限個しかあり得ない. よって非尖点部分はコンパクトである. ■

今までの結果を合わせると, 次に示すように幾何的有限 Klein 群について, 対応する双曲 3 次元多様体はコンパクト多様体の内部に同相なことがわかる.

定理 4.48 G を幾何的有限 Klein 群とする. このとき, $\mathbb{H}^3/G$ はあるコンパクト 3 次元多様体の内部に同相である.

[証明] まず $C(\delta)$ を $\mathbb{H}^3/G$ の凸芯の δ-近傍としたとき, $\mathbb{H}^3/G$ は $C(\delta)$ の内部に同相であることを示す. 補題 4.15 より, 最近点写像 $r_G \colon \mathbb{H}^3 \to H_G(\delta)$ は $\mathbb{H}^3$ から $H_G(\delta)$ へのレトラクションであり, r_G は G-同変なので, $\mathbb{H}^3/G$ から $C(\delta)$ へのレトラクション $\hat{r}_G \colon \mathbb{H}^3/G \to C(\delta)$ が定まる. $\mathbb{H}^3/G \setminus C(\delta)$ の各連結成分の点は $\hat{r}_G$ によって, その連結成分に面した $\partial C(\delta)$ の連結成分に写

されることに注意しよう.

いま E を $\mathbb{H}^3/G \setminus C(\delta)$ の連結成分として，$\partial C(\delta)$ の連結成分 S がそれに面しているとする．$x \in E$ について，$h: E \to S \times (0, \infty)$ を $h(x) = (\hat{r}_G(x), d(x, \hat{r}_G(x)))$ によって定義する．h が連続な全単射で固有であることが簡単にわかるので，これは同相写像である．よって $\mathbb{H}^3/G$ は $C(\delta)$ に $\partial C(\delta)$ の各成分 S に $S \times (0, \infty)$ を貼り合わせたものに同相であるが，これは明らかに $C(\delta)$ の内部と同相である.

次に $C(\delta)$ の内部があるコンパクト3次元多様体の内部に同相であることを見よう．補題 4.42, 4.43 により，$C(\delta)$ の非尖点部分の内部は $C(\delta)$ 自体の内部に同相である．一方 G が幾何的有限であることから系 4.47 より，$C(\delta)$ の非尖点部分はコンパクトであるので，$C(\delta)$ の非尖点部分はコンパクト3次元多様体の内部に同相である．これらを合わせて，$\mathbb{H}^3/G$ はコンパクト3次元多様体の内部に同相であることがわかった． ∎

より一般に G が有限生成 Klein 群ならば，$\mathbb{H}^3/G$ はあるコンパクト3次元多様体の内部に同相であろうと予想されている．この予想を **Marden 予想** といったが，Agol と Calegari–Gabai により正しいことが証明された.

上の証明の過程で次の事実も証明された.

系 4.49 G が有限生成 Klein 群であるとき，$C(\delta)$ を $\mathbb{H}^3/G$ の凸芯の δ-近傍とすれば，$\mathrm{Int}\,C(\delta)$ と $\mathbb{H}^3/G$ は同相である．さらに同相写像は包含写像にホモトピックにとれる． □

§4.3 幾何的無限群

この節では，幾何的無限 Klein 群を幾何的有限群の極限として構成する．ここで構成する群は元々は Bers によって作られた例で，境界群と呼ばれているものである．群の構成の後，多くの境界群の幾何的無限性と商多様体がコンパクト多様体の内部と同相であることを示すために，Bonahon による議論を使う．この節の内容は長い準備を必要とする事柄が多い．すべての概念の定義と，使われる結果は定理，補題の形で述べるが，そのうちいくつかの

ものは，証明を省略する．

(a) Teichmüller 空間

この項では閉曲面上の双曲構造の空間，Teichmüller 空間を定義して，Thurston による Teichmüller 空間のコンパクト化を証明抜きで説明する．まず S を種数 g が 2 以上の向き付けられた閉曲面とする．S 上の双曲計量全体の集合に次のような同値関係を入れる．

定義 4.50 S 上の双曲計量 m_1, m_2 が同値であるとは，S から S への恒等写像にホモトピックな微分同相写像 h があり，$m_2 = h^* m_1$ となることである．S 上の双曲計量全体の集合をこの同値関係で割った集合を $\mathcal{T}(S)$ と表す．　□

$\mathcal{T}(S)$ に自然に位相を入れられることを見よう．まず $\pi_1(S)$ は S の普遍被覆 $\tilde{S}$ に被覆変換群として作用するが，S 上に双曲計量 m が入っているとそれを引き戻して $\tilde{S}$ に双曲計量 $\tilde{m}$ を入れることができる．$\tilde{S}$ は単連結であるから，このとき $\tilde{S}$ は $\mathbb{H}^2$ と等長になる．$\pi_1(S)$ の $\tilde{S}$ への作用は $\tilde{m}$ について等長的であるから，これにより，$\pi_1(S)$ から $\mathrm{Isom}^+ \mathbb{H}^2 = PSL_2\mathbb{R}$ への忠実な離散表現 ρ が得られる．

いま 2 つの同値な双曲計量 m_1, m_2 が与えられているとき，対応する表現 ρ_1, ρ_2 の関係を考えよう．2 つの双曲計量が同値であることから，上の定義のような微分同相写像 $h: S \to S$ が存在する．h が恒等写像とホモトピックであることから，h は $\tilde{S}$ から $\tilde{S}$ への微分同相写像 $\tilde{h}$ に持ち上がる．いま m_1 から誘導される $\tilde{S}$ の双曲計量を $\tilde{m}_1$ とし，m_2 からのものを $\tilde{m}_2$ と表すことにすると，$\tilde{m}_2 = \tilde{h}^* \tilde{m}_1$ となる．そこで今 $(\tilde{S}, m_1)$ から $\mathbb{H}^2$ への同一視でできる等長写像を ι_1 とし，$\tilde{m}_2$ に関するものを ι_2 とすれば，$\iota_2 \circ \tilde{h} \circ \iota_1^{-1}$ は $\mathbb{H}^2$ の等長変換になっている．これを τ と表そう．すると，$\gamma \in \pi_1(S)$ を $\tilde{S}$ の被覆変換と見れば，$\tilde{h}\gamma = \gamma\tilde{h}$ であることを用いて，$\tau\rho_1(\gamma) = \rho_2(\gamma)\tau$ となることがわかる．従って表現 ρ_1, ρ_2 は $\mathrm{Isom}^+(\mathbb{H}^2) = PSL_2\mathbb{R}$ で共役な表現であることがわかった．

次に，逆に $\pi_1(S)$ から $PSL_2\mathbb{R}$ への忠実離散表現 ρ が先に与えられているとしよう．このとき $\mathbb{H}^2/\rho(\pi_1(S))$ は S とホモトピー同値なので，同相な双曲面

となる．$\mathbb{H}^2/\rho(\pi_1(S))$ の基本群は自然に $\rho(\pi_1(S))$ と同一視されるので，ρ は $\pi_1(S)$ から $\pi_1(\mathbb{H}^2/\rho(\pi_1(S)))$ への同型を導き，従って，S から $\mathbb{H}^2/\rho(\pi_1(S))$ への微分同相写像を導く．これによって，$\mathbb{H}^2/\rho(\pi_1(S))$ の双曲計量を S に引き戻したものを m とする．m は S から $\mathbb{H}^2/\rho(\pi_1(S))$ への同相写像の選び方によって変わるが，m の表す $\mathcal{T}(S)$ の同値類は一意的に決まることが簡単にわかる．2つの共役な表現から同じ $\mathcal{T}(S)$ の点が決まることも簡単に調べられる．またこの対応が，上で定義した $\mathcal{T}(S)$ の点から表現の共役類への対応の逆になっていることを見るのも難しくない．

$\pi_1(S)$ の $PSL_2\mathbb{C}$ への表現全体の集合に，表現空間での $\pi_1(S)$ の元ごとの収束による位相を入れた空間を考え，共役によって割った集合にその商位相を入れたものを $X^2(\pi_1(S))$ と表すことにしよう．上に述べた方法で $\mathcal{T}(S)$ と $X^2(\pi_1(S))$ の間に全単射が作れるので，それによって $X^2(\pi_1(S))$ に定義された位相から $\mathcal{T}(S)$ に位相を入れる．このようにして位相空間となった $\mathcal{T}(S)$ を S の **Teichmüller** 空間(Teichmüller space)と呼ぶ．

次の事実は Teichmüller の擬等角写像の理論の帰結である．ここでは証明を述べない．今吉–谷口[16]等を参照してほしい．

定理 4.51（Teichmüller） $\mathcal{T}(S)$ は Euclid 空間 $\mathbb{R}^{6g-6}$ に同相である． □

Thurston は Teichmüller 空間のコンパクト化を測度付葉層構造を使って以下のように定義した．まず $\mathcal{C}$ で S の単純閉曲線のアイソトピー類全体の集合を表すことにする．

定義 4.52 $c \in \mathcal{C}$ とする．$m \in \mathcal{T}(S)$ に対して，m を表す双曲計量に関する，c を表す閉測地線の長さを $\text{length}_m(c)$ と書き，c の**測地的長さ**(geodesic length)と呼ぶことにする．明らかにこれは m の代表元となる双曲計量の選び方によらない．

$\mathbb{R}_+^{\mathcal{C}}$ で $\mathcal{C}$ から $[0, \infty)$ への関数全体の作る集合に弱位相を入れた空間とする．いま m について，$c \in \mathcal{C}$ に対して $\text{length}_m(c)$ を対応させる関数を $\iota(m)$ とすると，写像 $\iota\colon \mathcal{T}(S) \to \mathbb{R}_+^{\mathcal{C}}$ が定義できる． □

次に測度付葉層構造の空間を定義しよう．第1章で見たように，S 上の測度付葉層構造とは，有限個の負の度数を持った特異点を持つ S の葉層構造

で,葉に横断的な弧に対して,葉に平行なホモトピーで不変な(非自明な)測度が入っているものであった.いま S 上の2つの測度付葉層構造は次の2種類の操作を有限回繰り返すことにより移り合うとき,同値であると定義する.

(i) 測度付葉層構造 $\mathcal{F}$ を恒等写像にアイソトピックな同相写像 h で写して,$h(\mathcal{F})$ にする.

(ii) $\mathcal{F}$ の2つの特異点をつなぐ葉がある場合その葉をつぶして2つの特異点を1つにまとめる.

(iii) (ii)の逆の操作.$\mathcal{F}$ に4又以上の特異点があるとき,特異点をつなぐ葉を挿入して,特異点を2つに分ける.

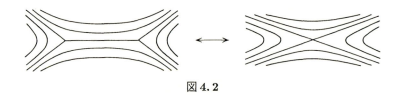

図 4.2

(ii),(iii) の操作を総称して Whitehead 移動(Whitehead move)という.

いま $c \in \mathcal{C}$ とする.$\mathcal{F}$ を S 上の測度付葉層構造として,$\mu_{\mathcal{F}}$ をその横断的測度とするとき,$i(c, \mathcal{F})$(または $i(\mathcal{F}, c)$ とも書く)を $\inf_{[\ell]=c} \mu_{\mathcal{F}}(\ell)$ によって定める.ただしここで,ℓ は c を表す単純閉曲線全体を動くものとする.いま $\mathcal{F}_1$ と $\mathcal{F}_2$ が上の意味で同値ならば,任意の $c \in \mathcal{C}$ に対して,$i(c, \mathcal{F}_1) = i(c, \mathcal{F}_2)$ であることは簡単にわかる.

S 上の測度付葉層構造全体を上の同値関係で割って得られる集合を $\mathcal{MF}(S)$ で表すことにしよう.写像 $I: \mathcal{MF}(S) \to \mathbb{R}_+^{\mathcal{C}}$ を次のように定義する.$[\mathcal{F}] \in \mathcal{MF}(S)$ と $c \in \mathcal{C}$ に対して,$I(\mathcal{F})$ の c-座標(すなわち c の値)を $i(c, \mathcal{F})$ として $I(\mathcal{F})$ を定義する.上の注意よりこれが代表元 $\mathcal{F}$ の選び方によらないことがわかる.次の事実の証明は省略する.Fathi-Laudenbach-Poénaru [9] を参照されたい.

補題 4.53 $I: \mathcal{MF}(S) \to \mathbb{R}_+^{\mathcal{C}}$ は単射である. □

そこで $\mathcal{MF}(S)$ に $\mathbb{R}_+^{\mathcal{C}}$ の部分集合 $I(\mathcal{MF}(S))$ の部分集合としての相対位

相を入れる.この空間を**測度付葉層空間**(measured foliation space)と呼ぶ.次のことが知られている.(これも[9]を参照.)

命題 4.54 この位相に関して,$\mathcal{MF}(S)$ は $\mathbb{R}^{6g-6}\setminus\{0\}$ と同相である.ただし 0 はすべての座標が 0 である点とする. □

次に $\mathbb{R}_+^{\mathcal{C}}$ の射影化を以下のように考える.$\mathbb{R}_+^{\mathcal{C}}\setminus\{0\}$ で,スカラー倍で移り合うものを同一視してできる集合を $P\mathbb{R}_+^{\mathcal{C}}$ と表す.$P\mathbb{R}_+^{\mathcal{C}}$ には $\mathbb{R}_+^{\mathcal{C}}$ の位相の商位相を入れて,位相空間とする.$\mathbb{R}_+^{\mathcal{C}}$ から $P\mathbb{R}_+^{\mathcal{C}}$ への射影を π で表すことにしよう.

Thurston による Teichmüller 空間のコンパクト化定理は次のものである.

定理 4.55(Thurston のコンパクト化定理) $\pi\circ\iota:\mathcal{T}(S)\to P\mathbb{R}_+^{\mathcal{C}}$ は埋め込みであり,その像の境界は $\pi I(\mathcal{MF}(S))$ に等しく,$6g-7$ 次元球面に同相である. □

ここで $\pi I([\mathcal{F}_1])=\pi I([\mathcal{F}_2])$ であれば,$\mathcal{F}_2$ は $\mathcal{F}_1$ の測度を正のスカラー倍したものと同値である.$\mathcal{MF}(S)$ で測度の正のスカラー倍で移り合う同値類を同一視してできる射影化を $\mathcal{PF}(S)$ と書き,**射影的葉層空間**(projective foliation space)と呼び,そこの点を**射影的葉層構造**(projective foliation)と呼ぶことにする.$\mathcal{PF}(S)$ に,$\mathcal{MF}(S)$ の商位相を入れると,S^{6g-7} に同相になる.上の定理により,Teichmüller 空間で無限に発散する点列の挙動は射影的葉層構造により記述できる.

(b) 表現の発散と長さ

この項では「ある Klein 群の表現が共役を法として発散すると,ある元の移動距離が発散しなければならない」という次の定理を示すのが目標である.

定理 4.56 Γ を有限生成 Klein 群として,$\phi_i:\Gamma\to PSL_2\mathbb{C}$ は像が斜航的元のみからなる忠実な離散表現で,$\{\phi_i\}$ のいかなる部分列,各表現の共役をとっても収束しなかったとする.このときある $g\in\Gamma$ で,$\phi_i(g)$ の移動距離が i を動かしたとき有界でないようなものがある. □

この事実は直観的には明らかに思えるかもしれないが,決して自明ではない.仮定の中で,像が斜航的元のみからなるという部分は,実は必要がなく,

像が放物的元を含んでいても，証明を少し変形するだけで，同じ結果が成り立つ．

証明には双曲空間の測地線の様子を調べることが必要になる．以下の議論は Bestvina, Paulin, Otal に従っている．まず次の事実に注意しよう．

補題 4.57 定理 4.56 の状況で，$g_1, \cdots, g_m$ を Γ の生成系としよう．このとき，$x \in \mathbb{H}^3$ に対して，$L_i(x) = \max_{k=1,\cdots,m} d(x, \phi_i(g_k)x)$ と定義する．すると，各 i に対して，$\inf_{x \in \mathbb{H}^3} L_i(x)$ を実現するような点 $x_i \in \mathbb{H}^3$ が存在する．

[証明] 明らかに L_i は連続関数である．いま max をとった各関数 $d(x, \phi_i(g_k)x)$ は $\phi_i(g_k)$ の固定点以外の S_∞^2 の点に近づくとき値は ∞ に発散する．Γ は初等的でないと仮定したので $\phi_i(\Gamma)$ も初等的でなく，S_∞^2 の点で，$k=1,\cdots,m$ すべてについて $\phi_i(g_k)$ の固定点になっているものはない．よって x が S_∞^2 のどの点に近づいても $L_i(x)$ は ∞ に発散する．すなわち L_i は固有 (コンパクト集合の逆像がコンパクト) な正値連続関数であり，最小値をとらなくてはならない． ∎

[定理 4.56 の証明] まず $L_i(x_i)$ は ∞ に発散することを示す．もしそうでないとすると，部分列をとり，$L_i(x_i)$ がある値に収束するようにできる．$x_0 = (0,0,1)$ を原点 x_i に写す等長写像を ζ_i として，$\psi_i = \zeta_i^{-1} \phi_i \zeta_i$ を考えれば，$k=1,\cdots,m$ について，$\psi_i(g_i)(x_0)$ が $i \to \infty$ で有界であることより，部分列をとれば ψ_i は収束する．これは ϕ_i は部分列と共役をとれば収束することになり，仮定に反する．よって $L_i(x_i) \to \infty$ がわかった．

いまある $g_k \in \{g_1, \cdots, g_m\}$ について，関数 $d(x, \phi_i(g_k)x)$ を考えると，これは $\phi_i(g_k)$ の軸 $a_{i,k}$ からの距離で値が決まる．特に $\mathrm{grad}(d(x, \phi_i(g_k)x))$ は $a_{i,k}$ 上以外では 0 にならず，$a_{i,k}$ からの距離が一定の点からなる面に直交する．L_i は x_i で最小値をとっていたので，次のいずれかである．

 (1) ある $g \in \{g_1, \cdots, g_m\}$ について，x_i は $\phi_i(g)$ の軸上にのっていて，$L_i(x_i) = d(x_i, \phi_i(g)x_i)$ となっている．

 (2) $g, h \in \{g_1, \cdots, g_m\}$ で，$L_i(x_i) = d(x_i, \phi_i(g)x_i) = d(x_i, \phi_i(h)x_i)$ であり，$\mathrm{grad}\, d(x_i, \phi_i(g)x_i)$ と $\mathrm{grad}\, d(x_i, \phi_i(h)x_i)$ のなす角度は $(\pi/2, \pi]$ の中に入っているものがある．

§4.3 幾何的無限群 —— 145

部分列をとってすべての i について(1), (2)のいずれかが成り立ち，しかも(1)の場合の g および(2)の場合の g, h は，i によらず一定にとれるとしてよい．すると(1)の場合は $\phi_i(g)$ の移動距離は $d(x_i, \phi_i(g)x_i) = L_i(x_i)$ であるから，$i \to \infty$ で ∞ に行き，定理の主張は示された．よって以降(2)の場合のみを考えればよい．(2)の場合でも $\angle \phi_i(g^{-1})x_i\, x_i\, \phi_i(g)x_i$ および $\angle \phi_i(h^{-1})x_i\, x_i\, \phi_i(h)x_i$ が 0 に収束する場合を除けば次の補題により(1)と同じような議論ができる．

補題 4.58 与えられた数 $c \in (0, 2\pi]$ について，次を満たす定数 $\eta \in (0, 1]$, $\epsilon > 0$ が存在する．$\gamma \in PSL_2\mathbb{C}$ と $x \in \mathbb{H}^3$ について $d(x, \gamma x) \geq \epsilon$ で $\angle \gamma^{-1}x\, x\, \gamma x \geq c$ なら，γ の移動距離は $\eta d(x, \gamma x)$ 以上である．

［証明］ 背理法で証明する．$\ell(\gamma)$ で γ の移動距離を表すことにしよう．ある $\epsilon > 0$ について，そのような η がとれなかったとすると，次のいずれかが成立するはずである．

（i） $\gamma_i \in PSL_2\mathbb{C}$ で，$\angle \gamma_i^{-1}x\, x\, \gamma_i x \geq c$ で $d(x, \gamma_i x) \to \infty$ なのに，$\ell(\gamma_i)/d(x, \gamma_i x) \to 0$ となるものがある．

（ii） $\gamma_i \in PSL_2\mathbb{C}$ で，$\angle \gamma_i^{-1}x\, x\, \gamma_i x \geq c$ で $d(x, \gamma_i x) \geq \epsilon$ なのに $\ell(\gamma_i) \to 0$ となるものがある．

いま $x, \gamma x$ を測地線分 a で結び，x から γ の軸 α への垂線を b として，b の足を p とおく．p と γx を結ぶ測地線分を c として，α 上の p と γp の間の線分を d，そして γb を e と表そう．いま $\mathbb{H}^2$ 上に三角形 $a \cup b \cup c$ に等長な三角形 $a^* \cup b^* \cup c^*$ と $c \cup d \cup e$ に等長な三角形 $c^* \cup d^* \cup e^*$ を描く．$x, \gamma x, p, \gamma p$ に対応する頂点を x^*, y^*, p^*, q^* で表す．すると $\angle p^*x^*y^* = \angle p\, x\, \gamma x \geq c/2$ であり，また $\angle x^*y^*q^* \geq \angle x\, \gamma x\, \gamma p \geq c/2$ となっている．

さてこうしてできた $\mathbb{H}^2$ 上の四角形 $x^*y^*q^*p^*$ において，$a^* = \overline{x^*y^*}$ の各点 t から a^* の垂線を四角形の内側に出すことを考える．四角形の別の辺に当たったところまでの線分をとり，r_t と表すことにしよう．まず r_t が b^* に端点を持つような t の長さを評価する．$t = x^*$ から出発して，r_t が b^* と交わる最後の点は，r_t の端点が p^* になる点である．このような t を t_0 と表すことにすると，x^*, t_0, p^* は t_0 での角が直角である直角三角形を作る．$\angle t_0x^*p^* \geq c/2$ であるから，双曲幾何の三角法により，$d(x^*, t_0)$ は c のみによる定数 k_c で，

上から抑えられる．同様にして，y^* から出発して，最後に e^* と r_t が交わるような t を t_1 とすれば，$d(y^*, t_1)$ も k_c で上から抑えられる．t_0 と t_1 の間にある t については，r_t は d^* と交わるから，$d(t_0, t_1) \leqq d(p^*, q^*) = \ell(\gamma)$ となる．よって $d(x, \gamma x) = d(t_0, t_1) + 2k_c \leqq \ell(\gamma) + 2k_c$ となり，上の (ii) は成立しないことがわかる．(i) は ϵ を $2k_c + 1$ より大きくとれば，$\ell(\gamma) > 1$ となり成立し得ないことがわかる． ∎

この補題により，$\angle \phi_i(g^{-1}) x_i \, x_i \, \phi_i(g) x_i \to 0$ かつ $\angle \phi_i(h^{-1}) x_i \, x_i \, \phi_i(h) x_i \to 0$ である場合を除くと，$\phi_i(g)$ か $\phi_i(h)$ の移動距離が ∞ に行くことがわかり，この場合の定理の証明は終わる．よって以降，$\angle \phi_i(g^{-1}) x_i \, x_i \, \phi_i(g) x_i \to 0$ かつ $\angle \phi_i(h^{-1}) x_i \, x_i \, \phi_i(h) x_i \to 0$ を仮定しよう．

次の補題は双曲三角形の余弦定理を使えば簡単にわかる．

補題 4.59 $x, y, z \in \mathbb{H}^3$ として，ある $\delta > 0$ があり，$\angle xyz > \delta$ となっているとする．このとき，δ のみで決まる定数 K と，任意の $\epsilon > 0$ に対して，ϵ, δ のみで決まる定数 L があり，$d(y, z) \geqq L$ ならば，$|d(x, y) + d(y, z) - d(x, z)| \leqq K$ および，$\angle yzx \leqq \epsilon$ が成立する． □

いま考えている状況で，$d(x_i, \phi_i(g) x_i)$ と $d(x_i, \phi_i(h^{-1}) x_i)$ は双方 $L_i(x_i)$ に等しく ∞ に行く，$\angle \phi_i(h^{-1}) x_i \, x_i \, \phi_i(g) x_i$ は $\pi/2$ より大きいことがわかっていたから，上の補題より，$d(\phi_i(g) x_i, \phi_i(h^{-1}) x_i)$ も $i \to \infty$ で ∞ に行き，
$$d(\phi_i(g) x_i, \phi_i(h^{-1}) x_i) / \{d(x_i, \phi_i(g) x_i) + d(x_i, \phi_i(h^{-1}) x_i)\} \to 1$$
および
$$\angle x_i \, \phi_i(h^{-1}) x_i \, \phi_i(g) x_i \to 0, \quad \angle x_i \, \phi_i(g) x_i \, \phi_i(h^{-1}) x_i \to 0$$
がわかる．ここで三角形 $\phi_i(h^{-1}) x_i \, \phi_i(g) x_i \, \phi_i(ghg) x_i$ を考えよう．まず上の結果より，
$$d(\phi_i(h^{-1}) x_i, \phi_i(g) x_i) = d(\phi_i(g) x_i, \phi_i(ghg) x_i) \to \infty$$
がわかる．

一方 $\angle x_i \, \phi_i(h^{-1}) x_i \, \phi_i(g) x_i \to 0$，$\angle x_i \, \phi_i(g) x_i \, \phi_i(h^{-1}) x_i \to 0$ より，ある $\epsilon_i \to 0$ がとれ，
$$\angle x_i \, \phi_i(h^{-1}) x_i \, \phi_i(g) x_i \leqq \epsilon_i, \quad \angle x_i \, \phi_i(g) x_i \, \phi_i(h^{-1}) x_i \leqq \epsilon_i$$
とでき，それを $\phi_i(gh)$ で移して，

$$\angle \phi_i(gh)x_i\, \phi_i(g)x_i\, \phi_i(ghg)x_i \leqq \epsilon_i$$
となる．さらにいま考えているのは，
$$\angle \phi_i(g^{-1})x_i\, x_i\, \phi_i(g)x_i \to 0 \quad \text{かつ} \quad \angle \phi_i(h^{-1})x_i\, x_i\, \phi_i(h)x_i \to 0$$
の場合だったので，ϵ_i を
$$\angle \phi_i(g^{-1})x_i\, x_i\, \phi_i(g)x_i \leqq \epsilon_i, \quad \angle \phi_i(h^{-1})x_i\, x_i\, \phi_i(h)x_i \leqq \epsilon_i$$
となるようにとり直せる．その上で $\angle x_i\, \phi_i(g)x_i\, \phi_i(ghg)x_i$ の評価をしよう．まず
$$\angle \phi_i(g)x_i\, \phi_i(h^{-1})x_i\, x_i \leqq \epsilon_i$$
より，
$$\angle \phi_i(hg)x_i\, x_i\, \phi_i(h)x_i \leqq \epsilon_i$$
を得るが，これは
$$\angle \phi_i(h^{-1})x_i\, x_i\, \phi_i(hg)x_i \leqq 2\epsilon_i$$
を導く．さらに
$$\angle \phi_i(h^{-1})x_i\, x_i\, \phi_i(g)x_i \geqq \pi/2$$
であったから，
$$\angle \phi_i(g)x_i\, x_i\, \phi_i(hg)x_i \geqq \pi/2 - 2\epsilon_i$$
となる．これを $\phi_i(g)$ で移せば，
$$\angle \phi_i(g^2)x_i\, \phi_i(g)x_i\, \phi_i(ghg)x_i \geqq \pi/2 - 2\epsilon_i$$
となり，
$$\angle \phi_i(g^2)x_i\, \phi_i(g)x_i\, x_i < \epsilon_i$$
とあわせて，
$$\angle x_i\, \phi_i(g)x_i\, \phi_i(ghg)x_i \geqq \pi/2 - 3\epsilon_i$$
を得る．これより，
$$\angle \phi_i(h^{-1})x_i\, \phi_i(g)x_i\, \phi_i(ghg)x_i \geqq \pi/2 - 4\epsilon_i$$
となり，$d(\phi_i(h^{-1})x_i, \phi_i(g)x_i) \to \infty$ とあわせて，補題 4.58 を使えば，$\phi_i(gh)$ の移動距離は $i \to \infty$ で ∞ に行くことがわかる．よっていずれにせよ，移動距離が ∞ に行く元を見つけることができた． ∎

(c) 極限表現の離散性

この項では忠実離散表現の極限として得られる表現は，やはり忠実離散であることを証明する．これは基本的に Jørgensen の不等式（命題 4.61）の系として導かれる．まず $PSL_2\mathbb{C}$ への表現の話を行列の計算に持ち込むために，すべての表現は $SL_2\mathbb{C}$ に持ち上がることを見る．

補題 4.60 $\varGamma$ を有限生成 Klein 群として，$\rho\colon \varGamma \to PSL_2\mathbb{C}$ を忠実で離散的な表現とする．このとき，ρ は忠実で離散的な表現 $\tilde{\rho}\colon \varGamma \to SL_2\mathbb{C}$ に持ち上がる．

[証明] 双曲 3 次元多様体 $\mathbb{H}^3/\rho(\varGamma)$ を N で表すことにしよう．$\mathbb{H}^3$ の単位 3-枠バンドルを $UF(\mathbb{H}^3)$，N のものを $UF(N)$ と表すことにする．普遍被覆写像 $p\colon \mathbb{H}^3 \to N$ により，バンドル写像 $\tilde{p}\colon UF(\mathbb{H}^3) \to UF(N)$ が定まる．よく知られているように，ある枠 $v \in UF(\mathbb{H}^3)$ を固定し，その像を対応させることにより，$PSL_2\mathbb{C}$ と $UF(\mathbb{H}^3)$ の間の同相写像が得られる．このとき $UF(N) = UF(\mathbb{H}^3)/\rho(\varGamma) = \rho(\varGamma) \backslash PSL_2\mathbb{C}$ である．$SL_2\mathbb{C}$ から $PSL_2\mathbb{C}$ への射影を q とすると，$\rho(\varGamma) \backslash PSL_2\mathbb{C} = q^{-1}(\rho(\varGamma)) \backslash SL_2\mathbb{C}$ となる．ここで $SL_2\mathbb{C}$ は連結かつ単連結であるから，$q^{-1}(\rho(\varGamma)) \cong \pi_1(UF(N))$ を得る．3 次元有向多様体の接バンドルは自明なので，単位枠バンドルも自明で，$UF(N) \cong N \times SO(3)$ となり，$\pi_1(UF(N)) \cong \pi_1(N) \times \mathbb{Z}_2$ となる．従って $q^{-1}(\rho(\varGamma))$ に $\rho(\varGamma)$ が同型に持ち上げられることがわかった． ∎

命題 4.61 (Jørgensen の不等式) $A, B \in SL_2\mathbb{C}$ として，A, B は離散的な群を生成し，その $PSL_2\mathbb{C}$ での像となる Klein 群は初等的でないとする．このとき，
$$|(\mathrm{tr}\, A)^2 - 2| + |\mathrm{tr}[A, B] - 2| \geqq 1$$
が成立する．

[証明] 以降証明では $SL_2\mathbb{C}$ の元もそれが表す $PSL_2\mathbb{C}$ の元も区別せずに表すことにする．今我々はねじれのない Klein 群を扱っていたので，A, B は放物的であるか斜航的であるかのどちらかだとして議論する．（ねじれがある場合も少し注意をすればまったく同じ議論ができる．）命題の結論は A, B

を同じ元で共役をとっても変わらないので，A は標準行列 $\begin{bmatrix} 1 & 1 \\ 0 & 1 \end{bmatrix}$ であるか，$\begin{bmatrix} \lambda & 0 \\ 0 & \lambda^{-1} \end{bmatrix}$ であるかいずれかであるとしてよい．

 $A = \begin{bmatrix} 1 & 1 \\ 0 & 1 \end{bmatrix}$ のときは，B は $PSL_2\mathbb{C}$ の元と見たとき，∞ を固定点として持たないことが次のようにしてわかる．もし ∞ を固定点に持つとすると，B が放物的であれば $\langle A, B \rangle$ は初等的であり仮定に反するので，B は斜航的でなくてはならない．このとき必要なら共役をとり直して，B のもう1つの固定点は原点であり，$B = \begin{bmatrix} \alpha & 0 \\ 0 & \alpha^{-1} \end{bmatrix}$ ($|\alpha| > 1$) であるとしてよい．すると，$B^{-n}AB^n = \begin{bmatrix} 1 & \alpha^{-n} \\ 0 & 1 \end{bmatrix}$ で，これは $n \to \infty$ で単位行列に収束するので，$\langle A, B \rangle$ が離散的であることに反する．いま $B_0 = B$ として，帰納的に $B_n = B_{n-1} A B_{n-1}^{-1}$ と定義する．B_n は放物的元で，$B_{n-1}(\infty)$ を固定点に持つ．そこで，B_n が ∞ を固定点に持つと，B_{n-1} も ∞ を固定点に持つことになり，帰納的に B が ∞ を固定点に持つことになり，矛盾する．よって特に $B_n \neq A$ であることがわかる．

 また同様の考察で，$A = \begin{bmatrix} \lambda & 0 \\ 0 & \lambda^{-1} \end{bmatrix}$ のとき，同じ方法で B_n を定義すると，B_n が $0, \infty$ を固定する斜航的元ではあり得ないことがわかる．従ってこの場合も $B_n \neq A$ である．

 そこでまず $A = \begin{bmatrix} 1 & 1 \\ 0 & 1 \end{bmatrix}$ であるときに $B_n = \begin{bmatrix} a_n & b_n \\ c_n & d_n \end{bmatrix}$ と表すことにすると，漸化式 $B_{n+1} = \begin{bmatrix} 1-a_n c_n & a_n^2 \\ -c_n^2 & 1+a_n c_n \end{bmatrix}$ が成立する．いま $\mathrm{tr}([A,B]) = 2-c_0^2$ であるから，命題の主張が成り立たないとすると，$|c_0| < 1$ である．また $c_0 = 0$ であると，$\langle A, B \rangle$ は初等的になるので，$c_0 \neq 0$ である．漸化式より $n \geq 1$ で，$c_n = -c_0^{2n}$ となり，これは c_n が $n \to 0$ で 0 に収束することを導く．一方 $|c_n| < 1$ もわかるので，$|a_{n+1}| \leq 1 + |c_n||a_n|$ より，$|a_n| \leq |a_0| + n$ がわかる．c_n は $-c_0^{2n}$ だったから，その n 倍も 0 に収束するので，$a_n c_n$ も 0 に収束することがわかる．従って，$a_{n+1} = 1 - a_n c_n$ は 1 に収束することがわかり，b_{n+1} は 0，d_{n+1} は 1 に収束し，B_n は $\begin{bmatrix} 1 & 1 \\ 0 & 1 \end{bmatrix}$ に収束する．離散性よりこれは十分大きい n について，$B_n = A$ となることを導くが，これがあり得ないことはす

でに見た.

次に $A = \begin{bmatrix} \lambda & 0 \\ 0 & \lambda^{-1} \end{bmatrix}$ であるときを考えよう. B_n の成分を前同様 a_n, b_n, c_n, d_n と表そう. まず命題の結論が成立しないとすると, $|(\mathrm{tr}A)^2-4|+|\mathrm{tr}[A,B]-2|=|\lambda-\lambda^{-1}|^2(1+|b_0c_0|)<1$ となっている. 漸化式は

$$B_{n+1} = \begin{bmatrix} \lambda a_n d_n - \lambda^{-1} b_n c_n & -(\lambda-\lambda^{-1})a_n b_n \\ (\lambda-\lambda^{-1})c_n d_n & \lambda^{-1} a_n d_n - \lambda b_n c_n \end{bmatrix}$$

となる. すると $a_n d_n = 1+b_n c_n$ であることを使い, $b_{n+1}c_{n+1} = -(1+b_n c_n)(\lambda-\lambda^{-1})^2 b_n c_n$ を得る. $|\lambda-\lambda^{-1}|^2(1+|b_0c_0|)<1$ であったから, 帰納的に $b_n c_n$ の係数の絶対値は1未満であることがわかり, これは $\lim_{n\to\infty} b_n c_n = 0$, および $\lim_{n\to\infty} a_n d_n = 1$ を導く. これを漸化式に入れると, $\lim_{n\to\infty} a_n = \lambda$, $\lim_{n\to\infty} d_n = \lambda^{-1}$ がわかる. 一方 $b_{n+1}/b_n = -a_n(\lambda-\lambda^{-1})$ であるから, これは $-\lambda(\lambda-\lambda^{-1})$ に収束し, $|\lambda-\lambda^{-1}|^2(1+|b_0c_0|)<1$ より, $|\lambda-\lambda^{-1}|<1$ を得るので, $\lim_{n\to\infty} b_n/\lambda^n = 0$ となる. 同様に $\lim_{n\to\infty} c_n \lambda^n = 0$ である. いま $A^{-n}B_{2n}A^n = \begin{bmatrix} a_{2n} & \lambda^{-2n}b_{2n} \\ \lambda^{2n}c_{2n} & d_{2n} \end{bmatrix}$ であり, これは $\begin{bmatrix} \lambda & 0 \\ 0 & \lambda^{-1} \end{bmatrix} = A$ に収束する. $\langle A, B \rangle$ の離散性より, 十分大きい n について, $A^{-n}B_{2n}A^n = A$ でなくてはならないが, これは $B_{2n} = A$ を意味し, 前に示したことに矛盾する. ∎

目標としていた, 極限の忠実, 離散性は次の定理である.

定理 4.62 Γ を非初等的 Klein 群として, $\phi_i: \Gamma \to PSL_2\mathbb{C}$ を忠実で離散的な表現とする. ϕ_i が表現 $\psi: \Gamma \to PSL_2\mathbb{C}$ に収束するとすると, ψ も忠実で離散的である.

[証明] 背理法で証明する. すべての表現 ϕ_i は $SL_2\mathbb{C}$ に持ち上がるので, 極限も $SL_2\mathbb{C}$ 表現に持ち上がる. 以降すべての表現は $SL_2\mathbb{C}$ へのものと区別せずに扱う. ψ が $PSL_2\mathbb{C}$ へ忠実でなかったとすると, $g \in \Gamma$ で, $\psi(g) = \pm E$ となるようなものが存在する. すると, $i \to \infty$ で, $\phi_i(g)$ は $\pm E$ に収束する. いま $\langle \phi_i(g), \phi_i(h) \rangle$ が非初等的な $h \in \Gamma$ を任意に固定する. (Γ はねじれがないので, g と可換でない h をとればそうなる. Γ は初等的でないので, このような h は必ず存在する.) すると $(\mathrm{tr}\phi_i(g))^2 \to 4$ かつ $\mathrm{tr}[g,h] \to 2$ となるので, 命題 4.61 に矛盾する.

次に ψ が離散的でなかったとしよう.すると E のいくらでもそばに $\psi(\Gamma)$ の元がある.任意の $Y \in SL_2\mathbb{C}$ について,$X \in SL_2\mathbb{C}$ が E に十分近ければ,$|(\operatorname{tr} X)^2 - 4| + |\operatorname{tr}[X, Y] - 2| < 1/2$ となることに注意しよう.いま $j \to \infty$ で,$\psi(g_j) \to E$ であったとき,ある j_0 があり,$j_1, j_2 \geqq j_0$ なら,$\psi(g_{j_1})$ と $\psi(g_{j_2})$ が可換であるか,いくらでも大きい j で $\psi(g_1)$ と $\psi(g_j)$ が可換でないものがとれるかのどちらかであるが,いずれにせよ,ある $h \in \Gamma$ で $\psi(h)$ と可換でない $\psi(g_j)$ がいくらでも E の近くに存在する.従って $\langle \phi_i(g_j), \phi_i(h) \rangle$ は非初等的で,$|(\operatorname{tr}\psi(g_j))^2 - 4| + |\operatorname{tr}[\psi(g_j), \psi(h)] - 2| < 1/2$ となるものがある.これより十分大きな i をとれば,$|(\operatorname{tr}\phi_i(g_j))^2 - 4| + |\operatorname{tr}[\phi_i(g_j), \phi_i(h)] - 2| < 1$ となり,命題 4.61 に矛盾する. ∎

(d) Bers の境界群

引き続き,S は双曲型の閉曲面とする.$\pi_1(S)$ に同型な Fuchs 群 G と,同型写像 $\phi: \pi_1(S) \to G$ を固定しよう.Γ が G の擬等角変形で得られる擬 Fuchs 群であるとしよう.擬等角変形の定義より,ある擬等角写像 $f: S^2_\infty \to S^2_\infty$ で,$fGf^{-1} = \Gamma$ であるものが存在する.$\Lambda_\Gamma = f(\Lambda_G)$ は Jordan 曲線であり,Ω_Γ は 2 つの単連結な領域の和であったことを思い出そう.

補題 4.63 閉曲面群 $\pi_1(S)$ に同型な擬 Fuchs 群は幾何的有限であり,その凸芯の δ-近傍は $S \times I$ に同相である.

[証明] Γ を前述のような擬 Fuchs 群としよう.すると Ω_Γ/Γ は S に同相な閉曲面 2 つの互いに疎な和になっている.$\mathbb{H}^3/\Gamma$ の凸芯を C とする.C の δ-近傍 $C(\delta)$ を考えると,系 4.49 より $\operatorname{Int} C(\delta)$ と $\mathbb{H}^3/\Gamma$ は同相だったので,$\operatorname{Int} C(\delta)$ のコンパクト芯 K は $\mathbb{H}^3/\Gamma$ のコンパクト芯でもある.

さていま K は基本群が $\pi_1(S)$ であるようなコンパクト向き付け可能既約 3 次元多様体である.このようなものは $S \times I$ に同相であることが初等的な議論でわかる.よって特に ∂K は S に同相な 2 つの連結成分 Σ_1 と Σ_2 よりなる.K の補集合のうち Σ_1 に面している方を E_1 とし,Σ_2 に面している方を E_2 としよう.一方最近点写像が Ω_G/G から $\partial C(\delta)$ への同相写像を導くことから,$\partial C(\delta)$ も S に同相な 2 つの連結成分 S_1, S_2 からなる.$\partial C(\delta)$ の各成

分は $\mathbb{H}^3/G$ を $C(\delta)$ が入っている側と,そうでない側の 2 つの成分に分ける.そこで今 S_1, S_2 の両方が E_1, E_2 のどちらか,例えば E_1 に入っていたとしよう. K は $C(\delta)$ に入っているのだから,この状況が起こりうるのは, $C(\delta) \cap E_1$ が連結なときのみである.そこで S_1 と S_2 を $C(\delta) \cap E_1$ でつなぐ弧 α がとれる. α は $C(\delta)$ の $\partial C(\delta)$ を法とした 1 次元ホモロジー群の自明でない元を表しているので,双対定理より $C(\delta)$ の 2 次元ホモロジー類 σ で α との代数的交点数が 1 であるものがとれる.ところが K がコンパクト芯であることより, σ は K の中にホモトープできるので, σ と α の交点をホモトピーで解消でき,矛盾が生じる.よって S_1, S_2 はそれぞれ E_1, E_2 に片方ずつ入っていなくてはならないので,必要なら番号を付け替えて $S_1 \subset E_1$, $S_2 \subset E_2$ としてよい.

すると S_1, Σ_1 は双方とも $\mathbb{H}^3/G$ を 2 つに分けるので,これらの和を境界とする $\mathbb{H}^3/G$ の 3 次元部分多様体 P が存在する. P がコンパクトであることを背理法で示そう. P がコンパクトでないとすると, S_1 を発する半直線 $[0, \infty)$ の固有 (proper) な埋め込み β がとれる.これは $C(\delta)$ の 1 次元固有ホモロジーの 0 でない元を表すから,双対定理により,通常の 2 次元ホモロジー類 σ で β との代数的交点数が 1 であるようなものが存在し,前同様矛盾が生じる.よって P はコンパクトである.また P の任意の閉曲線は K の中にホモトープでき,そのホモトピーは Σ_1 を通過するので, Σ_1 から P への包含写像は基本群の同型を導く. P は既約であるから,このようなとき P は $S \times I$ に同相でなくてはならないのであった.同様のことが S_2 についてもいえるので, $C(\delta)$ は K とアイソトピックになり, $C(\delta)$ がコンパクトで $S \times I$ に同相なことがわかった. ∎

上の補題では S は閉曲面としているが, S が尖点を持つときでも相対芯を使えば同様の議論で幾何的有限性が示せる.

さて Fuchs 群 $G \cong \pi_1(S)$ の f による擬等角変形で得られる擬 Fuchs 群 Γ があれば,同型写像 $\phi: G \to \Gamma$ が標準的に $\phi(\gamma) = f\gamma f^{-1}$ で定まるから,対 (Γ, ϕ) を考えることができる.いまこのような対が 2 つ, $(\Gamma_1, \phi_1), (\Gamma_2, \phi_2)$ とあるとき,これらが同値であるとは,ある $PSL_2\mathbb{C}$ の元 g があり, $\phi_2 =$

$g\phi_1 g^{-1}$ となっていることであるとする.するとこうしてできる擬 Fuchs 群と同型写像の対の同値類全体は,$\pi_1(S)$ の $PSL_2\mathbb{C}$ への忠実離散表現の共役類の作る空間 $X(S)$ の部分集合と見なせる.この集合を $QF(S)$ と表し,$X(S)$ の表現空間の位相から入る位相を入れて,位相空間として考える.Ahlfors–Bers の定理に Sullivan のエルゴード定理を組み合わせると,次の結果を得る.

定理 4.64 $QF(S)$ は Euclid 空間 $\mathbb{R}^{12g-12}$ と同相である.次のようにして同相写像が具体的に与えられる.$(\Gamma, \phi) \in QF(S)$ とすると,Γ は擬 Fuchs 群であるから,Ω_Γ / Γ は S と同相な互いに疎な 2 つの Riemann 面の和である.Ω_Γ / Γ の Riemann 面の構造を ϕ が決める同相写像で引き戻すことによって,S 上の Riemann 面の構造,従って双曲計量が 2 つ決まる.これによって (Γ, ϕ) に $\mathcal{T}(S) \times \mathcal{T}(S)$ の点を対応させることにする.(これが代表元のとり方によらず決まることは簡単である.)この対応 $q\colon QF(S) \to \mathcal{T}(S) \times \mathcal{T}(S)$ が上の同相写像を与える.□

Bers の境界群を構成するためには,ある擬 Fuchs 群の列の代数的な収束を証明しなくてはならない.そのためには次の Ahlfors による補題が必要である.

補題 4.65 (Ahlfors) Γ を擬 Fuchs 群とする.$\gamma \in \Gamma$ に対して,γ の共役類を表す $\mathbb{H}^3/\Gamma$ の閉測地線を γ^* とする.Ω_Γ/Γ の 2 つの連結成分 Σ_1, Σ_2 に対して,それぞれの Riemann 面としての構造に適合した双曲計量を考え,γ の共役類を表すそれぞれの双曲計量に関する閉測地線を γ^+, γ^- とする.このとき $\mathrm{length}(\gamma^*) \leq 2\min\{\mathrm{length}(\gamma^+), \mathrm{length}(\gamma^-)\}$ が成立する.

[証明] Σ_1, Σ_2 の立場は同じなので,どちらか片方について示せばよい.Σ_1 について考えよう.まず Ω_Γ の連結成分で Σ_1 を被覆している方を Ω_1 と表すことにしよう.Σ_1 の双曲計量はある Ω_1 から $\mathbb{H}^2$ への等角写像 f による $\mathbb{H}^2$ の計量の引き戻しによって得られたものであることに注意しよう.このとき $\mathrm{length}(\gamma^+)$ は γ を $\Omega^+ \subset S^2_\infty = \mathbb{C} \cup \{\infty\}$ の上の作用として見たとき,$f\gamma f^{-1}$ の $\mathbb{H}^2$ での移動距離に他ならない.$\mathbb{H}^2$ と S^2_∞ 双方で共役をとることにより,γ は $z \to \exp(\mathrm{length}(\gamma)+ir)z$ として S^2_∞ にはたらき,$f\gamma f^{-1}$ は $z \to \exp \mathrm{length}(\gamma^+)z$ として,上半平面とみなした $\mathbb{H}^2$ にはたらくとしてよい.

いま $f^{-1}\colon \mathbb{H}^2 \to \Omega_1$ は境界 $\mathbb{R}\cup\{\infty\}$ まで拡張する等角写像で，Ω_1 は境界に原点 0 を含む．このとき Koebe の 1/4-定理より，$d_\mathbb{C}$ を $\mathbb{C}$ の通常の距離とすれば，$d_\mathbb{C}(f^{-1}(z), \partial f^{-1}(\mathbb{H}^2)) \geqq |df^{-1}(z)/dz|\Im z/2$ を得る．$0\in\partial f^{-1}(\mathbb{H}^2)$ より，$z\in\mathbb{H}^2$ に対して，$d_\mathbb{C}(f^{-1}(z), \partial f^{-1}(\mathbb{H}^2))\leqq |f^{-1}(z)|$ なので，

$$\frac{|df^{-1}(z)/dz|}{|f^{-1}(z)|} \leqq \frac{2}{\Im z}$$

となる．一方 $z_t = i(\exp(t\,\mathrm{length}(\gamma^+)))$ とおけば，

$$\frac{|f^{-1}|(z_t)/dt}{|f^{-1}(z_t)|} \leqq \frac{|df^{-1}(z_t)/dt|}{|f^{-1}(z_t)|}$$

である．$f^{-1}(z_1) = \gamma f^{-1}(z_0)$ であるから，

$$\begin{aligned}
\mathrm{length}(\gamma) &= \int_0^1 \frac{d\log|f^{-1}(z_t)|}{dt}dt = \int_0^1 \frac{d|f^{-1}|(z_t)/dt}{|f^{-1}(z_t)|}dt \\
&\leqq \int_0^1 \frac{|df^{-1}(z_t)/dt|}{|f^{-1}(z_t)|}dt = \int_0^1 \frac{|df^{-1}(z_t)/dz_t|}{|f^{-1}(z_t)|}\left|\frac{dz_t}{dt}\right|dt \\
&\leqq \int_0^1 \frac{2}{\Im z_t}\left|\frac{dz_t}{dt}\right|dt
\end{aligned}$$

であり，一方 $\int_0^1 (2/\Im z_t)|dz_t/dt|dt = 2\,\mathrm{length}(\gamma^+)$ であるから，求める不等式を得る． ∎

Bers の境界群（Bers' boundary group）の構成は，次の定理の形で述べられる．

定理 4.66 $m_0\in\mathcal{T}(S)$ を任意の点として，$\{n_i\}\in\mathcal{T}(S)$ を $\mathcal{T}(S)$ の内部で集積しない点列とする．このとき，$\{q^{-1}(m_0, n_i)\}$ は部分列を $X(S)$ の中でとると，収束する．

［証明］ まず $\{q^{-1}(m_0, n_i)\}$ を表す表現を $\phi_i\colon \pi_1(S)\to PSL_2\mathbb{C}$ としよう．いま ϕ_i が共役と部分列をとっても収束しないとすると，定理 4.56 より，ある $g\in\pi_1(S)$ で，部分列をとった後で，$\phi_i(g)$ の移動距離 $\ell(\phi_i(g))$ が ∞ に行くようなものが存在する．いま m_0 は一定に保っているので，m_0 の構造を持つ Riemann 面の双曲構造における g を表す閉測地線を g^+ とすれば，補題 4.65 より，$\ell(\phi_i(g))\leqq 2\,\mathrm{length}(g^+)$ となる．右辺は定数なので，これでは

$\ell(\phi_i(g))$ が ∞ に行くことはできないので矛盾である.よって ϕ_i は適当に共役と部分列をとり,ある表現 $\psi\colon \pi_1(S) \to PSL_2\mathbb{C}$ に収束する.

一方定理 4.62 より,ψ もまた忠実で離散的な表現であるから,$X(S)$ の元を表している.従って $X(S)$ で ϕ_i の表す類の列は ψ の表す類に部分列をとれば収束することがわかった. ∎

(e) 境界群の幾何的無限性

前項で作った Bers の境界群について,特に $\{n_i\}$ のとり方に制限を加えれば,幾何的無限群で,対応する 3 次元双曲多様体が $S \times \mathbb{R}$ に同相になるようなものが作れることを示すのが,今後の目標である.

境界群は $\{q^{-1}(m_0, n_i)\}$ の部分列の極限として作ったことを思い出そう.示したいのは次の定理である.

定理 4.67 (Γ, ψ) を $\{q^{-1}(m_0, n_i) = (G_i, \phi_i)\}$ の極限として得られる $X(S)$ の類を表す,Klein 群と表現 $\psi\colon \pi_1(S) \to PSL_2\mathbb{C}$ の対とする.いま n_i が $\mathcal{T}(S)$ の Thurston コンパクト化でコンパクトな葉を持たず,すべての特異点が 3 又で,特異点同士を結ぶ葉のない射影的葉層構造に収束するなら,Γ は幾何的無限群である.さらに $\mathbb{H}^3/\Gamma$ は $S \times \mathbb{R}$ と同相である. ∎

定理の条件のように,「コンパクトな葉を持たず,すべての特異点が 3 又で,特異点同士を結ぶ葉のない測度付(あるいは射影的)葉層構造」のことを極大(maximal)な測度付(あるいは射影的)葉層構造と呼ぶ.

この定理の証明にはまず測度付葉層構造の局所座標系となる,線路の概念を定義する必要がある.以下この項では常に S は種数 g が 2 以上の閉曲面とする.

線路と重み系

定義 4.68 曲面 S 上の**線路**(train track)τ とは,次の条件を満たす 1 次元グラフである.

(i) τ の各辺は C^1-級曲線であり,τ の頂点において τ の辺は互いに接している.

(ii) $S \backslash \tau$ には次のような連結成分はない.

(a) 境界が C^1-級閉曲線であるアニュラス.

(b) 境界に2個以下の微分不可能な点(角)しか持たない円板.

線路 τ の辺を**支線**(branch), 頂点を**切り替え**(switch)と呼ぶ. □

線路に対してその帯近傍を次のように定義する.

定義 4.69 τ を S 上の線路とするとき, N が τ の**帯近傍**(tied neighbourhood)であるとは次の条件を満たすことである.

(i) N は τ の閉近傍になっている.

(ii) N はすべての葉が閉区間に同相な葉層構造を持つ. この葉のことを**帯**(tie)と呼ぶ.

(iii) 各帯は有限個の例外を除いて, ∂N とその端点で交わる.

(iv) 有限個の例外においては, 帯 t と ∂N の交わりは t の端点の他に, 有限個の点である.

(v) τ の各支線は帯に横断的である.

(vi) τ の切り替えでは支線が接する方向は帯に横断的である.

(vii) N のどの帯も τ と交わりを持つ. □

線路 τ に対して, 上で定義された帯近傍は次のようにして作ることができる. まず τ の各支線 b に対して, その両端点の小さい近傍を除いたものを b' とし, $b' \times I$ を作り, $\{pt\} \times I$ を帯とする. 切り替え s において, 支線 $b_{j_1}, \cdots, b_{j_p}$ が右側から来て, $b_{j_{p+1}}, \cdots, b_{j_q}$ が反対側から来ているとする. (S にはある向き付けを固定して考えている.) s に対応する b_{j_k} の端点を s_k とする. $k = 1, \cdots, p-1$ および, $k = p+1, \cdots, q-1$ について, $b'_{j_k} \times I$ と $b'_{j_{k+1}} \times I$ を $s_k \times \{1\}$ と $s_{k+1} \times \{0\}$ で貼り合わせ, B_r, B_l とする. さらに $I \times I$ を s の近傍として用意し, $\{pt\} \times I$ が帯であるとする. これに上でできた B_r, B_l をそれぞれ, 右と左から, $\{1\} \times I$ に $\bigcup_{k=1}^{p} \{s_k\} \times I$ を, $\{0\} \times I$ に $\bigcup_{k=p+1}^{q} \{s_k\} \times I$ を貼り合わせる. 各切り替えでこれを行えば帯近傍ができることが簡単に確かめられる.

線路は測度付葉層構造の空間の局所座標の役割を果たす. これを見るためにまず測度付葉層構造と線路の関係を見よう.

定義 4.70 $(\mathcal{F}, \mu)$ を曲面 S 上の測度付葉層構造, τ を線路とするとき, $\mathcal{F}$ が τ に**運ばれる**(carried)とは, 次の状態をいう. $\mathcal{F}$ の特異点の近傍で, その

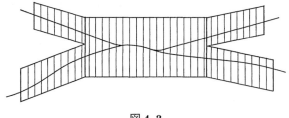

図 4.3

特異点を通る葉に沿って $\mathcal{F}$ を切り開いたものを $\mathcal{F}'$ とする．$\mathcal{F}'$ は S から $\mathcal{F}$ の特異点の近傍を取り除いた部分での特異点を持たない葉層構造になっている．特異点を結ぶ葉がある場合は，切り開いた部分をつなげる(図 4.4)．

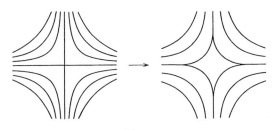

図 4.4

S 上で $\mathcal{F}'$ をアイソトピーで動かして，τ のある帯近傍 N の中に $\mathcal{F}'$ のすべての葉が N の帯に横断的であるように入れることができる． □

補題 4.71 S 上の任意の測度付葉層構造 $\mathcal{F}$ に対して，$\mathcal{F}$ を運ぶ線路がある．

[証明] まず S 上に互いに交わらない単純閉曲線 $C_1, \cdots, C_{3g-3}$ をとる．すると $S \setminus \bigcup_{j=1}^{3g-3} C_j$ の各連結成分は，2つ穴のあいた円板の内部に同相になる．このような S の分解をパンツ分解(pants decomposition)といい，S を $C_1, \cdots, C_{3g-3}$ で切って得られる各々の2つ穴のあいた円板をパンツ(a pair of pants)と呼ぶ．パンツ分解によってパンツは $2g-2$ 個できることが簡単にわかる．C_j が $\mathcal{F}$ のコンパクト葉にアイソトピックであるときは C_j を違うホモトピー類に属する単純閉曲線に取り替えることにすれば，C_j は $\mathcal{F}$ の葉に横断的であり，特異点を通らないようにアイソトピーで動かせる．

この状態で各パンツ上での $\mathcal{F}$ の様子を調べよう．パンツの Euler 数は -1 であるから，Euler–Poincaré の定理よりパンツ P 中にある $\mathcal{F}$ の特異点は 4 又のものが 1 つか，3 又のものが 2 つかのいずれかである．次の主張を示そう．

主張 6 $\mathcal{F}|P$ の葉はすべてコンパクトで，特異点を通るもの以外は，弧になっている．

[証明] $\mathcal{F}|P$ に単純閉曲線の葉があったとすると，それは境界のある C_j にアイソトピックであるから，C_j のとり方に反する．よって弧でなくて特異点を通らない葉があるとしたら，非コンパクト葉である．L をそのような葉とする．L にある点 x で交わる $\mathcal{F}$ に横断的な短い弧 a をとる．Poincaré の回帰性定理より，L は x のいくらでも近い点で a と交わる．L 中の弧 b で a と両端点でのみ交わるものをとる．b が両端点で a の反対側から来る場合は $\beta = b$ とし，α を ∂b で挟まれる a 上の弧とする．b が両端点で a の同じ側から来る場合は次のように取り直す．b の両端点で挟まれる a 上の弧を a' とすると，$a' \cup b$ は単純閉曲線である．従って特に $a' \cup b$ は P を 2 つの部分に分ける．いま L 上で b の端点から b と異なる方向に出発して，a' と無限回交わることができるから，最初に a' と交わるまでの部分を c とすると，$a' \cup b$ が P を 2 つの部分に分けたことから，c の b と異なる側の端点は，b とは反対側から a' に交わる．そこで $\beta = b \cup c$ として，α を β の両端点に挟まれる a 上の弧とすると，b が両端点で反対側から交わる場合と同じ状況が得られた．

そこで単純閉曲線 $\gamma = \alpha \cup \beta$ を考える．β が両端点で α の反対側から来ることより，γ を摂動して $\mathcal{F}$ に横断的な単純閉曲線 γ' を作ることができる．$\mathcal{F}$ が正の指数を持った特異点を持たないことから，Euler–Poincaré の定理より，γ' は円板の境界にはなりえない．よって γ' は P の零ホモトピックでない単純閉曲線である．P がパンツであることから，このような γ' は P の境界成分にアイソトピックであるはずである．そこで γ' で P を切ってできる曲面の片方はアニュラスになるので，それを A としよう．$\mathcal{F}|A$ は境界に横断的な葉層である．いま $\mathcal{F}|A$ にコンパクトでない葉があるとすると，それはある単純閉曲線に巻きつかなくてはならない．これは $\mathcal{F}$ が横断的測度を持っていることに反する．よって $\mathcal{F}|A$ の葉はすべてコンパクトである．Euler–Poincaré

の定理より $\mathcal{F}|A$ には特異点がないから，ある葉が単純閉曲線であるなら，すべての葉がそうでなくてはならず，境界が葉に横断的であるという仮定に反する．よってすべての葉は2つの境界成分を結ぶ弧になる可能性しかない．L は非コンパクトで，端点をもたない方向で A に入っていく葉だったので，これは矛盾である．よって $\mathcal{F}|L$ の特異点を通らない葉はすべて弧であることがわかった．これより特異点を通る葉がコンパクトであることもわかる．∎

従って $\mathcal{F}|P$ の形は完全に決定できる．$\mathcal{F}|P$ を特異点を通る葉で切ってできた曲面上では $\mathcal{F}$ は平行な弧たちの葉層構造になっているのである．

いま P の境界成分を C_1, C_2, C_3 と表すことにすると，$\mu(C_1), \mu(C_2), \mu(C_3)$ の間の大小関係は次のいずれかである．

（1）$\mu(C_1), \mu(C_2), \mu(C_3)$ が三角不等式を満たす．

（2）$\mu(C_1), \mu(C_2), \mu(C_3)$ のいずれか1つが他の2つの和になっている．

（3）$\mu(C_1), \mu(C_2), \mu(C_3)$ のいずれか1つが他の2つの和より大きい．

それぞれの場合の $\mathcal{F}|P$ の形は以下のようになる．(1)の場合，P にある $\mathcal{F}$ の特異点は3又のものが2つである．2つの境界成分 C_i, C_j $(i, j = 1, 2, 3)$ に対して，それを結ぶ弧になっている葉が $\mathcal{F}|P$ にあり，また $\mathcal{F}|P$ の特異点を通らない葉はすべてそのような弧になっている．$\{i, j, k\} = \{1, 2, 3\}$ としたとき，C_i と C_j を結ぶ弧の葉全体の μ に関する厚みは $\frac{1}{2}\{\mu(C_i) + \mu(C_j) - \mu(C_k)\}$ に等しい．

(2)の場合，$\mathcal{F}|P$ の特異点は，Whitehead 同値類の中で，4又のもの1つにできる．$\mu(C_k) = \mu(C_i) + \mu(C_j)$ になっているとすると，$\mathcal{F}|P$ の特異点を通らない葉は C_i, C_k を結ぶ弧，C_j, C_k を結ぶ弧のいずれかになっている．それぞれの葉たちの μ に関する厚みは，$\mu(C_i)$, $\mu(C_j)$ になっている．

(3)の場合，特異点はやはり3又が2つである．$\mu(C_k) > \mu(C_i) + \mu(C_j)$ であるとすると，$\mathcal{F}|P$ の特異点を通らない葉は，C_i, C_k か C_j, C_k を結ぶか，C_k に両端を持つ弧かのいずれかである．C_i, C_k を結ぶ葉たちの μ に関する厚みは $\mu(C_i)$ で，C_j, C_k を結ぶ葉たちは $\mu(C_j)$ であり，両端が C_k 上にある葉たちの厚みは $\frac{1}{2}\{\mu(C_k) - \mu(C_i) - \mu(C_j)\}$ である．

従ってそれぞれの場合について P 中では，線路を次のように作れば $\mathcal{F}|P$

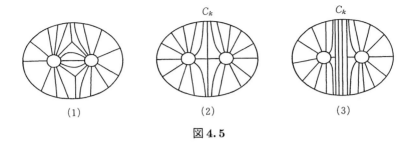

図 4.5

を運ぶことができる.まず(1)の場合は,C_1, C_2 を結ぶ弧,C_2, C_3 を結ぶ弧,C_3, C_1 を結ぶ弧を互いに疎にとる.(2)の場合は C_i, C_k を結ぶ弧,C_j, C_k を結ぶ弧を互いに疎にとる.(3)の場合は C_i, C_k を結ぶ弧,C_j, C_k を結ぶ弧,C_k に両端点を持つ本質的な弧を互いに疎にとる.

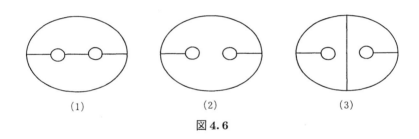

図 4.6

次に 2 つのパンツ P, P' がそれぞれ C_1, C_2, C_3 と C_1', C_2', C_3' を境界成分に持ち,S 上では $C_i = C_i'$ で貼り合わさっているとする.このとき上のようにして作った P 上の線路 τ_1,P' 上の線路 τ_2 をつなげる方法を見る.まず τ, τ' とも $C_i = C_i'$ 上には 4 個以下の支線の端点がのっている.P 内の支線 b のある端点 x が C_i 上にのっていたとする.b に運ばれているある葉に着目する.その葉は x を越えた後で P' のある支線 b' に運ばれるので,C_i をどちら向きに回ったら,葉の表すホモトピー類と同じに b' に入れるかを調べる.τ_1, τ_2 に C_i を加え,上で見た向きに C_i を回れるように,C_i で τ_1, τ_2 が接するようにする.葉の通らない C_i の部分弧は削除する.

各接着円においてこの操作を行って,パンツ上の線路をつなぎ合わせてで

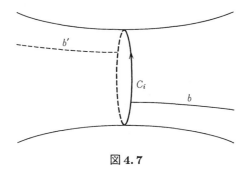

図 4.7

きる線路を τ とすれば，作り方から τ は $\mathcal{F}$ を運ぶ．τ が線路の定義の条件を満たすことは簡単に確かめられる． ∎

上の操作と逆に，線路から測度付葉層構造を作ることを考える．まず線路上の重みを定義しよう．

定義 4.72 τ を S 上の線路とする．$b_1, b_2, \cdots, b_s$ を τ の支線としよう．$\mathbb{R}_+^s$ の元 $\omega = (w_1, \cdots, w_s)$ が τ 上の**重み系**(weight system)であるとは，各切り替え p で次の**切り替え条件**(switch condition)を満たしていることである．p を通る支線を $b_{p_1}, \cdots, b_{p_r}$ として，このうち，$b_{p_1}, \cdots, b_{p_q}$ が一方向から来て，$b_{p_{q+1}}, \cdots, b_{p_r}$ が別方向から来ているとする．このとき

$$\sum_{i=1}^{q} w_{p_i} = \sum_{i=q+1}^{r} w_{p_i}$$

が成立する．b_i に対応する ω の成分 w_i を b_i 上の**重み**(weight)と呼ぶ． ∎

いま測度付葉層構造 $\mathcal{F}$ が線路 τ に運ばれたとしよう．定義より，τ の帯近傍 N_τ について，$\mathcal{F}$ を特異点の近傍で引き裂いたものはアイソトピーで N_τ 内に葉が帯と横断的になるように入れることができる．こうして N_τ の中に持ってきた葉層構造を $\mathcal{F}'$ で表すことにしよう．このように N_τ の中にある $\mathcal{F}'$ にも，$\mathcal{F}$ の横断的測度から横断的測度が誘導されるので，それを μ' と表そう．τ の支線 b について，b のみと交わる帯 t をとると，t の μ' に関する測度は，$\mathcal{F}'$ の葉がすべて帯に横断的であることより，t の選び方によらず一定の値をとる．この値を b 上の重みとして定義すると，各切り替えの近傍での N_τ の様子を見れば，この重み達が切り替え条件を満たし，重み系を定義す

ることがわかる．これを $\mathcal{F}$ から誘導された τ の重み系と呼ぶ．この重み系はどの支線上でも正の値をとっていることに注意しよう．

いま線路に関して次の2条件を定義する．

定義 4.73　$\tau \subset S$ を線路とする．τ が**回帰的**(recurrent)であるとは，τ 上の重み系で，どの支線上でも正の値をとるものが存在することである．τ が**横断的に回帰的**(transversely recurrent)であるとは，τ の任意の支線 b に対して，S の単純閉曲線 C で，b と交わり，τ の C^1-弧と C の弧が円板を囲まないものが存在することである．回帰的かつ横断的に回帰な線路を**双回帰的**(bi-recurrent)と呼ぶ．　　　　　　　　　　　　　　　　　□

定義の前に述べた注意により，補題 4.71 で構成した線路は回帰的である．この線路に価数が $n>3$ の切り替えがあったとすると，切り替えの部分に新たな支線を追加する操作を繰り返して，$n-2$ 個の価数 3 の切り替えに分解することができる．さらに葉層構造 $\mathcal{F}$ が極大であれば，それを運ぶ線路の補集合の各成分は C^1 三角形である．

τ を補題 4.71 で構成した線路として，これが横断的に回帰的でもあることを示そう．τ は，まず S の $\{C_1, \cdots, C_{3g-3}\}$ によるパンツ分解の各パンツの中に支線たちを描き，それらに $C_1, \cdots, C_{3g-3}$ 上の支線を加えることによって得られたことを思い出そう．パンツの中にある支線は，そのパンツの境界上の $C_j \in \{C_1, \cdots, C_{3g-3}\}$ のいずれかが τ と半円板を囲むことなく交わっている．一方 C_j 上にある支線は，C_j と本質的に交わる単純閉曲線 C' をとり，アイソトピーで動かし，τ と半円板を囲まないようにできる．したがって，τ は横断的に回帰的であることがわかる．τ は回帰的でもあったから，双回帰的である．

次に $\mathcal{F}$ を運ぶ線路 τ の**切り裂き**(splitting)という操作を定義しよう．τ に 5 つの支線 a, b, c, d, e からなる部分があり，c の左側の端点には左から a, b が a が上，b が下になるように来ており，c の右側の端点には右から d, e が d が上，e が下になるように来ているものとする．w_1, w_2, w_3, w_4 をそれぞれ a, b, c, d 上の重みとすると，$w_1+w_2=w_3+w_4$ である．もし $w_2=w_4$ ならば，τ を c で切り裂き，支線 c を取り除き，a と d，b と e をそれぞれまとめて，

1つの支線にする．それ以外の場合は $w_2 > w_4$ か $w_2 < w_4$ かに従って，図 4.8 にあるように変形を行い，これも切り裂きと呼ぶ．切り裂きを行ってできた線路は相変わらず $\mathcal{F}$ を運んでいる．$w_2 = w_4$ の形の切り裂きを行うと，切り替えの数が2減る．従って τ の切り裂きを何回か行った後には，この形の切り裂きはもう起こらないとしてよい．さらに切り裂きの操作を有限回施し，$\mathcal{F}$ のコンパクト葉は τ のただ1つの支線に運ばれるようにできる．切り裂きの操作で回帰性，横断的回帰性が保たれることは，簡単にわかる．

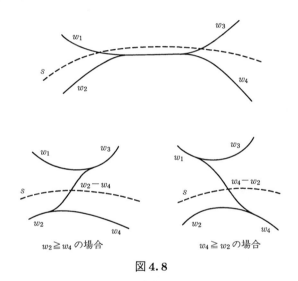

図 4.8

命題 4.74 τ を S 上の横断的に回帰的な線路として，ω を τ 上の重み系とする．このとき，S 上の測度付葉層構造 $\mathcal{F}$ で τ に運ばれて，τ に誘導する重み系がちょうど ω になるようなものが存在する．この $\mathcal{F}$ を (τ, ω) が運ぶ測度付葉層構造と呼ぶ． □

[証明] τ の支線のうち，ω の値が 0 でない部分のみをとり，それらの和としてできる τ の部分線路を τ' とする．τ' は回帰的であり，τ が横断的に回帰的であることより，横断的に回帰的でもある．τ' の帯近傍 $N_{\tau'}$ を定義の後に説明した方法で作る．τ' の各支線 b について，$b' \times I$ には $b' \times \{t\}$ ($t \in I$) を葉とする葉層構造を作る．この葉に対して I 成分の通常の測度を $w(b)$ 倍

した測度により,横断的測度を与える.切り替え s に支線 $b_{j_1}, \cdots, b_{j_p}$ が右から入り,支線 $b_{j_{p+1}}, \cdots, b_{j_q}$ が左から入るとすると,$N_{\tau'}$ の構成に使った,その近傍 $I \times I$ について,$I \times \{\mathrm{pt}\}$ を葉として,2 番目の成分の I 上に通常の測度を $\sum_{k=1}^{p} w_{j_k} = \sum_{k=p+1}^{q} w_{j_k}$ 倍したものから横断的測度を入れる.こうしてできた各部分を貼り合わせるときには,横断的測度を保つようにする.これにより $N_{\tau'}$ 上に測度付葉層構造が入った.この構造が τ' 上に導く重み系は明らかに ω に一致している.

ここから $S \setminus N_{\tau'}$ に葉層構造を拡張することを考えよう.まず一番単純な場合として,$S \setminus N_{\tau'}$ の単連結な成分への拡張を考えよう.R を $S \setminus N_{\tau'}$ の単連結な領域とする.線路の定義より,R は 3 つ以上の角を持つ.そこで R が n 角形であったとするとき,R の中の 1 点をとりそこを n 又の特異点として,各辺を特異点を通る葉にするように押しつけ,R をつぶす.これは測度付葉層構造を特異点の付近で切り開いた操作(定義 4.70 参照)の逆の操作である.

次に R が単連結でない場合を考えよう.まず τ' が横断的に回帰的であることより,初等的な議論で R は S 内で圧縮不能であることがわかる.R は境界を持つ曲面であるから,R の変位レトラクトとなる 1 次元グラフ σ があり,σ の正則近傍 Σ が R と同相になっている.このような σ を R の筋(spine)という.∂R の各連結成分は $\partial \Sigma$ のある連結成分にアイソトピックである.C を ∂R の連結成分,C' をそれとアイソトピックな $\partial \Sigma$ の連結成分としよう.C の頂点が n 個あり,$a_1, \cdots, a_n$ であったとしよう.このとき C' 上に n 個の点 $b_1, \cdots, b_n$ をとり,各 a_j と b_j を互いに交わらない単純弧 $c_1, \cdots, c_n$ で結ぶ.この状態で $N_{\tau'}$ 上の葉層構造を $b_1, \cdots, b_n$ を特異点として,C' がそれらの特異点を結ぶ葉になるように,変形する.すなわち頂点 a_i と a_{i+1} ($n+1 = 1$ と解釈する)の間の ∂C の弧を $c_i \cup [b_i, b_{i+1}] \cup c_{i+1}$ に押し出す.ただしここで $[b_i, b_{i+1}]$ は C' 上の b_i, b_{i+1} に挟まれる弧とする.これを各境界成分について行うことにより,測度付葉層構造が $S \setminus \mathrm{Int}\,\Sigma$ 上に定義される.

Σ は筋 σ の正則近傍であったから,この葉層構造は,σ の頂点を特異点として,$\partial \Sigma$ を σ に押しつけて,S 全体の測度付葉層構造にできる.この過程

でまた σ の頂点にも特異点が生じる．作り方から，この葉層構造が，τ', 従って τ に運ばれて，重み系 ω を誘導することは簡単にわかる． ∎

(τ,ω) からこの命題で作られた測度付葉層構造を (τ,ω) に誘導された測度付葉層構造と呼ぼう．上の証明から，次のこともわかる．

系 4.75 前命題で，ω の各成分が有理数であるとすると，(τ,ω) に誘導された測度付葉層構造の葉はすべてコンパクトである． □

このようにして得られた，重み系付の線路と測度付葉層構造の対応によって，測度付葉層構造の空間の局所座標が得られることを見ておこう．

命題 4.76 $\tau \subset S$ を補集合の各連結成分が三角形であるような，双回帰的線路としよう．τ は n 個の支線を持つとする．$V \subset \mathbb{R}^n_+$ を $(0,\infty)^n$ の開集合と τ の重み系のなす部分集合の交わりとなっている集合とする．このとき，$U = \{\mathcal{F} \in \mathcal{MF}(S) \mid \mathcal{F}$ は $\omega \in V$ により，(τ,ω) に誘導される$\}$ とすると，この V から U への対応は同相写像で，U は $\mathcal{MF}(S)$ の開集合になる．

[証明] $\omega \in V$ に対して，(τ,ω) が誘導する測度付葉層構造を対応させる写像を $f: V \to \mathcal{MF}(S)$ と表そう．f が像への同相写像で，$f(V)$ が開集合であることを示すのが目標である．

まず f が連続であることを見よう．s を S 上の単純閉曲線としよう．ω を τ 上の重み系とする．前述のように τ に切り裂きを施し，s をアイソトピーで動かして，s 上の弧と τ の C^1-弧が円板を囲むことがないようにする．それは以下のようにして可能である．いまもし s 上の曲線 α と τ 上の曲線 β が半円板 Δ を囲んだとする．このとき s をアイソトピーで動かして，α の部分を Δ を横切り β の向こう側へ持って行く．もしこれにより新たな半円板が生じたとすると，状況は図 4.8 のようになっているはずである．この場合この部分に切り裂きの操作を施すことにより，このような半円板をなくすことができる．こうして s と τ で囲まれる半円板をすべてなくした後に，$\omega(s)$ を各支線の重さに s との交点の数をかけて足し合わせたものと定義する．このとき，$\omega(s)$ は，$\mathcal{F}$ を (τ,ω) から誘導される測度付葉層構造としたとき，$i(\mathcal{F},s)$ と等しくなることが誘導される葉層構造の構成法を振り返れば，初等的な議論でわかる．s を固定すれば，$\omega(s)$ は ω を $\mathbb{R}^n_+$ の点と見なしたとき，ω に関

して連続である．これは切り裂きのときの形が同じである間は明らかである．切り裂きの形が変わるのは，前の切り裂きの説明の図 4.8 で，$w_2 = w_4$ の場合であったが，そのとき新しくできた支線の重みは 0 になることから，そのような点での連続性もわかる．s を上のような単純閉曲線にとれば，これは $i(f(\omega), s)$ が ω に関して連続であることを意味する．$\mathcal{MF}(S)$ の位相は $\mathbb{R}_+^C$ の各点収束の位相から誘導されたものだったので，これより，f が連続であることがわかる．

次に f が単射であることを示す．$\omega, \omega' \in V$ について，ω' が ω の $\lambda (\in \mathbb{R}_+)$ 倍になっていたならば，命題 4.74 の構成により，$f(\omega)$ と $f(\omega')$ は同じ葉層構造で，横断的測度が $f(\omega')$ のものが $f(\omega)$ のものの λ 倍になっている．よって ω と ω' が互いにスカラー倍でないときについて，$f(\omega') \neq f(\omega)$ を示せばよい．このとき，τ のある支線 b と $t \in [0, 1]$ が与えられたとき，$\ell_b(t)$ を $f(\omega)$ の葉で，$b \times I$ に作った葉層構造で，ω に対応するものについて，（ある向きに関して）横断的測度で測ると上から $t\omega(b)$ にあるものとしよう．同様に ω' について $\ell'_b(t)$ を定義する．ω, ω' はスカラー倍でないので，命題 4.74 の構成法より，ある b と t で $\ell_b(t), \ell'_b(t)$ が τ 上で異なる通り方をするものがある．$f(\omega)$ と $f(\omega')$ が同じ葉層構造ならば，$\ell_b(t)$ と $\ell'_b(t)$ は S 上のアイソトピーで移り合うはずであるから，これは矛盾である．（線路の補集合に一角形，二角形がないので，S でホモトピックなものは N_τ 内でホモトピックにならなくてはいけない．）従って f は単射である．

f が固有であることを見る．$\omega_i \in V$ の b-成分が $i \to \infty$ で ∞ に行ったとしよう．τ が横断的回帰的であることより，b と本質的に交わる単純閉曲線 s が存在する．$i(f(\omega_i), s) \geqq \omega_i(b) \to \infty$ より，$f(\omega_i)$ もコンパクト集合にとどまりえない．よって f は固有である．以上より f が像への同相写像であることがわかった．

最後に $f(V)$ が開集合であることを見る．まず τ 上の重み系全体の集合は $\mathbb{R}^n$ の線型部分空間 L と $\mathbb{R}_+^n$ の交わりになっていることに注意する．この部分空間 L の次元を考えよう．τ の支線の数が n であったから，各切り替えにおける切り替え条件が線型独立で切り替えが m 個あったとすると，$\dim L =$

$n-m$ となる．τ の補集合の各連結成分が三角形であることより，Euler 数を計算すると，$n-m=-3\chi(S)$ であることがわかる．よって切り替え条件が線型独立であることがわかれば $\dim L = -3\chi(S)$ がわかる．

τ の補集合は三角形なので，τ は C^1-グラフとして向き付け不能である．そこで $\hat{\tau}$ を τ の C^1-グラフとしての向き付け 2 重被覆とする．($\hat{\tau}$ は抽象的にグラフとして考えているので，曲面上にはのっていないが，C^1-構造は入っている．) このとき $\hat{\tau}$ の任意の 2 点は C^1-弧で結べることを示す．$x \in \hat{\tau}$ として，x と C^1-弧で結べる点全体の集合を v と表すことにすると，明らかに v は $\hat{\tau}$ の部分線路になる．$v \ne \hat{\tau}$ だったとしよう．このとき v に入っていない $\hat{\tau}$ の辺で端点は v に入っているものが存在するので，それを e としよう．いま τ は回帰的であったから，τ の重み系で，どの支線の上でも正の値をとるものがある．これを持ち上げると $\hat{\tau}$ 上にもそのような重み系が定義できるので，$\hat{\tau}$ 上に C^1-閉曲線を有限個とり，どの辺も通るようにできる．これは e を通る C^1-弧で v に達するものがあることを示しているので，v の定義に反する．よって $\hat{\tau}$ のすべての点は x から C^1-弧で結べる．τ の支線 b について，$\hat{\tau}$ には b の持ち上げが 2 つあるが，特にそれらは $\hat{\tau}$ の C^1-弧で結べる．従って特に τ の任意の支線 b に対して，b から出発する τ 上の C^1-弧で，b に反対向きに戻ってくるものが存在する．

以上の観察をした上で，$s_1, \dots, s_m$ を τ の切り替えとして，そのうち 1 つ，s_m での切り替え関係が他の $s_1, \dots, s_{m-1}$ での切り替え関係の線型和になっているとして矛盾を導こう．このとき s_m を端点に持つ支線 b をとり，上の結果を使い，b から出発して，反対向きに b に戻ってくる C^1-弧 α を考える．このとき τ の各支線上で，α が通過する回数の値をとる $\mathbb{R}^n$ の元を考えると，α の端点となっていない切り替えでは，切り替え条件を満たすから，$s_1, \dots, s_{m-1}$ での切り替え条件は満たされる．一方 s_m には α の端点が同じ向きから入ってくるので，切り替え条件が満たされていない．これは仮定に反する．よって，すべての切り替え条件は線型独立であることがわかった．すなわち $\dim L = -3\chi(S)$ である．

一方 $\mathcal{MF}(S)$ は $-3\chi(S)$ 次元の Euclid 空間に同相だったから，$f(V)$ は

$-3\chi(S)$ 次元 Euclid 空間内への同次元の埋め込みなので $f(V)$ は $\mathcal{MF}(S)$ の開集合でなくてはならない. ∎

上の議論より次もわかる.

系 4.77 任意の測度付葉層構造 $\mathcal{F}$ に対して,特異点を通らないすべての葉が 1 つの単純閉曲線(i ごとに異なる)にアイソトピックであるような,測度付葉層構造 $\mathcal{F}_i$ で,$\mathcal{F}_i \to \mathcal{F}$ となるものがとれる.

[証明] $\mathcal{F}$ が重み系付線路 (τ, ω) に運ばれたとする.ω_i をすべての成分が有理数で,$\omega_i \to \omega$ となる重み系として,$\mathcal{F}'_i$ をそれに運ばれる測度付葉層構造とすれば,$\mathcal{F}'_i$ のすべての葉はコンパクトである.いま $\mathcal{F}_i$ の特異点を通らない葉のアイソトピー類は有限個なので,それを $c^i_1, \cdots, c^i_{n_i}$ として,各 c^i_j についてそれとアイソトピックな葉の横断的測度に関する厚みを μ_j とする.このとき $I(\mathcal{F}_i) \in \mathbb{R}^C_+$ は,$C_i = \mu_1 c^i_1 \cup \cdots \cup \mu_{n_i} c^i_{n_i}$ が定める幾何的交点数 $i(C_i, \ )$ の定める点と同じである.$\mu_1, \cdots, \mu_{n_i}$ の共通分母を k とし,$\mu_j = l_j/k$ であるとする.d_i を $c^i_1, \cdots, c^i_{n_i}$ すべてと本質的に交わる単純閉曲線として,$\delta_{i,p}$ を d_i を各 c^i_j で $pl_i/i(c^i_j, d_i)$ 回ねじったものとする.$D_{i,p} = \dfrac{1}{kp}\delta_{i,p}$ とおけば $i(D_{i,p}, \ )$ は $p \to \infty$ で,$i(C_i, \ )$ に収束する.$\mathcal{F}_{i,p}$ を特異点を通らないすべての葉が $\delta_{i,p}$ にアイソトピックな葉層に,厚みが $1/kp$ になるように横断的測度を与えたものとする.対角線論法により,$\{\mathcal{F}_{i,p}\}$ の中から $\mathcal{F}$ に収束する部分列がとれる.実はここで $\mathcal{MF}(S)$ の点が $\mathbb{R}^C_+$ の有限個の座標で決まることを使う必要がある.これは基本的に補題 4.71 と同じアイディアで示せるが,ここでは詳述しないことにする. ∎

Bonahon の命題

Thurston コンパクト化において,$n_i \in \mathcal{T}(S)$ がコンパクト葉を持たない射影的葉層構造に収束している状況での Bers の境界群 Γ を考えているのであった.同型写像 $\psi: \pi_1(S) \to \Gamma \subset PSL_2\mathbb{C}$ に対して,連続写像 $\Psi: S \to \mathbb{H}^3/\Gamma$ で,$\Psi_\#: \pi_1(S) \to \pi_1(\mathbb{H}^3/\Gamma)$ が ψ に対応するようなものがとれる.同様に,擬 Fuchs 表現 $\phi_i: \pi_1(S) \to G_i \subset PSL_2\mathbb{C}$ に対して,連続写像 $\Phi_i: S \to \mathbb{H}^3/G_i$ がとれる.S 上の線路 τ について,連続写像 f が τ に適合している

(adapted)とは，τ の帯近傍 N_τ があり，f によって各帯は1点に写され，τ の各支線は測地線分に写されることである．f が τ に適合しているとして，ω を τ 上の重み系としたとき，$f(\tau,\omega)$ の長さを，$\sum_i w_i \text{length} f(b_i)$ と定義し，$\text{length} f(\tau,\omega)$ と表す．ただし b_i は τ の支線で，和は支線全部でとるとする．

我々の考えている状況で次の命題が成り立つ．この命題は，元来 Bonahon が自由積分解不能な Klein 群の end の様子を調べる過程で，本質的に用いたものである．

命題 4.78（Bonahon） $\mathcal{F}$ を S 上の極大測度付葉層構造とする．連続写像 $\Psi: S \to \mathbb{H}^3/\Gamma$ で，$\Psi_\#$ が $\pi_1(S)$ から Γ への同型写像を導くものが与えられているとする．このとき次のいずれかが成立する．

（ⅰ）任意の $\epsilon > 0$ に対して，$\mathcal{F}$ を運ぶ線路 τ と，Ψ にホモトピックで，τ に適合した写像 $f: S \to \mathbb{H}^3/\Gamma$ で，ω を $\mathcal{F}$ が誘導する τ の重み系としたとき，$\text{length} f(\tau,\omega) < \epsilon$ となるものが存在する．

（ⅱ）任意の $\epsilon > 0$ と $t \in (0,1)$ に対して，$\mathcal{F}$ を運ぶ線路 τ と，Ψ にホモトピックで，τ に適合した写像 $f: S \to \mathbb{H}^3/\Gamma$ と，ω を $\mathcal{F}$ が誘導する τ の重み系としたとき，τ の重み系の集合での ω の近傍 V で次を満たすものがある．ω' を V に含まれる重み系で，(τ,ω') が運ぶ測度付葉層構造の特異点を通らない葉は，すべて1つの単純閉曲線 γ にアイソトピックであるようなものとする．このとき $\bar{\gamma}$ を τ 上に γ をホモトピーで動かしてできる C^1-閉曲線とすれば，$f(\bar{\gamma})$ にホモトピックな $\mathbb{H}^3/\Gamma$ の閉測地線 γ' は長さ $t \, \text{length} f(\bar{\gamma})$ の部分が $f(S)$ の ϵ-近傍に含まれる． □

この命題の厳密な証明には多くの紙幅を費やす必要が生じるので，ここでは証明の概略を述べるにとどめる．

[命題 4.78 の略証] この証明の基本的なアイディアは，次の現象の類似物を測度付葉層構造で行おうとすることである．いま双曲3次元多様体の中に基点 x で尖っている測地閉弧 α があったとする．α が x で作る角の外角を θ としよう．θ が小さくなる方向に x を移動して，α にホモトピックな閉測地弧を考え続ける．この操作を行うと，最終的に θ が0になり，閉測地線が得られるか，α が放物的元を表していて，閉曲線が尖点近傍の奥に向かって

発散していくかのいずれかである.最初の場合が命題の主張の2番目に対応し,後の場合が1番目に対応している.

まず $\mathcal{F}$ を運ぶ双回帰的線路 (τ,ω) をとる.τ に $\mathcal{F}$ を運ぶという性質を保ったまま,すなわち重み系 ω に従って切り裂きを施す.いま τ の中に例えば支線 b_0, b_1, b_2, b_3, b_4 でできた部分があり,b_0 が中心の支線だったのを切り裂きにより斜めの支線 b_0' に変えたとしよう.元の b_1, b_2, b_3, b_4 に対応する切り裂き後の支線を b_1', b_2', b_3', b_4' で表す.b_1, b_2, b_3, b_4 の b_0 でない側にある切り替えを s_1, s_2, s_3, s_4,b_1', b_2', b_3', b_4' の対応する切り替えを s_1', s_2', s_3', s_4' で表しておく.切り裂きでできた b_0' の両端点を滑らせて支線 b_2', b_3' をなくす.(以上の操作は図 4.9 を参照.)

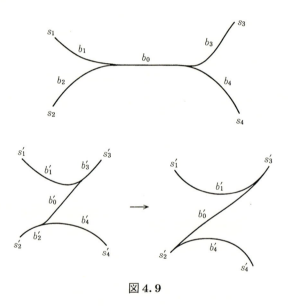

図 4.9

この変形に伴って,τ に適合していた写像 f を次のように変える.新しくできた線路 τ' について,変形した部分以外では $f' = f$ として,また $f'(s_i') = f(s_i)$ $(i = 1, \cdots, 4)$ とする.また $f'(b_1')$ は $f(b_1 \cup b_0 \cup b_3)$ にホモトピックな測地線分,$f'(b_0')$ は $f(b_2 \cup b_0 \cup b_3)$ にホモトピックな測地線分,$f'(b_4')$ は $f(b_2 \cup b_0 \cup b_4)$ にホモトピックな測地線分となるようにする.これを線路の外に連続

に拡張して f' を作れば，明らかに f' は変形後の線路に適合している．

　a, b をある切り替えに反対側から来る支線とするとき，a, b の作る外角を $\theta(a, b)$ と表すことにする．ω によって，測地的葉層構造を作る際に，a 上から b 上に流れる葉の厚みを $\omega(a, b)$ と表すことにしよう．$\Theta(\tau, \omega)$ を $\sum_{a,b} \omega(a, b) \theta(a, b)$ で定義し，$f(\tau, \omega)$ の全曲率と呼ぶことにする．ただし a, b は切り替えで反対方向からぶつかるすべての支線の組を動くとする．各切り替えで上で定義した f の変形を行うことにより，次の主張が成立することが双曲幾何学を使うことによりわかる．（この部分の証明は省略する.）

　線路 τ を ω に従い切り裂いて，それに伴う f を上のように定めて，新しい $(\tau, \omega), f$ を作っていくとき，次のいずれかが成立する．

　（i）length$f(\tau, \omega)$ をいくらでも小さくできる．
　（ii）$\Theta(\tau, \omega)$ をいくらでも小さくできる．

　上の(i)の選択肢が成立する場合は，命題の主張の1番目が成立するので証明が終わる．(ii)の選択肢が成立する場合を考えよう．Θ を後で指定するように小さくなるように τ を変形しておくことにする．$\mathcal{F}$ が極大であることから，切り裂く過程で τ の重み系の次元は下がらず変形後の線路は双回帰的である．よって元の重み系 ω に十分近い重み系により運ばれる測度付葉層構造は変形後の線路にも運ばれ，対応する重み系は新しい ω に近くなっている．そこで変形後の線路にも運ばれる葉層構造を運ぶような重み系全体を V としよう．以降 τ は変形後の線路を表すこととし，V の元はこの線路の重みと見なす．（元の重み系に整数係数の線型変換を施すことになる．）

　$\omega' \in V$ で，$\mathcal{F}'$ が (τ, ω') から誘導される測度付葉層構造で，特異点を通らないすべての葉は γ にアイソトピックだとする．γ' を $f(\gamma)$ にホモトピックな $\mathbb{H}^3/\Gamma$ の閉測地線としよう．いま γ は τ 上の C^1-閉曲線にホモトピックであり，それを $\bar{\gamma}$ とおいたのだった．$f(\bar{\gamma})$ は区分的測地閉曲線であり，γ' と $\mathbb{H}^3/\Gamma$ でホモトピックである．$f(\bar{\gamma})$ と γ' の間のホモトピーを $f(\bar{\gamma})$ の頂点とそれと同数の γ' 上の点でのみ角を持ち，区分的に全測地的であるようにとる．この区分的に全測地的なホモトピーにより $\mathbb{H}^3/\Gamma$ の計量を $S^1 \times I$ 上の計

量に引き戻してできたアニュラスを A としよう. ∂A のうち $f(\bar{\gamma})$ に写される連結成分を $\partial_0 A$, γ' に写される方を $\partial_1 A$ と表すことにする. いま $\partial_0 A$ の頂点以外の各点 x から A の計量に関して, $\partial_0 A$ に垂直な測地線分 s_x を延ばすことを考える. Gauss–Bonnet の定理からわかるように, いまある定まった数 $\epsilon > 0$ を考えたとき, この測地線分を ϵ の長さまで延ばしたとき, $x \neq y$ について, s_x と s_y が交われば, x, y の間に τ の切り替えに対応する, $\partial_0 A$ のある頂点が挟まれている. このとき, 頂点での外角が, π から離れているように抑えられていれば, ϵ のみで決まる定数 $\eta > 0$ があり, $d_A(x, y) < \eta$ となっている. また $\epsilon \to 0$ で $\eta \to 0$ となることにも注意しよう.

さて, $\mathcal{F}'$ において, コンパクト葉 γ が $\mathcal{F}'$ の横断的測度に関して, 厚み w を持っていたとする. このとき, $\partial_0 A$ の外角の和を Ξ とすれば, $w\gamma$ が (τ, ω') に運ばれるものと見なせるため, $w\Xi = \Theta(\tau, \omega')$ が成立する. 従って, Θ を小さくすることによって, $w\Xi$ はいくらでも小さくできる.

τ を変形したとき支線の f による像の長さが 0 に近づかないように調整しておけば, $\bar{\gamma}$ の通過する切り替えの数は length$f(\bar{\gamma})$ と同じ order である. 従って, Θ, ω' によらない定数 C があり, $\partial_0 A$ の頂点の数が, C length$(\partial_0 A)$ 以下であるとしてよい. $\partial_0 A$ の点のうち, $\partial_1 A$ から距離 ϵ 以下にない部分の割合が $s \in [0, 1]$ だけあったとすると, その部分から頂点の η-近傍を除けば, s_x が ϵ の長さ分埋め込めて, 互いに交わらないから,

$$\epsilon\{s\,\text{length}(\partial_0 A) - C\eta\,\text{length}(\partial_0 A)\} \leq \text{Area}(A)$$

となる. 一方 Gauss–Bonnet の定理より, $w\,\text{Area}(A) \leq w\Xi = \Theta(\tau, \omega')$ となる. ω' が ω に近づくにつれ, $w\,\text{length}(\partial_0 A)$ は length$f(\tau, \omega)$ に収束する. 一方 $\Theta(\tau, \omega')$ は $\Theta(\tau, \omega)$ に収束する. よって Θ を小さくしていけば, $s \to 0$ となる. $(1-s)\text{length}(\partial_0 A)$ の長さを持つ $\partial_0 A$ の部分は $\partial_1 A$ から ϵ 以下の距離にある. このとき s_x の $\partial_1 A$ で描く軌跡は垂線の足の部分の長さより長いから, $\partial_1 A$ のうち少なくとも $(1-s)\text{length}(\partial_0 A)$ の部分は $\partial_0 A$ から距離 ϵ 以下にある. これが命題の2番目の選択肢を導くのは明らかであろう. ∎

幾何的有限の場合は1番目の選択肢は成立しないことを見るために, 次の Milnor による補題を見ておこう. これは本質的に第2章で示した結果から導

かれる.

補題 4.79(Milnor) M を境界がある場合は凸であるような負曲率コンパクト多様体とする. $\pi_1(M)$ の有限生成系 Σ を $\Sigma^{-1}=\Sigma$ となるようにとる. $\gamma \in \pi_1(M)$ について, γ の共役類を表す Σ の語のうち長さが最小のものを, $\bar{\ell}_\Sigma([\gamma])$ と表すことにする. このときある定数 C_1, C_2 があり, γ^* を $[\gamma]$ を表す閉測地線としたとき,
$$C_1^{-1}\text{length}(\gamma^*) - C_2 \leqq \bar{\ell}_\Sigma([\gamma]) \leqq C_1 \text{length}(\gamma^*) + C_2$$
が成立する.

[証明] まず補題 1.10 の証明にあるように, 生成系を変える操作は ℓ_Σ を擬等長の範囲で変えるだけなので, ある有限生成系について主張を示せばよい. 一方補題 2.48 より, $\tilde{M}$ を M の普遍被覆, $x \in \tilde{M}$ としたとき, $\pi_1(M)$ のある生成系 Σ で $\ell_\Sigma(g)$ と $d(x, gx)$ の間に主張のような不等式が成り立つものがとれる. M のコンパクト性より, x と γ^* のある持ち上げの距離は一様に抑えられている. また length(γ^*) は正の数で下から抑えられている. 従って, g のある共役 g' で, $d(x, g'x)$ と length(γ^*) の間に主張のような不等式があることが, 比較三角形と余弦定理を使った簡単な議論によりわかる. よって $d(x, gx)$ の g の共役類全体での最小値を考えれば, 求める不等式を得る. ∎

系 4.80 命題 4.78 の 2 つの可能性について, Γ が幾何的有限の場合は, 第 1 の可能性はない. 従って常に 2 番目の選択肢が成立する.

[証明] 1 番目の選択肢が成立するとして, 各 i について, $\mathcal{F}$ を運ぶ (τ_i, ω_i) と適合した写像 f_i を length$f_i(\tau_i, \omega_i) < 1/i$ となるようにとろう. $\mathcal{F}$ は極大だったので, τ_i 上の重み系は近傍系になっていて, 特に (τ_i, ω_i') が, 特異点を通らない葉がすべてある 1 つのホモトピー類に属するコンパクト葉であり, length$f_i(\tau_i, \omega_i') < 2/i$ となるようにとれる (系 4.77).

そこで (τ_i, ω_i') のコンパクト葉の表す単純閉曲線のホモトピー類を g_i とし, (τ_i, ω_i') の定める測度付葉層構造 $\mathcal{F}_i$ の横断的測度に関して, コンパクト葉の厚みを w_i としよう. いま S を単連結な領域に分けるような本質的単純閉曲線の族 $C_1, \cdots, C_k$ をとる. するとある定数 K があり, $\bar{\ell}_\Sigma([g_i]) \geqq K \sum_{p=1}^{k} i(g_i, C_p)$ と

なる．ただし Σ は $\pi_1(S)$ の有限生成系である．一方 $\sum_p w_i\, i(g_i, C_p) \to \sum_p i(\mathcal{F}, C_p) > 0$ であるから，$w_i\, \bar{\ell}_\Sigma([g_i])$ は $i \to \infty$ で正の数に収束する．

γ_i を $f_i(g_i)$ にホモトピックな閉測地線とする．いま $\mathbb{H}^3/\Gamma$ の尖点近傍を十分小さくとれば，γ_i は尖点近傍に交わらないとしてよい．（この部分は実はもうすこし議論が必要だが，省略する．）従って γ_i はコンパクト多様体 $C(\mathbb{H}^3/\Gamma)_0$ に入っているので，補題 4.79 が使えて，前段の結果と合わせて，$i \to \infty$ で，$w_i\, \mathrm{length}(\gamma_i)$ がある正の数に収束することがわかる．一方 $w_i\, \mathrm{length}\, f_i(g_i) = w_i f_i(\tau, \omega_i') = 2/i \to 0$ であったからこれは矛盾である． ■

幾何的極限による近似

Bers 境界群の幾何的無限性の証明を完成させるために，Klein 群の列の幾何的極限の概念を導入し，命題 4.78 を応用する．

定義 4.81 $G_i \subset PSL_2\mathbb{C}$ を Klein 群とする．Klein 群 $H \subset PSL_2\mathbb{C}$ が $\{G_i\}$ の幾何的極限(geometric limit)であるとは，次の 2 条件が成立することである．

(ⅰ) すべての H の元 h について，$g_i \in G_i$ で，$h = \lim\limits_{i \to \infty} g_i$ となるものが存在する．

(ⅱ) $\{G_i\}$ のある部分列 $\{G_{i_j}\}$ について，$g_{i_j} \in G_{i_j}$ で $\{g_{i_j}\}$ が $j \to \infty$ で収束するとき，その極限 $\lim\limits_{j \to \infty} g_{i_j}$ は H に含まれる． □

補題 4.82 いま G を非初等的(かつ有限位数の元を持たない) Klein 群として，$\phi_i: G \to PSL_2\mathbb{C}$ を忠実，離散的な表現で，$\psi: G \to PSL_2\mathbb{C}$ に収束しているとする．このとき $\{\phi_i(G)\}$ のある部分列は幾何的極限を持ち，極限は有限位数の元を持たず，$\psi(G)$ を部分群に含む．

[証明] $PSL_2\mathbb{C}$ の閉部分集合の全体の作る集合は，上の定義における，幾何的収束の位相に関して，コンパクトである．これはこの位相が，位相空間の閉集合全体に入れた，Chabauty 位相(Hausdorff 位相の非コンパクトな空間への拡張概念)に一致することから，Chabauty 位相の一般論よりわかる．

従って，$G_i = \phi_i(G)$ とおけば，$\{G_i\}$ のある部分列 $\{G_{i_k}\}$ が，$PSL_2\mathbb{C}$ の閉

集合 H に収束する．H が部分群になっていることを見よう．$h, h' \in H$ とすると，$g_{i_k} \in G_{i_k}$, $g'_{i_k} \in G_{i_k}$ で，$h = \lim_{k\to\infty} g_{i_k}$, $h' = \lim_{k\to\infty} g'_{i_k}$ となるものが存在する．従って，$hh' = \lim_{k\to\infty} g_{i_k} g'_{i_k} \in H$ となる．同様の考察で，$h \in H$ なら，$h^{-1} \in H$ であることもわかる．以降 $\{G_{i_k}\}$ を $\{G_i\}$ と表そう．

H が $\psi(G)$ を含むことは，幾何的極限の定義より明らかである．次に H が離散的，従って Klein 群であることを背理法で示そう．H が離散的でないとしよう．すると，$e \in H$ のいくらでも近くに H の元が存在する．よって，任意の $\epsilon > 0$ に対して，$h_\epsilon \in H$ で，$\|h_\epsilon - e\| < \epsilon$ となるものが存在する．これは $SL_2\mathbb{C}$ の元としては $\pm E$ のいずれかから，ϵ 未満の距離にあるということである．すると，$g_i(\epsilon) \in G_i$ で，$\lim_{i\to\infty} g_i(\epsilon) = h_\epsilon$ となるものがとれる．G が非初等的であることから，$g \in G$ で，無限個の i について，$\phi_i(g)$ と $g_i(\epsilon)$ が可換でないようなものが存在する．g をそのようなものの中で，$\psi(g)$ の移動距離が最も小さいものとする．すると g は ϵ を変えると取り替えなくてはならないが，$\psi(g)$ の移動距離は，ϵ によらない定数で上から抑えられる．$\phi_i(g)$ と $g_i(\epsilon)$ が可換でない無限個の i のうち，十分大きいものをとれば，$SL_2\mathbb{C}$ への表現に持ち上げて考えたとき，$|(\operatorname{tr} g_i(\epsilon))^2 - 4| + |\operatorname{tr}([\phi_i(g), g_i(\epsilon)]) - 2|$ が ϵ だけで決まる数 C_ϵ で抑えられ，$\epsilon \to 0$ で $C_\epsilon \to 0$ となる．これは命題 4.61 に矛盾する．

最後に H が有限位数の元を持たないことを見よう．$h \in H$ が有限位数であるとする．すると，整数 $p > 0$ で，$h^p = e$ となるものが存在する．この h に対して，$g_i \in G_i$ で，$\lim_{i\to\infty} g_i = h$ となるものをとれば，$\lim_{i\to\infty} g_i^p = e$ で，$g_i^p \neq e$ である．従って，この g_i^p を前段落の $g_i(\epsilon)$ のようにして，命題 4.61 を使えば矛盾が生じる． ∎

G_i が H に幾何的収束するとき，双曲多様体 $\mathbb{H}^3/G_i$ は $i \to \infty$ で $\mathbb{H}^3/H$ に幾何的に似てくる．これを正確に述べるため，次の双曲多様体の Gromov 収束の概念を導入する．

定義 4.83 M_i, M を 3 次元双曲多様体として，$x_i \in M_i$, $x \in M$ を基点，v_i を x_i, v を x における接ベクトルの枠とする．このとき，$\{(M_i, v_i)\}$ が (M, v) に **Gromov 収束**(Gromov convergence)するとは，次の条件が満たさ

れることである.

(条件) 任意の $R>0$ と $\epsilon>0$ に対して, i_0 が存在して, N の x を中心とする R-球を含む3次元部分多様体 $N(R)$ と, $i \geq i_0$ について, M_i の x_i を中心とする R-球を含む3次元部分多様体 $N_i(R)$ の間に, 微分同相写像 $\rho_i: N_i(R) \to N(R)$ で, $\rho_{i*}v_i = v$ かつ任意の $x, y \in N_i(R)$ について, $(1+\epsilon)^{-1} d(\rho_i(x), \rho_i(y)) \leq d(x, y) \leq (1+\epsilon) d(\rho_i(x), \rho_i(y))$ となるものが存在する.

この ρ_i を $(1+\epsilon)$-**概等長写像**(approximate isometry)と呼ぶ. □

$\mathbb{H}^3/G_i$ が $\mathbb{H}^3/H$ に似てくることは次のように表現できる.

命題 4.84 Klein 群の列 $\{G_i\}$ が Klein 群 H に幾何的収束をしたとする. このとき, ある $\mathbb{H}^3$ の点 $\tilde{x}$ と, その上の枠 $\tilde{v}$ を固定して, $\tilde{v}$ を普遍被覆写像で $\mathbb{H}^3/G_i, \mathbb{H}^3/H$ に落とした枠を v_i, v とすれば, $\{(\mathbb{H}^3/G_i, v_i)\}$ は $(\mathbb{H}^3/H, v)$ に Gromov 収束する.

[証明] R, ϵ を任意にとる. B を $\mathbb{H}^3$ の $\tilde{x}$ を中心とする R-球とする. いま $F = \{h \in H \mid hB \cap B \neq \emptyset\}$ とすると, H の $\mathbb{H}^3$ への作用が真性不連続であることより, F は有限集合である. x, x_i をそれぞれ $\tilde{x}$ を普遍被覆写像で落とした $\mathbb{H}^3/H, \mathbb{H}^3/G_i$ の点とする. $\mathbb{H}^3/H$ の x を中心とする R-球 $B(H)$ の基本領域は B の中に作ることができ, その辺を F の元で同一視して, $B(H)$ ができる. 一方 F は有限集合なので任意の $\delta > 0$ について, 十分大きい i について, F の各元 h に対して, $\|hg(h)_i^{-1}\| < \delta$ となる $g(h)_i \in G_i$ が存在する. さらに幾何的収束の定義と G_i の離散性より, i_0 を十分大きくとり直せば, $i \geq i_0$ で, $B \cap g_i B \neq \emptyset$ なら, ある $h \in F$ について, $g_i = g(h)_i$ であるとしてよい. よって $\mathbb{H}^3/G_i$ の x_i を中心とした R-球 $B(G_i)$ の基本領域を同様に B 内に作ると, その形は $B(H)$ のものと近く, $\delta \to 0$ で等長に近づき, さらに貼り合わせ写像の差も $\delta \to 0$ でなくなっていくので, $B(G_i)$ と $B(H)$ の間に概等長写像を作ることができる. (この部分の厳密な証明は読者に委ねることにする.) ∎

さて我々は擬 Fuchs 群への表現の列, $\phi_i: \pi_1(S) \to PSL_2\mathbb{C}$ が境界群への表現 $\psi: \pi_1(S) \to PSL_2\mathbb{C}$ に収束している状況を考えているのであった. このとき $G_i = \phi_i(\pi_1(S))$, $\Gamma = \psi(\pi_1(S))$ について, 補題 4.82 より, G_i は, ある有

限位数の元を持たない Klein 群 H に幾何的に収束し，$\Gamma \subset H$ となっている．以降考えている Klein 群を表す記号をこのように固定する．

一方擬 Fuchs 群への表現 $\phi_i \colon \pi_1(S) \to PSL_2\mathbb{C}$ は，Ahlfors–Bers 写像に関して，$q^{-1}(m_0, n_i)$ という形の元に対応していて，n_i は Teichmüller 空間の Thurston コンパクト化について，極大な測度付葉層構造 $\mathcal{F}$ の表す射影的葉層構造に収束しているのであった．

定理 4.67 の主張のうち，Γ が幾何的無限であるという部分を背理法で証明する．Γ が幾何的有限群であったとしよう．すると補題 4.80 より，$\psi \colon \pi_1(S) \to \Gamma \subset PSL_2\mathbb{C}$ と，上で与えられた測度付葉層構造 $\mathcal{F}$ について，命題 4.78 の(ii)の場合が成立しているはずである．いま双曲面 (S, n_i) において長さ最小の閉測地線 c_i の表すホモトピー類を γ_i と表そう．S 上の単純閉曲線は特異点を通らない葉がすべてその単純閉曲線にホモトピックな葉層構造に，コンパクト葉全体をあわせた部分に 1 の横断的測度を与えることにより，測度付葉層構造とみなせるが，これを同じ記号 γ_i で表すことにする．いま射影的葉層構造の空間 $\mathcal{PF}(S)$ で γ_i の表す類 $[\gamma_i]$ を考えよう．

$\mathcal{PF}(S)$ はコンパクトであるから，必要なら部分列をとり，$\{[\gamma_i]\}$ はある測度付葉層構造 $\mathcal{F}'$ の表す射影類 $[\mathcal{F}']$ に収束する．従って $r_i \gamma_i \to \mathcal{F}'$ となる正の数 r_i が存在する．$\mathcal{F}$ は極大なので S の真部分曲面上の葉層構造と $\mathbb{R}_+^c$ で同じ元を表さない．また特異点をつなぐ葉がないので，$\mathcal{F}$ に Whitehead 移動を施すことはできない．これより横断的測度を忘れた上で，$\mathcal{F}'$ と $\mathcal{F}$ がアイソトピーで移り合わないとすると，$r_i i(\gamma_i, \mathcal{F})$ は部分列をとれば，正の数に収束することがわかる．(この部分も厳密にはより注意深い議論が必要であるが，読者に委ねる．) これは Thurston コンパクト化の定義より，$r_i \operatorname{length}_{n_i}(c_i)$ が正の数に収束することを意味する．(この部分は Fathi–Laudenbach–Poénaru [9]を参照してほしい．) $\mathcal{F}$ がコンパクト葉を持たないことにより，$r_i \to 0$ だから，特に $\operatorname{length}_{n_i}(c_i) \to \infty$ を意味するが，c_i は最短の測地線であったから，この長さは S の種数のみによる普遍的な定数で抑えられるので矛盾である．

従って $\mathcal{F}$ と $\mathcal{F}'$ はアイソトピーで移り合い，横断的測度だけが異なる可能性しかない．横断的測度のみが異なる葉層は常に同じ線路で運ぶことができ

るから，命題4.78の証明を見ればわかるように，片方の葉層について，(i)の選択肢が成立すると，もう片方でもそうでなくてはならない．よって $\mathcal{F}'$ についても，(ii)の選択肢が成立するはずである．命題4.78の略証の議論を思い起こすと，任意の $\delta > 0$ に対して，$\mathcal{F}'$ を運ぶ重み付線路 $(\tau_\delta, \omega_\delta)$ とそれに適合した写像 f を $f(\tau_\delta, \omega_\delta)$ の全曲率が δ 以下であるようにとれることがわかる．$G_i = \phi_i(G)$ とおき，部分列をとった後のその幾何的極限を H としよう．$\Gamma \subset H$ であるから，被覆写像 $p_0: \mathbb{H}^3/\Gamma \to \mathbb{H}^3/H$ がとれる．そこで，$p_0 f(\tau_\delta, \omega_\delta)$ を考えれば，p_0 は局所等長的なので，これも全曲率が δ 以下である．

さて命題4.84より，$\mathbb{H}^3/G_i$ の基点 x_i とその上の枠 v_i，および $\mathbb{H}^3/H$ の基点 x とその上の枠 v があり，任意の $R > 0$ と $\epsilon > 0$ に対して，i を十分大きくとれば，$\mathbb{H}^3/G_i$ で x_i を中心とする R-球を含む部分から，$\mathbb{H}^3/H$ で x を中心とする R-球を含む部分への $(1+\epsilon)$-概等長写像 ρ_i が存在することがわかっている．R を十分大きくとれば，x を中心とする R-球は，$p_0 f(\tau_\delta, \omega_\delta)$ を含んでいるとしてよい．さらに $\tilde{x}$ を $\mathbb{H}^3/\Gamma$ に落として得られる基点を x_0 としたとき，x_0 を基点とする閉弧 l について，十分大きい i をとれば，$\rho_i^{-1} p_0(l)$ は $[l] \in \Gamma$ について，$\phi_i \psi^{-1}([l]) \in G_i$ を表すことは概等長写像の構成の仕方より，簡単にわかる．

そこでいま十分大きい i をとれば $\rho_i^{-1} p_0 f$ は $\Phi_i: S \to \mathbb{H}^3/G_i$ にホモトピックである．また $p_0 f(\tau)$ の各切り替えの像を ρ_i^{-1} で写して，測地線分で結ぶことにより，Φ_i にホモトピックで τ_δ に適合した写像 f_i を作ることにすると，ϵ を十分小さくとり，i をさらに大きくとれば，$f_i(\tau_\delta, \omega_\delta)$ の全曲率は 2δ 以下にできる．命題4.78の略証を振り返れば，与えられた $t > 0$，$\eta > 0$ に対して，十分大きい i に対しては，i によらず，$\mathcal{F}'$ に対応する重み系の近傍 V がとれて，V に入っている重み系で，特異点を通らないすべての葉が1つの単純閉曲線にホモトピックな葉層構造を運ぶものについて，選択肢(ii)に述べられた性質が成り立つことが導かれる．

いま $\mathcal{F}'$ がコンパクト葉を持たず，特異点を結ぶ葉もないことから，補題4.76より，V は $\mathcal{F}'$ の局所近傍を運び，$\mathcal{F}'$ に収束する任意の測度付葉層構造

の列は，ある項より先は V に入っている．特に γ_i は十分大きい i について，上のような葉層構造のコンパクト葉になっている．γ_i を τ の上の C^1-曲線にホモトピーで持ってきたものを γ_i' とする．選択肢(ii)の条件より，$\Phi_i(\gamma_i)$ にホモトピックな $\mathbb{H}^3/G_i$ の閉測地線 γ_i^* は $t\,\mathrm{length} f_i(\gamma_i')$ の長さの部分 $f_i(S)$ の η-近傍に含まれる．いま f_i は概等長写像で $p_0 f$ に写るので，$f(\gamma_i')$ の長さが $i\to\infty$ で無限に行くことから，$\mathrm{length} f_i(\gamma_i)\to\infty$ がわかる．よって特に $\mathrm{length}(\gamma_i^*)\to\infty$ を得る．一方 $\mathrm{length}_{n_i}(c_i)$ が有界であることより，補題 4.65 から，$\mathrm{length}(\gamma_i^*)$ も有界でなくてはならず，矛盾を生じる．

かくして Γ は幾何的有限ではあり得ないことがわかった.

商多様体の積構造

この章の最後として，定理 4.67 の主張の最後の部分，すなわち $\mathbb{H}^3/\Gamma$ が $S\times\mathbb{R}$ に同相であることを示す．まず極小曲面論の応用として得られる，次の命題を証明なしで述べておこう．

命題 4.85 (Freedman–Hass–Scott [10]) M を 3 次元向き付け可能 Riemann 多様体とする．S を向き付け可能閉曲面として，$f\colon S\to M$ をはめ込みで，$f_\#\colon \pi_1(S)\to\pi_1(M)$ は単射であるとする．いま f にホモトピックな S の M への埋め込みが存在すると仮定する．このとき任意の ϵ について，$f(S)$ の ϵ-近傍内に M で f にホモトピックな埋め込みがとれる． □

$\mathbb{H}^3/\Gamma$ が $S\times\mathbb{R}$ に同相であることの証明を始めよう．前小項で示したように，$\mathbb{H}^3/\Gamma$ においては，$\mathcal{F}$ について，命題 4.78 の 1 番目の選択肢が成立するのであった．(τ,ω) を $\mathcal{F}$ を運ぶ重み系付の線路とする．ω_i を τ 上の有理成分の重み系で，$\omega_i\to\omega$ となっていて，(τ,ω_i) が運ぶ測度付葉層構造 $\mathcal{F}_i$ の特異点を通らない葉はすべて単純閉曲線 γ_i にアイソトピックであるようなものとする．すると，τ' を命題 4.78 の証明中のように，τ を変形して得られる線路とすると，十分大きな i について，ω_i は τ' 上の重み系 ω_i' で (τ,ω) と (τ',ω_i') が同じ測度付葉層構造を運ぶようなものを定める．このときある $r_i\to 0$ がとれ，$r_i\mathcal{F}_i\to\mathcal{F}$ であった．

この単純閉曲線 γ_i について，Ψ にホモトピックな区分的双曲写像 $g_i\colon S\to \mathbb{H}^3/\Gamma$ を以下で定義する．まず S 上の三角形による胞体分割 t_i を次のように

決める.まず γ_i 上に 1 点 s_i をとり,γ_i は 1 胞体の両端を s_i で接着したものと見なす.次に s_i に両端を持つような $\pi_1(S, s_i)$ の自明でない元を表す閉弧を互いに疎で,ホモトピックなものがないように最大数とり,それらをすべて 1 胞体にする.こうして作った 1 胞体全体の補集合の各連結成分は 3 つの相異なる 1 胞体を境界に持つので,それらをすべて 2 胞体とする.このような S の胞体分割を t_i と表す.$g_i: S \to \mathbb{H}^3$ を t_i の胞体上の写像を定義することにより定める.まず γ_i は $\Psi(\gamma_i)$ にホモトピックな閉測地線 γ_i^* に写すようにする.$\Psi(s_i)$ と $g_i(s_i)$ を結ぶ弧 a_i を 1 つ固定する.次に各 1 胞体 e_p に対して,$g_i(e_p)$ は $g_i(s_i)$ を基点として,$a_i^{-1}\Psi(e_p)a_i$ にホモトピックな閉測地線分に写すことにする.f_k を t_i の 2 胞体として,e_p, e_q, e_r をその境界の 1 胞体とすると,$g_i(e_p) \cup g_i(e_q) \cup g_i(e_r)$ は $\mathbb{H}^3/\Gamma$ で零ホモトピックであるから,それが張る全測地的三角形があるので,g_i は f_k をその三角形に写すことにする.

こうして定義した $g_i: S \to \mathbb{H}^3/\Gamma$ について,次のことがわかる.

補題 4.86 $\mathbb{H}^3/\Gamma$ の任意のコンパクト集合 K に対して,$i_0 \in \mathbb{N}$ で,$i > i_0$ なら $g_i(S) \cap K = \emptyset$ となるものがとれる.

［証明］背理法で証明する.もし補題の主張が正しくなかったとすると,あるコンパクト集合 K と $\{g_i\}$ の部分列 $\{g_{i_j}\}$ で $g_{i_j}(S)$ がすべて K と交わるようなものがとれるはずである.$g_{i_j}: S \to \mathbb{H}^3/\Gamma$ は上で定義したような区分的双曲写像であった.$\mathbb{H}^3/\Gamma$ の双曲計量で定まる $g_i(S)$ の長さ関数によって決まる S の計量 m_i を考える.すると g_i の構成の仕方より,s_i 以外では特異点のない通常の双曲計量になる.s_i は一般には特異点になるが,$g_i(S)$ が閉測地線 γ_i^* を含んでいたことより,s_i の周りの 2 胞体が s_i でなす角の和は 2π 以上になっていることがわかる.Gauss–Bonnet の定理より,このような計量に関する S の面積は通常の双曲計量に関する面積,$-2\pi\chi(S)$ 以下である.

$\epsilon > 0$ を Margulis 定数より小さいような数とする.(S, m_i) の ϵ-厚部分を $S(i)_0$ と表すことにする.すると $S(i)_0$ の直径は i によらない定数 C で抑えられる.なぜなら,いま $C = -2\epsilon^{-1}\pi\chi(S)$ とおき,$S(i)_0$ 中の測地線分 ℓ で $S(i)_0$ との共通部分の長さが,C より長いものがとれると,$\ell \cap S(i)_0$ の各点から垂線を引けば,それらは互いに疎で,少なくとも ϵ の長さ分埋め込まれ

るので，(s_i を通っても，角度が両側で π 以上になるので問題がない）この部分の面積が $-2\pi\chi(S)$ より大きくなり，矛盾を生じるからである．(S, m_i) の ϵ-細部分は g_i により，$\mathbb{H}^3/\Gamma$ の Margulis 管に入る．ϵ を十分小さくとれば，ϵ-Margulis 管同士の距離は 0 より大きい数で下から抑えられるから，ϵ-厚部分との交わりが長さ C 以下の弧で，K から結べる Margulis 管の数は有限個である．従って，すべての $g_i(S)$ を含むようなコンパクト集合 K' がとれる．

K' は正則近傍をとることにより，部分多様体であるとしてよい．$r_i i(\gamma_i,)$ は $I(\mathcal{F})$ に収束することから，S 上のある単純閉曲線との交わりは r_i^{-1} の order で増える．すると，補題 4.79 により，$r_i \gamma_i^*$ は 0 以上の数に収束する．一方命題 4.78 の選択肢(i)より，γ_i はある線路上の C^1-閉曲線 γ_i' にホモトピックで，$r_i f_i(\mathrm{length}(\gamma_i')) \to 0$ となるようにできる．これは矛盾である．∎

こうして得られた写像の列 $g_i: S \to \mathbb{H}^3/\Gamma$ を考えよう．g_i は Ψ にホモトピックであり，$\mathbb{H}^3/\Gamma$ の凸芯の境界 Σ は Ψ にホモトピックな S の埋め込みになっているから，g_i について，命題 4.85 が使える．従って，Ψ にホモトピックな埋め込み $f_i: S \to \mathbb{H}^3/\Gamma$ で，いかなるコンパクト集合 K についても，i_0 があり，$i > i_0$ なら K と $f_i(S)$ は交わらないようなものがとれる．いま定理 4.35 より，Σ を境界成分に含む $\mathbb{H}^3/\Gamma$ のコンパクト芯 C がとれる．前に述べたように C は $S \times I$ に同相である．γ_i^* は閉測地線だから $\mathbb{H}^3/\Gamma$ の凸芯に含まれている．従って $g_i(S)$ が Σ の面する C の補集合成分に出ていくことはない．よって $f_i(S)$ も C の Σ でない方の境界成分の面する end に向かっていく．部分列をとり $f_i(S) \cap C = \emptyset$ で，$f_{i+1}(S)$ が $f_i(S)$ の C と反対側にあるようにしておこう．このとき $f_i(S)$ と $f_{i+1}(S)$ は $\mathbb{H}^3/\Gamma$ でホモトピックだが，双方圧縮不能なので，$f_i(S)$ と $f_{i+1}(S)$ の囲む部分多様体 C_i 内でホモトピックになる．定理 4.35 の証明で使った初等的な 3 次元多様体論の議論で，このとき C_i は $S \times I$ に同相であることがわかる．同様に Σ と $f_1(S)$ も $S \times I$ に同相な部分多様体を囲む．さらに Σ に面する凸芯の補集合は定理 4.48 で見たように $S \times \mathbb{R}$ と同相である．よって全体として $\mathbb{H}^3/\Gamma$ は $S \times \mathbb{R}$ と同相であることがわかった．

以上の議論は，より一般に自由積分解のできない Klein 群 G について，

$\mathbb{H}^3/G$ がコンパクト多様体の内部に同相であることの証明に必要なものの大半を含んでいる．詳しくは Bonahon [4] を参照されたい．

《要約》

4.1　Klein 群，極限集合の定義．
4.2　幾何的有限性の定義．
4.3　凸芯と最近点写像の定義．
4.4　幾何的有限群について，商多様体の位相的性質．
4.5　Margulis の補題．
4.6　Scott によるコンパクト芯の存在，McCullogh による一般化．
4.7　Ahlfors, Sullivan の有限性定理．
4.8　Bers 境界群の存在，幾何的無限性，商多様体の積構造．

今後の方向と課題

ここでは本書で扱った題材に関連するもので,本文中で述べられなかったもの,本書の後に読むべき文献,本書の講座版以降の新しい結果などについて述べる.

第1章では Dehn 表示を扱ったが,このように単位元を表す元の内に含まれる関係子の長さに条件を加える概念として,より一般的に small cancellation 群の概念がある.このような群の組み合わせ群論的な一般論については,Lyndon–Schupp の本[52]が詳しい.また,より幾何学的群論的な視点から,語の増加関数などの話題を扱ったものとして,de la Harpe の本[45]を薦める.

$\mathbb{R}$-樹への群の等長的な作用は重要な研究対象である.$\mathbb{R}$-樹への等長的群作用の分類ではいくつかの大きな成果がある.まず挙げるべきなのは,Rips の $\mathbb{R}$-樹に自由に等長的に作用できる群の同型類を完全に決定した仕事である.Rips 自身によるこの証明は出版されていないが,Gaboriau–Levitt–Paulin の論文[43]にその解説が出ている.一方,群の形を固定して,$\mathbb{R}$-樹への等長的群作用を分類するというのも重要な問題である.この方向の研究でもっとも大きな成果は,第1章で参照した,Skora の定理(Skora [72])であろう.彼は $\mathbb{R}$-樹への曲面群 $\pi_1(S)$ の自由な等長作用は,その極小な不変部分樹をとると,S 上の測度付葉層構造に双対であることを示した.同様な問題を2元生成自由群で考えた仕事として,Culler–Vogtman の論文[39]がある.この結果を3元生成以上の自由群には拡張できないことが,Levitt [51]による,3元生成自由群の非幾何学的な $\mathbb{R}$-樹作用の構成によりわかっている.その他 $\mathbb{R}$-樹への群作用に関する新しい結果については,Bestvina の論考[31]を参照するとよい.

$\mathbb{R}$-樹への群作用は,代数的に発散する Klein 群の列の「理想的」極限として現れる.そこで,Klein 群の変形空間のコンパクト性や Klein 群の列の収束を証明するために $\mathbb{R}$-樹の群作用の理論が応用できる.こうした方法を用いた重要な研究として,Morgan–Shalen [61], [62], [63], Otal [22],

Kleineidam–Souto [50], Kim–Lecuire–Ohshika [49] が挙げられよう.

　第2章で扱った双曲的空間, 双曲的群の理論はGromovが創始者であるが, Gromovの原論文[13]は本書では扱えなかったいくつかの話題を含んでいる. その中で, 例えば, 多面体の双曲化, 双曲的空間内の測地流, small cancellation群の双曲性などは重要である. これらの解説を含み, さらに一般化した内容を含むものとして, 多面体の双曲化については, Davis–Januszkiewicz [40], 測地流については Bourdon [32] がわかりやすい.

　本書では扱わなかった3次元多様体の基本的な定理として, Jaco–Shalen–Johannson分解がある(Jaco–Shalen [46], Johannson [48], Jaco [47]を参照). これは既約なコンパクト3次元多様体はトーラス, アニュラスにより, 双曲的な部分とSeifert多様体の部分に標準的に分解されることを示している. これを双曲的群に一般化した理論が, Sela, Rips–Sela [71], [70]により展開された. さらにより一般的な有限表示群についても Fujiwara–Papasoglu [42] の理論がある.

　このように3次元多様体や双曲多様体について知られていることを双曲的群に拡張するという方向の研究としては, その他に, Paulin [68], [69]による双曲的群の外部自己同型群に関する研究, Mitra [60]によるCannon–Thurston写像の双曲群対への拡張などが挙げられよう.

　双曲的群はコンパクト負曲率多様体の基本群の概念の拡張と考えられるが, これに対しコンパクト非正曲率多様体について同様の拡張を考える試みがある. これについては, Gromov [44]やBridson–Haefliger [33]を参照して欲しい.

　オートマティック群の理論はEpstein et al. [8]において全面的に展開された. 本書では扱わなかったが, この本では幾何的有限Klein群および組み紐群のオートマティック性が証明されている. またオートマティック群の概念をより精密化したものとして, 双オートマティック群, 非同期オートマティック群などの概念が導入されている. Epsteinらの本が出版されて以降のオートマティック群に関する重要な結果としてまず挙げるべきなのは, Mosher [64]による, 写像類群がオートマティック群であることの証明であろう. 写像類群は幾何的離散群論で扱うべき群の中でももっとも重要なものであり,

これについての離散群の視点からの研究は現在も活発に行われている．この方向の研究を概観するには，Farb [41]が参考になる．

　最後に，最終章で扱った Klein 群に関する研究の動向について述べよう．Klein 群は Ahlfors や Bers などから始まる長い歴史をもつ研究分野であるが，3 次元多様体の理論を使う幾何的なアプローチは Marden [53]により始められ，その後の Thurston の Haken 多様体の一意化定理の証明（概要については，Morgan [21], Thurston [74], [75] を見よ）において大きく発展した．その後の Klein 群の研究は，以下に挙げるいくつかの予想を軸として進められてきたが，現在ではこれらの予想はすべて解決されている．これらの解決に至る道筋を解説しよう．

　まず 1 番目の予想として，「有限生成 Klein 群の極限集合は測度 0 か S_∞^2 全体かのいずれかであろう」という Ahlfors 予想がある．これは Ahlfors 自身が[30]で幾何的有限群については正しいことを示し，一般の有限生成 Klein 群でも正しいであろうと予想したものである．Thurston は上述の一意化定理の証明の中で，幾何的に素直(geometrically tame)な Klein 群という概念を導入し，そのような群については Ahlfors 予想が成立することを示した．本文中でも引用した Bonahon の仕事では，実は自由積分解不能な Klein 群はすべて Thurston の意味で幾何的に素直であることが証明されている．これにより，自由積分解可能な Klein 群についてのみ問題が残ったわけであるが，Canary [37]は対応する 3 次元双曲多様体がコンパクト 3 次元多様体の内部に同相なら（このようなとき位相的に素直(topologically tame)と呼ばれている）Ahlfors 予想が成立することを示した．その後，Canary–Minsky [38], Ohshika [66], Brock–Souto [35]により，幾何的有限群の極限となるような Klein 群について Ahlfors 予想が正しいことが示されたが，最終的に Agol [29]と Calegari–Gabai [36]による，後述の Marden 予想の解決により，すべての有限生成 Klein 群は位相的に素直であることがわかり，Ahlfors 予想も肯定的に解かれた．

　2 番目の予想は上で触れた「すべての有限生成 Klein 群は位相的に素直であろう」という Marden 予想である．本文中で触れたように，Marden 自身

により，幾何的有限群については，これは正しいことが証明されており，これをもとに Marden が任意の有限生成 Klein 群でも成立するであろうと予想したものである．本文中で紹介した Bonahon の議論が，任意の自由積分解不可能な Klein 群についてはこの予想が正しいことを導いた．自由積分解可能な場合については，その後，Canary–Minsky [38], Ohshika [66], Souto [73], Brock–Souto [35] などの部分的解決の後，Agol [29], Calegari–Gabai [36] により一般的に解決された．

　3 番目の予想は「すべての有限生成 Klein 群は幾何的有限群の代数的極限であろう」という予想で，Bers–Thurston 予想と呼ばれている．この予想は自由積分解不能な場合は，次に述べる端層状構造予想から従うことが観察されていた(Ohshika [65])．自由積分解可能な場合については，端層状構造予想の解決の後，Kleineidam–Souto の収束定理，とその一般化に伴い，Ohshika [67]で解決された．

　最後に，端層状構造予想に触れたい．これは Klein 群の分類理論というべき予想で，「有限生成 Klein 群は，対応する双曲多様体の位相型と，端不変量と呼ばれる，無限遠等角構造，端層状構造により，共役を除いて完全に決まるであろう」というものである．Minsky は単射半径が正定数で下から抑えられていて自由積分解不能の場合，1 点穴あきトーラス群の場合などの部分的解決を積み重ねた後，曲面上の曲線複体に関する注目すべき理論を構成した上で，一般的な解決を得た(Minsky [57], [58], [59], Masur–Minsky [55], [56], Brock–Canary–Minsky [34])．

　このように長年の予想が解決された後，Klein 群論はその元来の目的である，変形空間の大局的な構造の解析に向かっている．また Klein 群論で開発された道具立ての，3 次元多様体論，Teichmüller 空間論，写像類群の理論などへの応用も盛んになっている．

　Klein 群論の昨今の発展の様子を俯瞰するには Marden の優れた教科書[54]を薦める．上に並べた予想の解決や，そこで生まれた新理論の証明の内容に立ち入った詳しい解説は，岩波数学叢書から筆者が出版する予定の本を参照して欲しい．

参考文献

[1] J. Alonso et al., *Notes on word hyperbolic groups*, Group theory from a geometric viewpoint, World Scientific, 1991.

[2] A. Beardon, *The geometry of discrete groups*, GTM **91**, Springer, 1983.

[3] M. Bestvina, Degenerations of the hyperbolic space, *Duke Math. J.* **56**(1988), 143–161.

[4] F. Bonahon, Bouts des variétés hyperboliques de dimension 3, *Ann. of Math.*(2) **124**(1986), no. 1, 71–158.

[5] R. Canary, D. Epstein and P. Green, Notes on notes of Thurston, *Analytical and geometric aspects of hyperbolic space*, London Math. Soc. Lecture Note Ser., 111, Cambridge Univ. Press, 1987, 3–92.

[6] D. Cohen, *Combinatorial group theory: a topological approach*, LMS Student Texts **14**, Cambridge Univ. Press, 1989.

[7] M. Coonaert, T. Delzant et A. Papadopoulos, *Géométrie et théorie des groupes*, LNM **1441**, Springer, 1990.

[8] D. Epstein et al., *Word processing in groups*, Jones and Brtlett, 1992.

[9] A. Fathi, F. Laudenbach et V. Poénaru, *Travaux de Thurston sur les surfaces*, Astérisque **66-67**, 1979.

[10] M. Freedman, J. Hass and P. Scott, Least area incompressible surfaces in 3-manifolds, *Invent. Math.* **71**(1983), 609–642.

[11] 深谷賢治, 双曲幾何, シリーズ現代数学への入門, 岩波書店, 2004.

[12] E. Ghys et P. de la Harpe, *Sur les groupes hyperboliques d'après Mikhael Gromov*, Birkhäuser, 1990.

[13] M. Gromov, Hyperbolic groups, in *Essays in group theory*, MSRI Publication **8**, Springer, 1987, 75–263.

[14] M. Gromov, *Asymptotic invariants of infinite groups*, LMS Lect. Notes **182**, Cambridge Univ. Press, 1993.

[15] J. Hempel, *3-manifolds* Ann. Math. Studies **86**, Princeton Univ. Press, 1976.

[16] 今吉洋一・谷口雅彦, タイヒミュラー空間論, 日本評論社, 1989.

[17] W. Klingenberg, *Riemannian geometry*, second ed., de Gruyter Studies in Mathematics, 1. Walter de Gruyter, 1995.

[18] 松本幸夫, トポロジー入門, 岩波書店, 1985.

[19] D. McCullough, Compact submanifolds of 3-manifolds with boundary, *Quart. J. Math. Oxford* **37**(1986), 299–307.

[20] W. S. Massey, *Algebraic topology: an introduction*, GTM **56**, Springer, 1977.

[21] J. Morgan, On Thurston's uniformization theorem for three-dimensional manifolds, *The Smith conjecture*, 37–125, Pure Appl. Math. **112**, Academic Press, 1984.

[22] J-P. Otal, *Le théorème d'hyperbolisation pour les variétés fibrées de dimension 3*, Astérisque **235**, 1996.

[23] P. Papasoglu, Strongly geodesically automatic groups are hyperbolic, *Invent. Math.* **121**(1995), 323–334.

[24] F. Paulin, Topologie de Gromov équivariante, structures hyperboliques et arbres réels, *Invent. Math.* **94**(1988), 53–80.

[25] R. Penner and J. Harer, *Combinatorics of train tracks*, Annals of Mathematics Studies **125**, Princeton Univ. Press, 1992.

[26] G. P. Scott, Finitely generated 3-manifold groups are finitely presented, *J. London Math. Soc.*(2) **6**(1973), 437–440.

[27] G. P. Scott, Compact submanifolds of 3-manifolds, *J. London Math. Soc.*(2) **7**(1973), 246–250.

[28] 谷口雅彦・松崎克彦, 双曲多様体とクライン群, 日本評論社, 1993.

追記

[29] I. Agol, Tameness of hyperbolic 3-manifolds, arXiv:math/0405568

[30] L. Ahlfors, Fundamental polyhedrons and limit point sets of Kleinian groups. Proc. Nat. Acad. Sci. U.S.A. **55**, 1966, 251–254.

[31] M. Bestvina, ℝ-trees in topology, geometry, and group theory. *Handbook of geometric topology*, 55–91, North-Holland, Amsterdam, 2002.

[32] M. Bourdon, Structure conforme au bord et flot géodésique d'un

CAT(−1)-espace. Enseign. Math.(2) **41**(1995), no. 1–2, 63–102.

[33] M. Bridson, A. Haefliger, *Metric spaces of non-positive curvature*. Grundlehren der Mathematischen Wissenschaften **319**. Springer-Verlag, Berlin, 1999. xxii+643 pp.

[34] J. Brock, R. Canary, Y. Minsky, The classification of Kleinian surface groups, II: The Ending Lamination Conjecture, arXiv:math/0412006

[35] J. Brock, J. Souto, Algebraic limits of geometrically finite manifolds are tame. Geom. Funct. Anal. **16**(2006), no. 1, 1–39.

[36] D. Calegari, D. Gabai, Shrinkwrapping and the taming of hyperbolic 3-manifolds. J. Amer. Math. Soc. **19**(2006), no. 2, 385–446

[37] R. Canary, Ends of hyperbolic 3-manifolds. J. Amer. Math. Soc. **6**(1993), no. 1, 1–35.

[38] R. Canary, Y. Minsky, On limits of tame hyperbolic 3-manifolds. J. Differential Geom. **43**(1996), no. 1, 1–41.

[39] M. Culler, K. Vogtmann, The boundary of outer space in rank two. *Arboreal group theory* (Berkeley, CA, 1988), 189–230, Math. Sci. Res. Inst. Publ. **19**, Springer, New York, 1991.

[40] M. Davis, T. Januszkiewicz, Hyperbolization of polyhedra. J. Differential Geom. **34**(1991), no. 2, 347–388.

[41] B. Farb Edit. *Problems on mapping class groups and related topics*, 11–55, Proc. Sympos. Pure Math., **74**, Amer. Math. Soc., Providence, RI, 2006.

[42] K. Fujiwara, P. Papasoglu, JSJ-decompositions of finitely presented groups and complexes of groups. Geom. Funct. Anal. **16**(2006), no. 1, 70–125.

[43] D. Gaboriau, G. Levitt, F. Paulin, Pseudogroups of isometries of R and Rips' theorem on free actions on R-trees. Israel J. Math. **87**(1994), no. 1–3, 403–428.

[44] M. Gromov, Asymptotic invariants of infinite groups. *Geometric group theory*, Vol. 2 (Sussex, 1991), 1–295, London Math. Soc. Lecture Note Ser. **182**, Cambridge Univ. Press, Cambridge, 1993.

[45] P. de la Harpe, *Topics in geometric group theory* Chicago Lectures in Mathematics. University of Chicago Press, Chicago, IL, 2000. vi+310 pp.

[46] W. Jaco, P. Shalen, Seifert fibered spaces in 3-manifolds. Mem. Amer.

Math. Soc. **21**(1979), no. 220, viii+192 pp.

[47] W. Jaco, *Lectures on three-manifold topology*. CBMS Regional Conference Series in Mathematics, **43**. American Mathematical Society, Providence, R.I., 1980. xii+251 pp.

[48] K. Johannson, Homotopy equivalences of 3-manifolds with boundaries. Lecture Notes in Mathematics, **761**. Springer, Berlin, 1979. ii+303 pp.

[49] I. Kim, C. Lecuire, K. Ohshika, Convergence of freely decomposable Kleinian groups, arXiv arXiv:0708.3266

[50] G. Kleineidam, J. Souto, Algebraic convergence of function groups. Comment. Math. Helv. **77**(2002), no. 2, 244–269.

[51] G. Levitt, Constructing free actions on $\mathbb{R}$-trees. Duke Math. J. **69**(1993), no. 3, 615–633.

[52] R. Lyndon, P. Schupp, *Combinatorial group theory* Reprint of the 1977 edition. Classics in Mathematics. Springer-Verlag, Berlin, 2001. xiv+339 pp.

[53] A. Marden, The geometry of finitely generated kleinian groups. Ann. of Math.(2) **99**(1974), 383–462.

[54] A. Marden, Outer circles. An introduction to hyperbolic 3-manifolds. Cambridge University Press, Cambridge, 2007. xviii+427 pp.

[55] H. Masur, Y. Minsky, Geometry of the complex of curves. I. Hyperbolicity. Invent. Math. **138**(1999), no. 1, 103–149.

[56] H. Masur, Y. Minsky, Geometry of the complex of curves. II. Hierarchical structure. Geom. Funct. Anal. **10**(2000), no. 4, 902–974.

[57] Y. Minsky, On rigidity, limit sets, and end invariants of hyperbolic 3-manifolds. J. Amer. Math. Soc. **7**(1994), no. 3, 539–588.

[58] Y. Minsky, The classification of punctured torus groups. Ann. of Math.(2) **149**(1999), no. 2, 559–626.

[59] Y. Minsky, The classification of Kleinian surface groups, I: Models and bounds, arXiv:math/0302208

[60] M. Mitra, Cannon-Thurston maps for hyperbolic group extensions. Topology **37**(1998), no. 3, 527–538.

[61] J. Morgan, P. Shalen, Valuations, trees, and degenerations of hyperbolic structures. I. Ann. of Math.(2) **120**(1984), no. 3, 401–476.

[62]　J. Morgan, P. Shalen, Degenerations of hyperbolic structures. II. Measured laminations in 3-manifolds. Ann. of Math.(2) **127**(1988), no. 2, 403–456.

[63]　J. Morgan, P. Shalen, Degenerations of hyperbolic structures. III. Actions of 3-manifold groups on trees and Thurston's compactness theorem. Ann. of Math.(2) **127**(1988), no. 3, 457–519.

[64]　L. Mosher, Mapping class groups are automatic. Ann. of Math.(2) **142**(1995), no. 2, 303–384.

[65]　K. Ohshika, Ending laminations and boundaries for deformation spaces of Kleinian groups. J. London Math. Soc.(2) **42**(1990), no. 1, 111–121.

[66]　K. Ohshika, Kleinian groups which are limits of geometrically finite groups. Mem. Amer. Math. Soc. **177**(2005), no. 834, xii+116 pp.

[67]　K. Ohshika, Realising end invariants by limits of minimally parabolic, geometrically finite groups, arXiv:math/0504546

[68]　F. Paulin, Points fixes des automorphismes de groupe hyperbolique. Ann. Inst. Fourier (Grenoble) **39**(1989), no. 3, 651–662.

[69]　F. Paulin, Sur les automorphismes extérieurs des groupes hyperboliques. Ann. Sci. École Norm. Sup.(4) **30**(1997), no. 2, 147–167.

[70]　E. Rips, Z. Sela, Cyclic splittings of finitely presented groups and the canonical JSJ decomposition. Ann. of Math.(2) **146**(1997), no. 1, 53–109.

[71]　Z. Sela, Structure and rigidity in (Gromov) hyperbolic groups and discrete groups in rank 1 Lie groups. II. Geom. Funct. Anal. **7**(1997), no. 3, 561–593.

[72]　R. Skora, Splittings of surfaces. J. Amer. Math. Soc. **9**(1996), no. 2, 605–616.

[73]　J. Souto, A note on the tameness of hyperbolic 3-manifolds. Topology **44**(2005), no. 2, 459–474.

[74]　W. Thurston, Hyperbolic structures on 3-manifolds. I. Deformation of acylindrical manifolds. Ann. of Math.(2) **124**(1986), no. 2, 203–246.

[75]　W. Thurston, The geometry and topology of three-manifolds, lecture notes, Princeton University.

欧文索引

a pair of pants 157
accept state 66
accepted 66
adapted 169
Ahlfors' finiteness theorem 130
alphabet 65
amalgamated free product 3
angle of comparison 26
approximate isometry 176
arrow 68
automatic group 72
automatic structure 72
automaton
    generalized non-deterministic—— 69
    non-deterministic—— 67
Bers' boundary group 154
bi-recurrent 162
boundary at infinity 45
branch 156
carried 156
Cayley graph 4
combinatorial area 6
compact core 110
comparison theorem 25
compressible 110
compressing disc 110
concatenation 66, 71
cone type 78
convex core 102
convex hull 97
cusp neighbourhood 105

cyclically reduced 2
Dehn diagram 6
Dehn presentation 7
δ-étroit 19
δ-fin 19
δ-hyperbolic 16
δ-hyperbolic group 40
δ-slim 19
δ-thin 19
divergence function 33
elementary 95
elliptic element 92
endpoint 51
ϵ-thick 85
ϵ-thin part 109
equality recognizer 72
failure state 67
fellow traveller's condition 73
final state 66
finite state automaton 66
finitely generated group 1
finitely presented group 2
free product 2
freely indecomposable 111
generalized non-deterministic automaton 69
generator system 1
geodesic length 141
geodesic line 51
geodesic ray 51
geodesic segment 17
geodesic space 18

geodesic word 78
geometric limit 174
geometrically finite 103
Gromov convergence 175
Gromov product 15
Hausdorff distance 32
HNN extension 4
horoball 93
horosphere 93
hyperbolic 16
inaccessible state 67
incompressible 110
initial state 66
injectivity radius 105
inscribed triple 19
insize 19, 21
irreducible 110
irreducible free product decomposition 111
isoperimetric inequality 7
Kleinian group 91
l-local geodesic 59
language 66
letter 65
limit set 94
Lipschitz quasi-isometry 37
loxodromic element 92
map of comparison 26
Margulis constant 105
Margulis tube 105
measured foliation 8
measured foliation space 143
minsize 19, 21
multiplier automaton 72
nearest point map 98
Nielsen convex region 97

non-deterministic automaton 67
 generalized―― 69
non-elementary 95
normalization 67
null-string 65
padded extension 70
padded language 70
padded string 70
padding symbol 70
pants decomposition 157
parabolic element 92
prefix 72
projective foliation 143
projective foliation space 143
proper 41
properly discontinuous 100
quasi-conformal map 104
quasi-Fuchsian group 104
quasi-geodesic segment 32
quasi-isometry 4
R-cycle 62
recurrent 162
region of discontinuity 94
regular 66
relators 2
Rips 1-complex 38
Rips complex 56
sphere at infinity 92
spine 164
splitting 162
standard automaton 74
state 66
state set 66
string 65
Sullivan's finiteness theorem 130
switch 156

switch condition	161	triangle of comparison	26
taille interne	19	tripod	18
taille minimum	19	uniform distance	73
Teichmüller space	141	visual boundary	54
the set of relators	1	weight	161
thick part	109	weight system	161
tie	156	Whitehead move	142
tied neighbourhood	156	word acceptor	72
train track	155	word length	4
translation length	93	word metric	4
transversely recurrent	162		

和文索引

Ahlforsの有限性定理	130, 133	Grushkoの定理	11
Alexandrovの比較定理	29	Hausdorff位相	32
Beltrami方程式	104	Hausdorff距離	32
Bersの境界群	154	HNN拡大	3
Bonahonの命題	169	Jørgensenの不等式	148
CAT_κ空間	28	Klein群	91
Cayleyグラフ	4	Kuroshの定理	10
Dehn図式	6	l-局所測地弧	59
Dehn表示	7	Lipschitz擬等長写像	37
δ-狭	19, 21	Marden予想	139
δ-細	19, 21	Margulis管	105
δ-双曲的	16, 21	Margulis定数	105
δ-双曲的群	40	Margulisの補題	105
ϵ-厚	85	Nielsen凸領域	97
ϵ-細	85	$\mathbb{R}$-樹	8
ϵ-細部分	109	R-輪体	62
ϵ-閉	68	Rips複体	56
Fuchs群	97	Rips 1複体	38
Gromov収束	175	Schottky群	98
Gromov積	15	Selbergの定理	94
無限遠境界での――	46	Skoraの定理	10

196─── 和文索引

Sullivan の有限性定理　*132*
Teichmüller 空間　*141*
Teichmüller の定理　*141*
Thurston のコンパクト化定理　*143*
Whitehead 移動　*142*

ア 行

圧縮円板　*110*
圧縮可能　*110*
圧縮不能　*110*
アルファベット　*65*
位相
　無限遠境界の──　*49*
一様距離　*73*
一般的非決定的オートマトン　*69*
移動距離　*93*
横断的に回帰的　*162*
オートマティック群　*72*
オートマティック構造　*72*
オートマトン　*66*
　(A, B) 上の──　*70*
　一般的非決定的──　*69*
　錐型──　*79*
　2 変数──　*70*
　非決定的──　*67*
　標準──　*74*
　有限──　*66*
帯　*156*
帯近傍　*156*
重み　*161*
重み系　*161*
　誘導された──　*162*

カ 行

回帰的　*162*
　横断的に──　*162*

概等長写像　*176*
拡大
　詰物入──　*70*
関係子　*2*
関係集合　*1*
擬 Fuchs 群　*104*
幾何的極限　*174*
幾何的有限　*103*
擬測地線分　*32*
擬等角写像　*104*
擬等長　*4*
既約　*110*
既約自由積分解　*111*
球面定理　*110*
境界
　──の位相的有限性　*130*
境球　*93*
境球体　*93*
極限集合　*94*
切り替え　*156*
切り替え条件　*161*
切り裂き　*162*
空な文字列　*65*
組合せ的面積　*6*
言語　*66*
　(A, B) 上の──　*70*
　詰物入──　*70*
厚部分　*109*
語距離　*4*
語受理機　*72*
語長　*4*
固有　*41*
コンパクト芯　*110*

サ 行

最近点写像　*98*

最終状態　66
三脚　18
視境界　54
指数的に発散する
　　測地線が——　33
支線　156
失敗状態　67
射影的葉層空間　143
射影的葉層構造　143
　　極大な——　155
斜航的元　92
自由積　2
自由積分解不能　111
受理される　66
受理状態　66
巡回既約　2
乗数オートマトン　72
状態　66
　　最終——　66
　　失敗——　67
　　受理——　66
　　初期——　66
　　到達不可能——　67
状態集合　66
初期状態　66
初等的　95
真性不連続　100
芯定理
　　McCullough–Kulkarni–Shalen の——　123
　　Scott の——　110
錐型　78
錐型オートマトン　79
筋　164
正規　66, 70
正規化　67

生成系　1
積　65, 71
全曲率　171
尖点近傍　105
線路　155
双回帰的　162
双曲的　16
　　δ-——　16, 21
双曲的群　40
　　δ-——　40
測地空間　18
測地語　78
測地線　51
　　——が指数的に発散する　33
　　——が発散する　33
　　——の端点　51
測地線分　17
測地直線　51
測地的長さ　141
測地半直線　51
測度付葉層空間　143
測度付葉層構造　8
　　極大な——　155
　　誘導された——　165

タ 行

楕円的元　92
単射半径　105
端点
　　測地線の——　51
詰物入拡大　70
詰物入言語　70
詰物入文字列　70
詰物記号　70
適合している　168
等号認識機　72

等周不等式　7
到達不可能状態　67
同伴者条件　73
凸芯　102
凸包　97

　　　ナ　行
内接 3 点　19
二角形　85

　　　ハ　行
運ばれる　156
発散関数　33
発散する
　　測地線が——　33
　　測地線が指数的に——　33
パンツ　157
パンツ分解　157
比較角　26
比較三角形　26
比較写像　26
比較定理　25
非決定的オートマトン　67
　　一般的——　69
非初等的　95
標準オートマトン　74

不連続領域　94
放物的元　92

　　　マ　行
前綴　72
無限遠球面　92
無限遠境界　45
　　——での Gromov 積　46
　　——の位相　49
文字　65
文字列　65
　　(A, B) 上の——　70
　　空な——　65
　　詰物入——　70

　　　ヤ　行
矢　68
有限オートマトン　66
有限生成群　1
有限表示群　2
融合積　3
誘導された重み系　162
誘導された測度付葉層構造　165

　　　ラ　行
ループ定理　110

■岩波オンデマンドブックス■

離散群

	2008年7月8日　第1刷発行
	2018年7月10日　オンデマンド版発行

著　者　大鹿健一
　　　　（おおしかけんいち）

発行者　岡本　厚

発行所　株式会社　岩波書店
　　　　〒101-8002　東京都千代田区一ツ橋2-5-5
　　　　電話案内　03-5210-4000
　　　　http://www.iwanami.co.jp/

印刷／製本・法令印刷

© Ken'ichi Ohshika 2018
ISBN 978-4-00-730784-3　　Printed in Japan